“十二五”职业教育国家规划教材
经全国职业教育教材审定委员会审定
21世纪供热通风与空调工程系列规划教材

建筑设备工程图识读与绘制

第2版

主编　谭伟建　王　芳
参编　尚久明　韩变枝
主审　谢社初

机械工业出版社

本书在简要介绍正投影原理及其投影规律以及平面体、曲面体、组合体、轴测图、形体剖切等基本制图知识的基础上，结合实例详细介绍了建筑施工图、结构施工图、给水排水施工图、暖通空调施工图、室内燃气管道施工图、室内电气施工图的识读与绘制等内容。

本书可作为建筑设备类专业（供热通风与空调工程、给水排水工程、建筑电气工程等）以及与之相关的计算机专业、工程造价专业的教材，也可作为土木建筑工程施工员的自学参考用书。

本书配有助教课件，选择本书作为教材的教师可登录 www.cmpedu.com 注册下载，或加入机工社职教建筑 QQ 群 221010660 索取。如有疑问，请拨打编辑电话 010-88379934。

图书在版编目（CIP）数据

建筑设备工程图识读与绘制/谭伟建，王芳主编．—2 版．—北京：机械工业出版社，2014.7（2025.1 重印）
21 世纪供热通风与空调工程系列规划教材
ISBN 978-7-111-47062-5

Ⅰ.①建…　Ⅱ.①谭…②王…　Ⅲ.①房屋建筑设备-建筑安装-工程施工-建筑制图-识别-高等职业教育-教材②房屋建筑设备-建筑安装-工程施工-建筑制图-高等职业教育-教材　Ⅳ.①TU85

中国版本图书馆 CIP 数据核字（2014）第 129430 号

机械工业出版社（北京市百万庄大街 22 号　邮政编码 100037）
策划编辑：覃密道　责任编辑：覃密道　郑　佩　韩　冰
责任校对：张　征　封面设计：马精明　责任印制：邓　博
北京盛通数码印刷有限公司印刷
2025 年 1 月第 2 版第 8 次印刷
184mm×260mm · 13.75 印张 · 1 插页 · 329 千字
标准书号：ISBN 978-7-111-47062-5
定价：35.00 元

第2版前言

本书是根据供热通风与空调工程专业的培养目标中要求毕业学生懂设计、能施工、会管理的总体要求，在高等职业教育供热通风与空调工程专业“建筑设备工程图识读与绘制”课程教学大纲的基础上，按照现行有关建筑制图标准、规范和规定的要求编写的。

本书在“十一五”期间，被列为普通高等教育“十一五”国家级规划教材，在2版修订过程中注意了以下几点：

1. 从高等职业教育供热通风与空调工程专业的教学特点出发，力求贯彻投影理论与制图实践相结合的原则。首先介绍制图基本知识，为遵循制图标准的基本规定打下基础；接着介绍投影原理及制图投影理论；最后介绍专业制图，如对建筑施工图、结构施工图进行了一般介绍，对建筑设备施工图进行了详细介绍。

2. 在教材体系和教学内容上，力求简明扼要、以图助文、通俗易懂。其中点、直线、平面的投影以及投影作图部分以够用为度，对识图与绘图的基本方法力求分析清楚，在每章后都附有思考题与习题，供学生课后复习。

3. 本书的专业制图，重点突出了给水排水施工图、暖通空调施工图、室内燃气管道施工图、室内电气施工图。另外在建筑施工图中增加了建筑防雷内容，暖通空调施工图中还增加了锅炉房管道施工图及其阅读方法。

4. 本书介绍了徒手作图画法，让学生具备徒手画图能力，便于技术交流，徒手画出初步设计方案图，再按预先构思的徒手图用计算机画出正式图样。

5. 本书介绍了按照立体图形画出正投影图或由正投影图画成立体图的方法，对它们之间的互逆关系也进行了说明。

为了巩固学习内容，另编写《建筑设备工程制图识读与绘制习题集》与本书配套使用。

本书由谭伟建、王芳主编。参加本书编写的有：湖南城建职业技术学院谭伟建（绪论、第一、二、十一、十四章）；新疆建设职业技术学院王芳（第九、十章）；辽宁建筑职业学院尚久明（第六、十二、十三章）；太原理工大学阳泉学院韩变枝（第三、四、五、七、八章）。本书由湖南城建职业技术学院教授谢社初主审。

本书在编写过程中参考了一些相关书籍，在此向有关编著者表示衷心的感谢。

由于编者水平有限，书中如有疏漏和差错之处，诚望读者提出批评意见。

编　者

目 录

绪　论

在工程技术界，人们根据投影法及国家颁布的制图标准画出的图称为工程图样，简称图样。

图样不仅是指用投影法绘制的图，还包括用规定的图形符号绘制的简图，用表格及文字说明可作为图样的补充或代替某些图样。图样已成为工程技术上不可缺少的重要文件资料，是表达设计意图、进行技术交流和保证生产正常进行的一种特殊语言工具，也是人类智慧和语言高度发展的具体体现。因此，无论是从事工程设计的技术人员，还是现场施工和管理的施工人员，都要具备识读或绘制本专业工程图样的能力。

一、本课程的目的和任务

“建筑设备工程图识读与绘制”是一门建筑设备工程类专业的必修课程。它是一门既有制图基本理论又有较多实践的技术基础课。本课程的内容包括房屋建筑制图标准中有关制图规定的知识，投影的基本知识和点、直线、平面投影等内容。其中，投影知识是识读和绘制建筑设备工程图的理论基础，它用投影的方法在平面上表达空间形体，在平面图形上解决空间几何问题。经过一系列有目的的课堂学习和课内课外练习题，学习建筑形体的表达方法、读图和一般绘图方法，提高学生的空间想像能力和读图能力，为学习房屋建筑施工图、结构施工图、设备施工图的识读与绘制打下基础。因此，本课程的目的是培养学生具备必需的设备工程图识读与绘制的基本知识和技能，为学习后续专业知识与职业技能打下基础。

本课程的主要任务是：

1）学习平行投影表示空间形体的图示方法，包括正投影法、斜投影法等方法，其中掌握正投影法为主要任务。

2）贯彻《房屋建筑制图统一标准》（GB/T 50001—2010）、《暖通空调制图标准》（GB/T 50114—2010）等国家制图标准，培养学生在读图或绘图时正确掌握有关制图标准的能力。

3）培养学生掌握建筑设备施工图的表达方法，有较强的识图能力和绘图能力。

4）培养学生的空间想像能力，分析问题、解决问题的能力以及动手能力。

5）培养学生认真负责的工作态度和一丝不苟的工作作风，将素质培养和思想品质培养贯穿于教学全过程。

二、本课程的学习方法

1）要明确学习目的，端正学习态度，振奋精神，刻苦认真，锲而不舍，才能保持持久的学习热情。

2）学习制图，首先要熟悉制图标准中的有关规定，有些内容必须强记，如线型的名称和用途，比例和尺寸标注的规定，图样画法，各种图样符号表示的内容，各种图例以及各类构（配）件的图示规定等。

3）制图课程的特点之一是系统性和实践性强，务必要按规定完成一定数量的制图作业，从易到难、循序渐进。做作业时一定要认真，切莫粗枝大叶、马虎潦草。

4）做作业时要独立思考。可借助一些模型，加强图物对照，得到感性认识，有时可绘制轴测图来帮助识读投影图，并按照投影规律加以分析，想像投影图与空间形体的对应关系。若遇到疑难问题或模糊不清的地方要多问老师，不可轻易放过。

5）制图课程的另一个特点是图多，教材中图文并茂，不少地方是以图助文。教师在讲课时，一般是边讲、边画、边写，且以画图为主。上课时应做好记录，以便课后复习，要注意讲课中的重点、难点。预习时要边看边思考，以提高自学能力。只有在平时学习中多思考、多读、多画才能掌握和正确运用投影基本知识，才能增强空间想像能力，从而达到良好的学习效果。

6）工程图样是施工与制作的依据，往往由于图样上一条图线或一个数字的识读与绘制出现差错，就会造成返工浪费。因此，要求学生从开始学习制图课程时就严格要求自己，自觉养成耐心细致、认真负责、严谨的工作态度和学习作风。

7）适当阅读有关参考书，扩大视野，培养自学能力。

第一章　制图基本知识

第一节　建筑制图国家标准的一般规定

在这一节里，主要介绍国家标准《房屋建筑制图统一标准》（GB/T 50001—2010）中有关图幅、图线、线型、工程字以及尺寸标注的一些规定。

一、图幅

1. 图纸幅面

图纸幅面即图框尺寸，应符合表 1-1 的规定，表中 b 及 l 分别表示图幅的短边及长边的尺寸，a 与 c 分别表示图框线到图纸边线的距离。在画图时，如果图纸以短边作为垂直边，如图 1-1 所示，则为横式使用的图纸；图纸以短边作为水平边，如图 1-2 所示，则为立式使用的图纸。一般 A0 ~ A3 图纸宜横式使用；也可立式使用（A0 ~ A4）。

一个工程设计中，每个专业所用的图纸不宜多于两种幅面，不含目录及表格所采用的 A4 幅面。

表 1-1　图纸幅面及图框尺寸　（单位：mm）

尺寸代号 \ 幅面代号	A0	A1	A2	A3	A4
$b \times l$	841×1189	594×841	420×594	297×420	210×297
c	10			5	
a	25				

2. 标题栏

图纸的标题栏及装订边的位置，应符合下列规定：

1）横式使用的图纸，应按图 1-1 的形式进行布置。

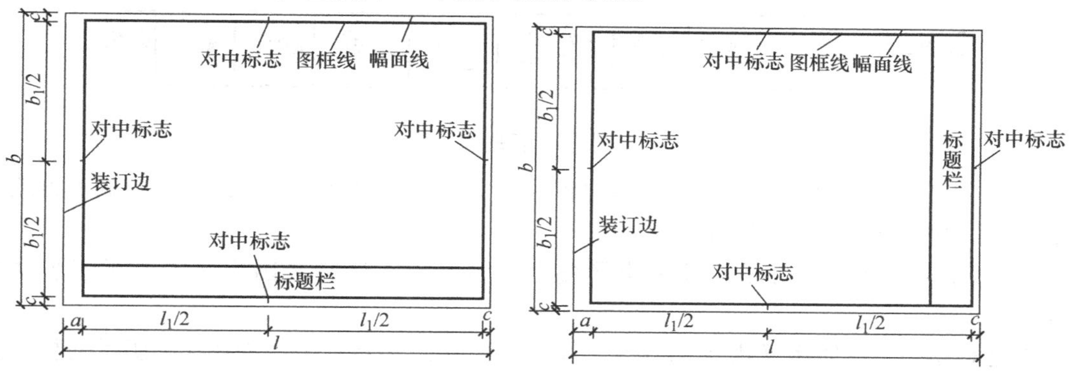

图 1-1　A0 ~ A3 横式幅面

2）立式使用的图纸，应按图 1-2 的形式进行布置。

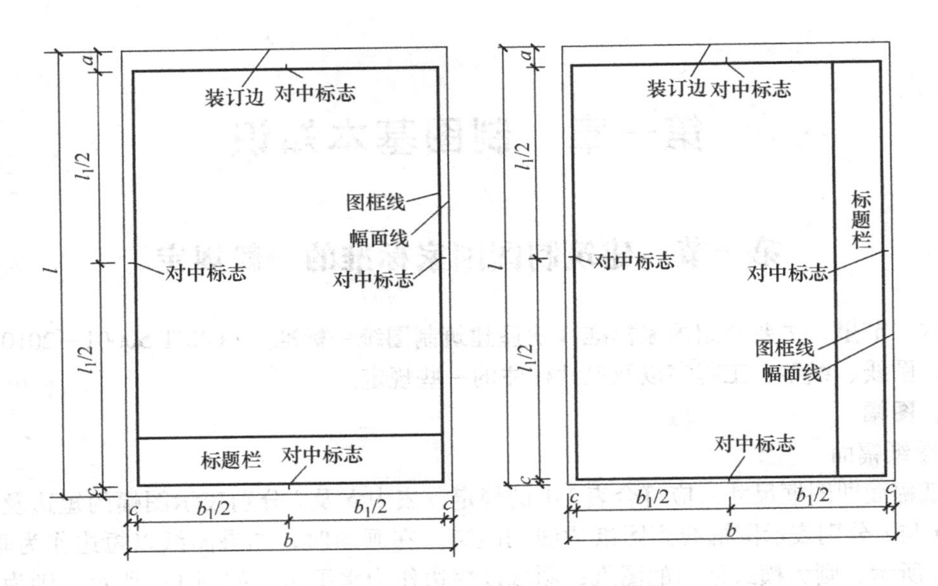

图 1-2　A0 ~ A4 立式幅面

3）标题栏应符合图 1-3 的规定，根据工程的需要选择确定其尺寸、格式及分区。签字栏应包括实名列和签名列，并应符合下列规定：

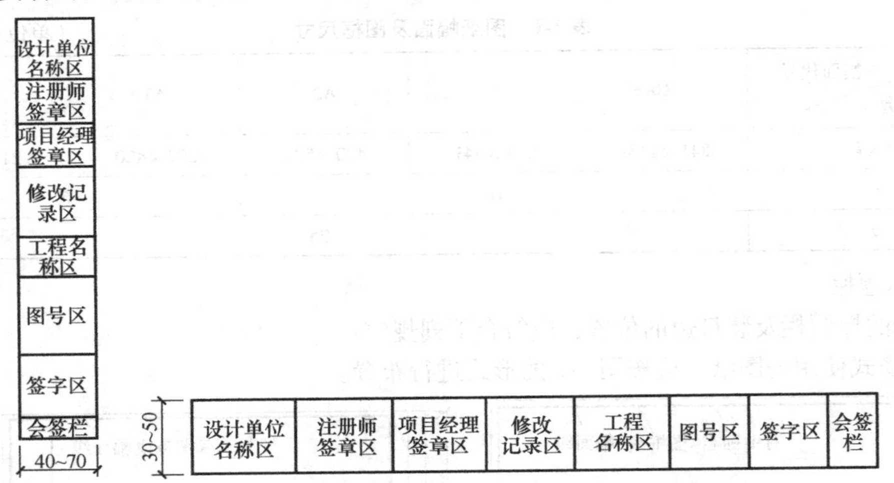

图 1-3　标题栏

① 涉外工程的标题栏内，各项主要内容的中文下方应附有译文，设计单位的上方或左方，应加“中华人民共和国”字样。

② 在计算机制图文件中当使用电子签名与认证时，应符合国家有关电子签名法的规定。

标题栏是用来说明图样内容的专栏。在校学习期间，建议采用如图 1-4 所示的标题栏格式。

二、图线

1）工程建设制图中的图线，应选用表 1-2 中的图线。

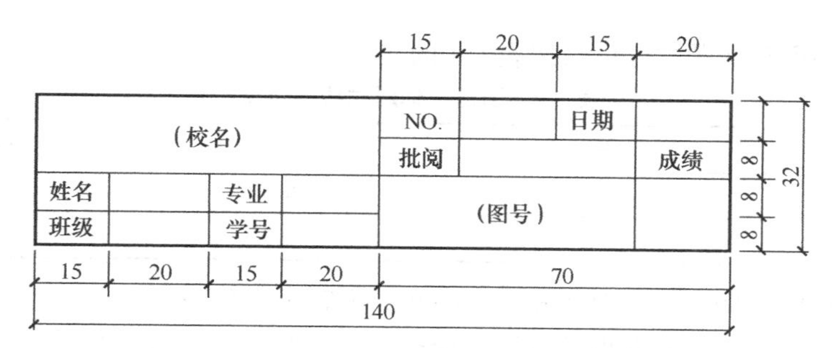

图 1-4 制图作业的标题栏

表 1-2 图线

名称		线型	线宽	用途
实线	粗		b	主要可见轮廓线
	中粗		$0.7b$	可见轮廓线
	中		$0.5b$	可见轮廓线、尺寸线、变更云线
	细		$0.25b$	图例填充线、家具线
虚线	粗		b	见各有关专业制图标准
	中粗		$0.7b$	不可见轮廓线
	中		$0.5b$	不可见轮廓线、图例线
	细		$0.25b$	图例填充线、家具线
单点长画线	粗		b	见各有关专业制图标准
	中		$0.5b$	见各有关专业制图标准
	细		$0.25b$	中心线、对称线、轴线等
双点长画线	粗		b	见各有关专业制图标准
	中		$0.5b$	见各有关专业制图标准
	细		$0.25b$	假想轮廓线、成形前原始轮廓线
折断线	细		$0.25b$	断开界线
波浪线	细		$0.25b$	断开界线

2）图线的宽度 b，宜从 1.4mm、1.0mm、0.7mm、0.5mm、0.35mm、0.25mm、0.18mm、0.13mm 线宽系列中选取。图线宽度不应小于 0.1mm。每个图样，应根据复杂程度与比例大小，先选定基本线宽 b，再选用表 1-3 中相应的线宽组。同一张图纸内，相同比例的各图样，应选用相同的线宽组。

表 1-3 线宽组 （单位：mm）

线宽比	线宽组			
b	1.4	1.0	0.7	0.5
$0.7b$	1.0	0.7	0.5	0.35
$0.5b$	0.7	0.5	0.35	0.25
$0.25b$	0.35	0.25	0.18	0.13

注：1. 需要缩微的图纸，不宜采用 0.18mm 及更细的线宽。

2. 同一张图纸内，各不同线宽中的细线，可统一采用较细的线宽组的细线。

3）图纸的图框和标题栏线可采用表 1-4 的线宽。

表 1-4　图框和标题栏线的宽度　（单位：mm）

幅面代号	图框线	标题栏外框线	标题栏分格线
A0、A1	b	$0.5b$	$0.25b$
A2、A3、A4	b	$0.7b$	$0.35b$

4）相互平行的图例线，其净间隙或线中间隙不宜小于 0.2mm。

5）虚线、单点长画线或双点长画线的线段长度和间隔，宜各自相等；单点长画线或双点长画线，当在较小图形中绘制有困难时，可用实线代替；单点长画线或双点长画线的两端，不应是点。点画线与点画线交接点或点画线与其他图线交接时，应是线段交接；虚线与虚线交接或虚线与其他图线交接时，应是线段交接；虚线为实线的延长线时，不得与实线相接。几种图线的画法与交接或相接如图 1-5 所示。

6）图线不得与文字、数字或符号重叠、混淆，不可避免时，应首先保证文字的清晰。

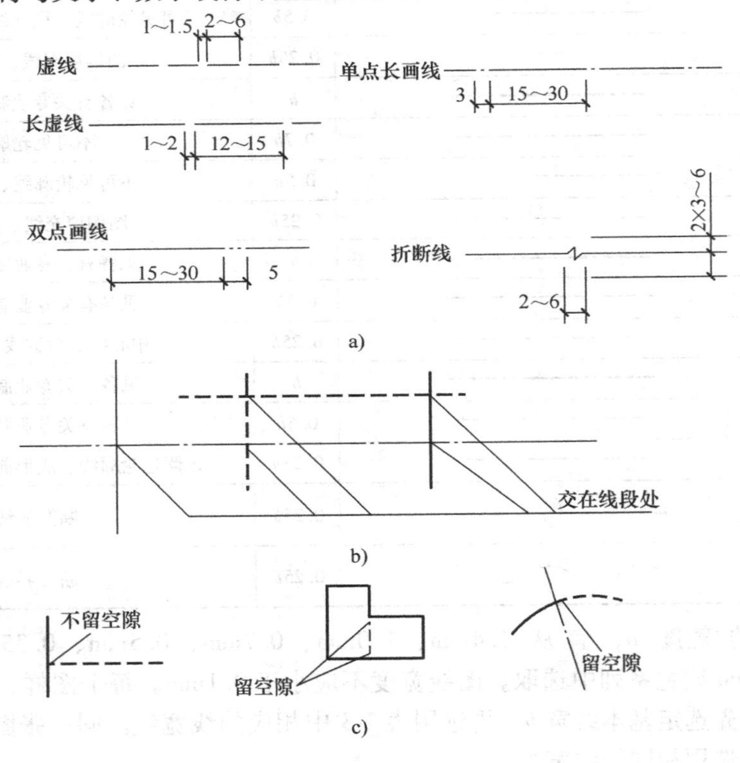

图 1-5　图线的画法

a）线段长度和间距　b）线段相交　c）虚线为实线的延长线时

三、字体

图纸上所需书写的文字、数字或符号等，均应笔画清晰、字体端正、排列整齐；标点符号应清晰正确。字体宜写成长仿宋体。

文字的字高应从表 1-5 中选用。字高大于 10mm 的文字宜用 True type 字体，当需要书写更大的字时，其高度应按$\sqrt{2}$的倍数递增。

表 1-5　文字的字高　　（单位：mm）

字体种类	中文矢量字体	True type 字体及非中文矢量字体
字高	3.5、5、7、10、14、20	3、4、6、8、10、14、20

1. 汉字

图样及说明中的汉字，宜采用长仿宋体或黑体，同一图纸字体种类不应超过两种。长仿宋体字的高宽关系应符合表 1-6 的规定，黑体字的宽度与高度应相同。大标题、图册封面、地形图等使用的汉字，也可书写成其他字体，但应易于辨认。汉字的简化字书写应符合国家有关汉字简化方案的规定。

表 1-6　长仿宋体字高宽关系　　（单位：mm）

字高	20	14	10	7	5	3.5
字宽	14	10	7	5	3.5	2.5

（1）长仿宋字的特点　长仿宋体字具有笔画粗细一致，起落转折顿挫有力，笔锋外露，棱角分明，清秀美观，挺拔刚劲又清晰好认的特点。

（2）写长仿宋字的基本要求

1）几种基本笔画的写法。长仿宋字不论字体繁简，都是由几种基本笔画组成的，几种基本笔画的写法和特征见表 1-7。

表 1-7　几种基本笔画的写法和特征

名称	笔画及字例	要点	名称	笔画及字例	要点
点	卡 玉 卞	起笔轻，行笔渐重，落笔顿	捺	米 长 来	起笔轻，由上向右下倾斜，行笔渐重，落笔顿
横	中 丰 王	起笔顿，由左向右行笔稍上倾，落笔顿	挑	折 玻 轴	起笔顿，由左向右上行笔，渐轻稍成尖状
竖	木 平 米	起笔顿，由上向下垂直，落笔顿	横折竖	吗 巧 引	像横画一样起笔，折时顿笔向下稍偏左斜笔
撇	元 无 才	起笔顿，由上向左下倾斜，行笔渐轻	竖钩	列 球 拉	像竖画一样行笔到底，顿笔向上挑勾成尖状

2）写长仿宋字的要领：

① 横平竖直。横笔基本上要平，由左向右运笔稍微向上倾斜一点。竖笔要直，笔画要刚劲有力。

② 笔锋满格。上下左右笔锋要触及字格，即一般长仿宋字要填满格子。但也有个别字如口、日、图等要比字格略小，书写时要适当缩格，如图 1-6 所示。

图 1-6　个别字缩格效果

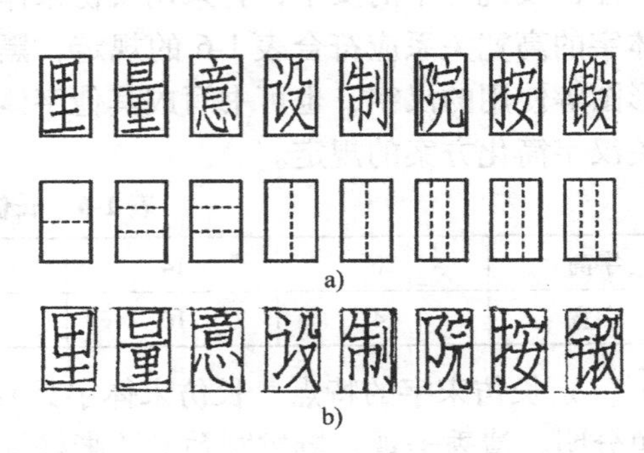

图 1-7　字体布局效果

③ 布局均匀、组合紧凑。除了从整体要求字与字之间布局匀称外，每个字中的笔画也要布局均匀紧凑（图 1-7a），不然则容易出现松紧不匀或头重脚轻的现象（图 1-7b）。

要写好长仿宋体字，正确的办法就是多看、多摹、多写，持之以恒。

2. 字母和数字

（1）字母和数字书写的规定　图样及说明中的拉丁字母、阿拉伯数字与罗马数字，宜采用单线简体或 ROMAN 字体。拉丁字母、阿拉伯数字与罗马数字的书写规则应符合表 1-8 的规定。

表 1-8　拉丁字母、阿拉伯数字与罗马数字的书写规则

书写格式	字　体	窄字体
大写字母高度	h	h
小写字母高度（上下均无延伸）	$7h/10$	$10h/14$
小写字母伸出的头部或尾部	$3h/10$	$4h/14$
笔画宽度	$h/10$	$h/14$
字母间距	$2h/10$	$2h/14$
上下行基准线的最小间距	$15h/10$	$21h/14$
词间距	$6h/10$	$6h/14$

拉丁字母、阿拉伯数字与罗马数字的字高，不应小于 2. 5mm。数量的数值注写，应采用正体阿拉伯数字。各种计量单位凡前面有量值的，均应采用国家颁布的单位符号注写。单位符号应采用正体字母。

分数、百分数和比例数的注写，应采用阿拉伯数字和数学符号。当注写的数字小于 1 时，应写出各位的“0”，小数点应采用圆点，齐基准线书写。

（2）字母和数字书写方法　拉丁字母、阿拉伯数字或罗马数字，按字体的书写规则，可分为一般字体和窄字体两种，在书写方法上又分为直体和斜体两种。当需写成斜体字时，其斜度应是从字的底线逆时针向上倾斜 75°。斜体字的高度和宽度应与相应的直体字相等。字母和数字的一般字体以及斜体字字例如图 1-8 所示。

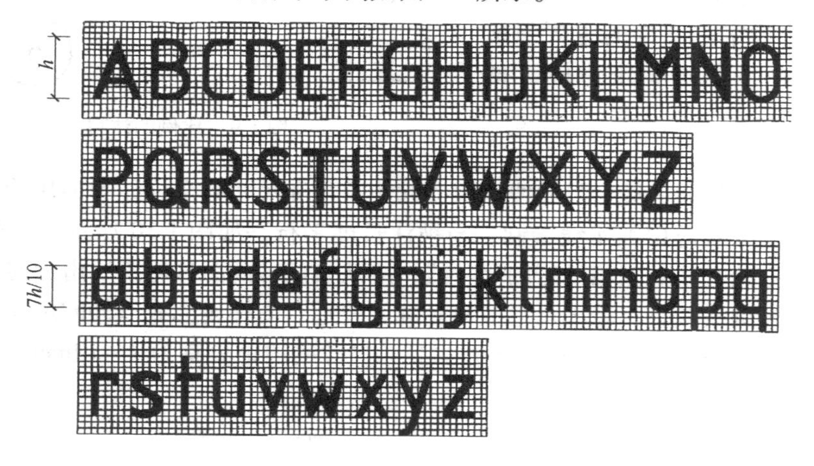

a)

b)

图 1-8　字母和数字的一般字体以及斜体字字例

a）拉丁字母　b）阿拉伯数字和罗马数字以及斜体字字例

四、比例

1）图样的比例应为图形与实物相对应的线性尺寸之比。比例的符号应为“:”，比例应以阿拉伯数字表示。

2）比例宜注写在图名的右侧，字的基准线应取平；比例的字高宜比图名的字高小一号或二号，如图 1-9 所示。

3）绘制所用的比例应根据图样的用途与被绘对象的复杂程度从表 1-9 中选用，并应优先采用表中常用比例。

表 1-9　绘图所用的比例

常用比例	1:1、1:2、1:5、1:10、1:20、1:30、1:50、1:100、1:150、1:200、1:500、1:1000、1:2000
可用比例	1:3、1:4、1:6、1:15、1:25、1:40、1:60、1:80、1:250、1:300、1:400、1:600、1:5000、1:10000、1:20000、1:50000、1:100000、1:200000

4）一般情况下，一个图样应选用一种比例。根据专业制图需要，同一图样可选用两种比例。特殊情况下也可自选比例，这时除应注出绘图比例外，还应在适当位置绘制出相应的比例尺。

五、尺寸标注

图样中的图形不论是缩小还是放大，其尺寸仍按物体实际尺寸数字标注，它与绘图所用的比例无关。尺寸数字是图样的重要组成部分，有了尺寸的图样才能作为施工的依据。

平面图 1:100　　⑥ 1:20

图 1-9　比例的注写

1. 尺寸的组成

图样上的尺寸包括尺寸界线、尺寸线、尺寸起止符号和尺寸数字，如图 1-10 所示。

（1）尺寸线　尺寸线应用细实线绘制，与被注长度平行，如图 1-10 所示。图样本身的任何图线均不得用作尺寸线。互相平行的尺寸线，应从被注写的图样轮廓线由近向远整齐排列，较小尺寸应离轮廓线较近，较大尺寸应离轮廓线较远。图样轮廓线以外的尺寸线，距图样最外轮廓之间的距离不宜小于 10mm。平行排列的尺寸线的距离宜为 7 ~ 10mm，并应保持一致。

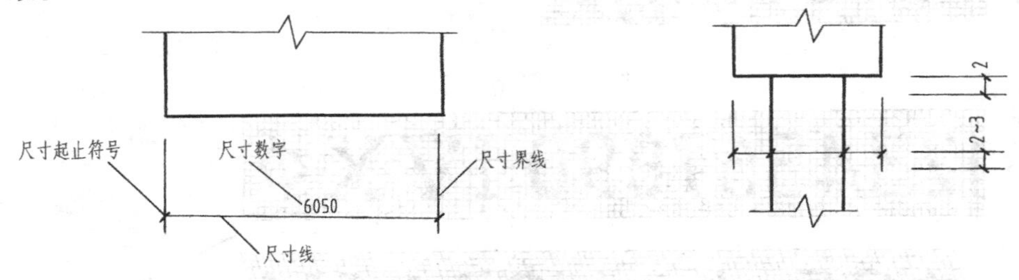

图 1-10　尺寸的组成　　图 1-11　尺寸界线

（2）尺寸界线　尺寸界线应用细实线绘制，一般应与被注长度垂直，其一端应离开图样轮廓线不小于 2mm，另一端超出尺寸线 2 ~ 3mm，图样轮廓线、中心线及轴线可用作尺寸界线，如图 1-11 所示。

（3）尺寸起止符号　尺寸起止符号一般采用中粗斜短线绘制，并画在尺寸线与尺寸界线的相交处。其倾斜方向应与尺寸线成顺时针 45°，长度宜为 2 ~ 3mm。在轴测图中标注尺寸的，其起止符号宜用小圆点。

半径、直径、角度与弧长的起止符号和坡度宜用箭头表示，如图 1-12 所示。

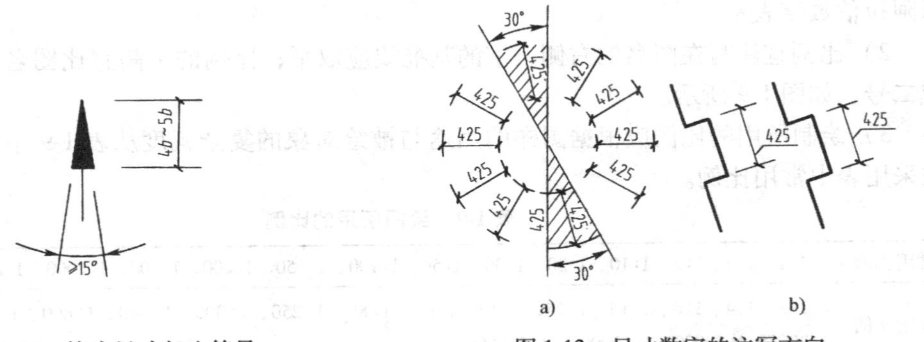

图 1-12　箭头尺寸起止符号　　图 1-13　尺寸数字的注写方向

（4）尺寸数字　图样上的尺寸应以尺寸数字为准，不得从图上直接量取。其尺寸单位，除标高及总平面以 m（米）为单位外，其他必须以 mm（毫米）为单位。尺寸数字的方向应按图 1-13 的规定注写。尺寸数字一般应依据其方向注写在靠近尺寸线的上方中部，如没有足够的注写位置，最外边的尺寸数字可注写在尺寸界线的外侧，中间相邻的尺寸数字可错开注写，如图 1-14 所示。尺寸宜标注在图样轮廓以外，不宜与图线、文字及符号等相交，如图 1-15 所示。

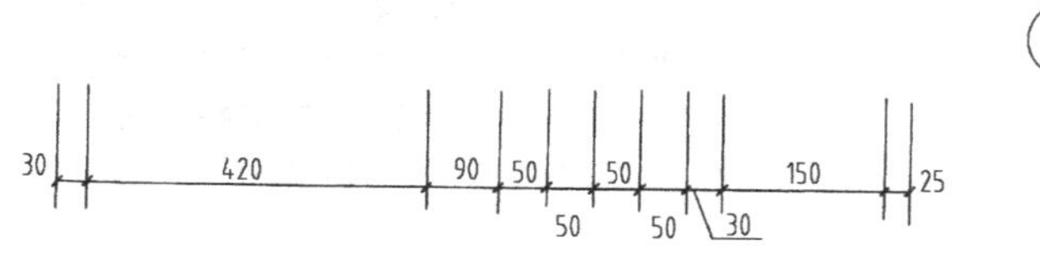

图 1-14　尺寸数字的注写位置

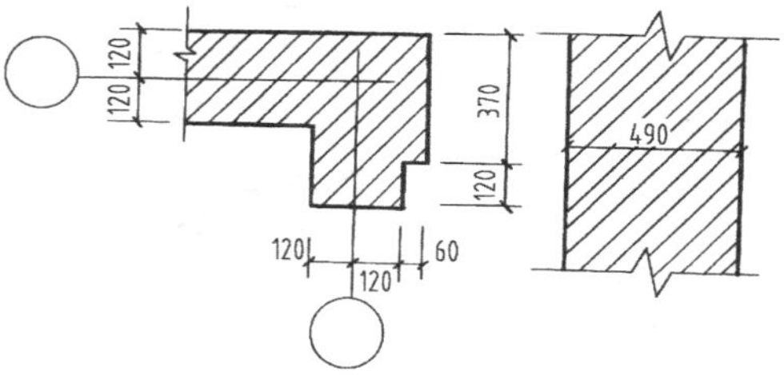

图 1-15　尺寸数字的注写

2. 尺寸标注示例

表 1-10 列出了国标所规定的部分尺寸标注示例。

表 1-10　尺寸标注示例

标注内容	示　　例	说　　明
圆及圆弧	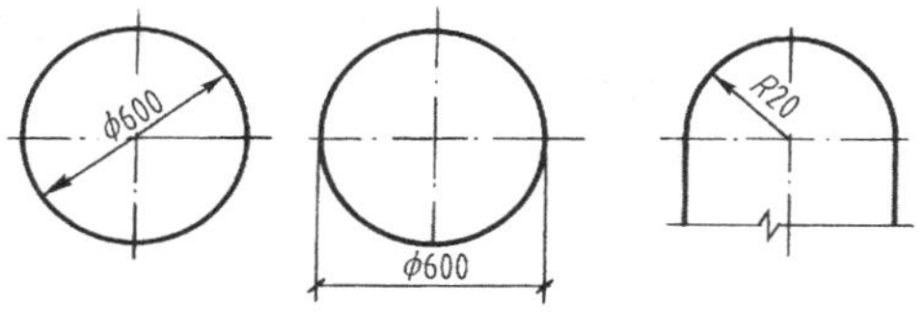	标注圆的直径（ϕ）时，在圆内标注的尺寸线应通过圆心，两端画箭头指向圆弧 标注圆弧的半径（R）时，半径的尺寸线应一端从圆心开始，另一端画箭头指向圆弧
大圆弧	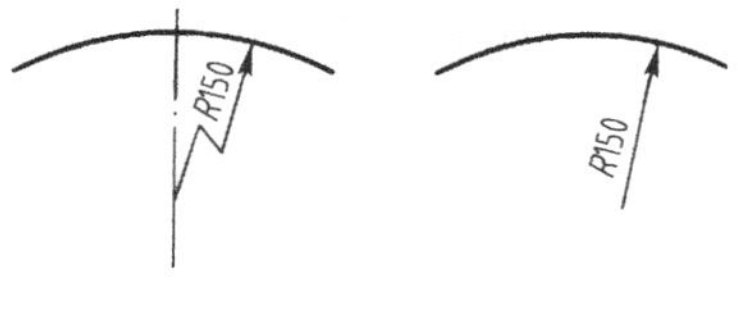	较大圆弧的半径可按示例形式标注
小尺寸圆及圆弧	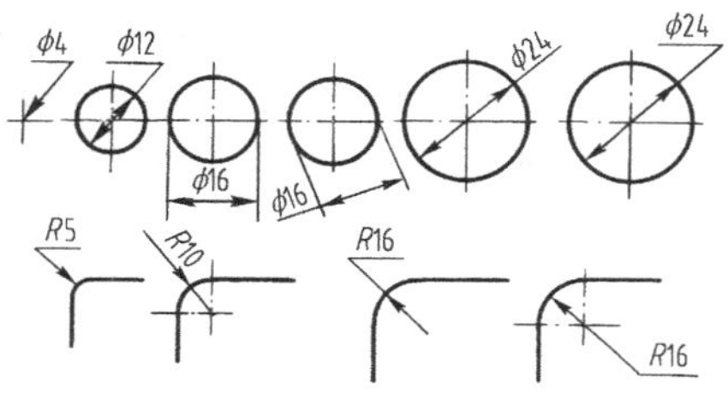	较小圆的直径尺寸可标注在圆外 较小圆弧的半径可按示例形式标注
球	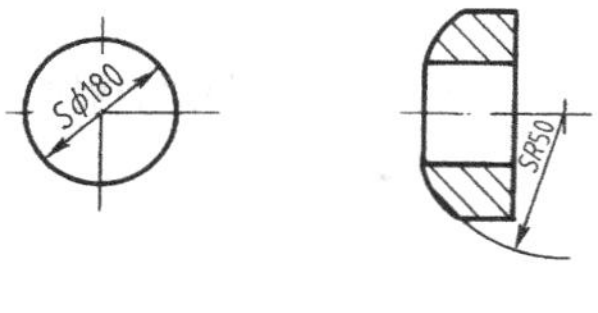	标注球的直径尺寸时，应在尺寸数字前加注符号“$S\phi$” 标注球的半径尺寸时，应在尺寸数字前加注符号“SR”

（续）

标注内容	示　　例	说　　明
角度	75°20′ 5° 6°09′56″	角度的尺寸线应以圆弧表示，该圆弧的圆心应是该角的顶点，角的两条边线为尺寸界线。起止符号应以箭头表示，如没有足够位置画箭头，可用圆点代替，角度数字应按水平方向注写
弧度和弦长	⌒120 113	尺寸界线应垂直于该圆弧的弦；如标注的是弧长，尺寸线是与该圆弧同心的圆弧，起止符号应以箭头表示，弧长数字的上方应加注圆弧符号；如标注的是弦长，尺寸线应为平行于弦的直线，起止符号用中粗斜短线表示
正方形	φ30 40 60 20 □50	如需在正方形的侧面标注其尺寸，除可用“边长×边长”外，也可在边长数字前加正方形符号“□”
薄板厚度	t10 160 220 70 60 180 120 300	在薄板板面标注板厚尺寸时，应在厚度数字前加厚度符号“*t*”
坡度	2% 1:2 2% a) b) 2.5 1 c)	标注坡宽时，在坡度数字下应加坡度符号（图a、b）。坡度符号的箭头一般应指向下坡方向。坡度也可用三角形形式标注（图c）
曲线轮廓	50 306 1000 240 556 750 880 972 400 500 500 500 500 500 500 6800	外形为非圆曲线的构件，可用坐标形式标注尺寸

（续）

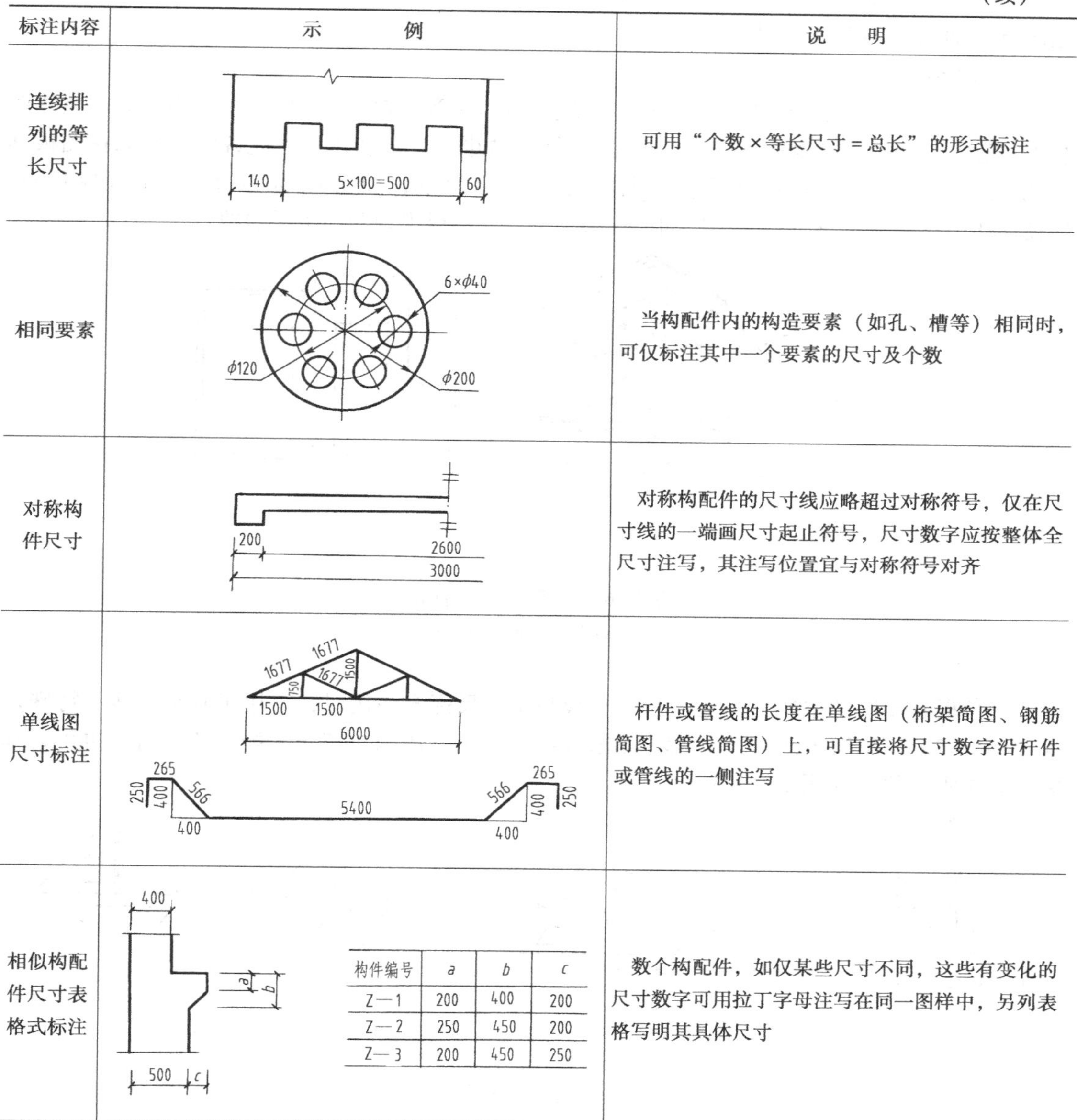

标注内容	示　　　例	说　　明
连续排列的等长尺寸	140　5×100=500　60	可用“个数×等长尺寸＝总长”的形式标注
相同要素	6×ϕ40　ϕ120　ϕ200	当构配件内的构造要素（如孔、槽等）相同时，可仅标注其中一个要素的尺寸及个数
对称构件尺寸	200　2600　3000	对称构配件的尺寸线应略超过对称符号，仅在尺寸线的一端画尺寸起止符号，尺寸数字应按整体全尺寸注写，其注写位置宜与对称符号对齐
单线图尺寸标注	1677　1677　1677　750　1500　1500　1500　6000 265　250　400　566　5400　400　566　265　400　250　400	杆件或管线的长度在单线图（桁架简图、钢筋简图、管线简图）上，可直接将尺寸数字沿杆件或管线的一侧注写
相似构配件尺寸表格式标注	400　a　b　500　c	数个构配件，如仅某些尺寸不同，这些有变化的尺寸数字可用拉丁字母注写在同一图样中，另列表格写明其具体尺寸

构件编号	a	b	c
Z—1	200	400	200
Z—2	250	450	200
Z—3	200	450	250

第二节　制图工具及用品

目前，尽管建筑设备工程设计、施工中所使用的施工图大多数是以计算机绘制的，但在学习制图时仍然要了解和熟悉传统的制图工具和用品的性能、特点、使用方法等。

一、常用制图工具

1. 图板

图板用于固定绘图纸，要求图板角边相互垂直，图板板面平滑无节。常用的图板规格有

0 号（900mm×1200mm）、1 号（600mm×900mm）、2 号（450mm×600mm），绘制时应根据图纸幅面的大小来选择图板。

2. 丁字尺

丁字尺和图板相配合，主要用于画水平线。应当注意，画水平线时，尺头内侧必须紧靠图板的左边，线条沿着尺身的工作边自左向右画出，如图 1-16a 所示。不允许将尺头靠在图板其他侧边画线，以避免图板各边不垂直时画出的图线不准确，如图 1-16b 所示。选择丁字尺时，应使尺头与尺身保持垂直，丁字尺的工作边须平直，不得出现凹凸不平的缺口。

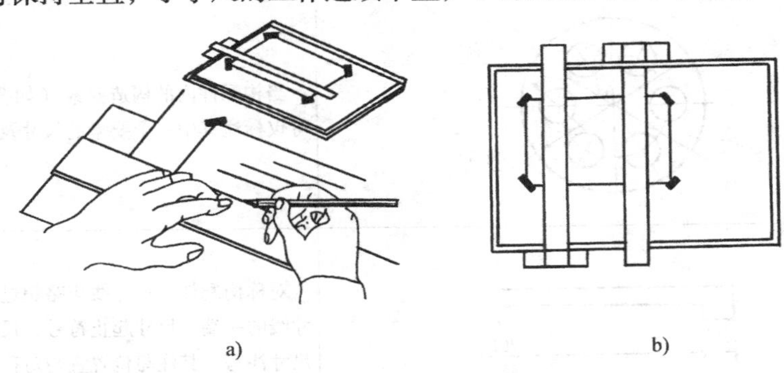

a)　　b)

图 1-16　图板丁字尺的用法

a）正确　b）错误

3. 三角板

三角板是制图的主要工具之一。三角板与丁字尺配合使用时，可用于画垂直线和特殊角度（15°、30°、45°、60°、75°）线，如图 1-17a 所示。用两块三角板配合使用时，也可以画平行线或垂直线，如图 1-17b 所示。

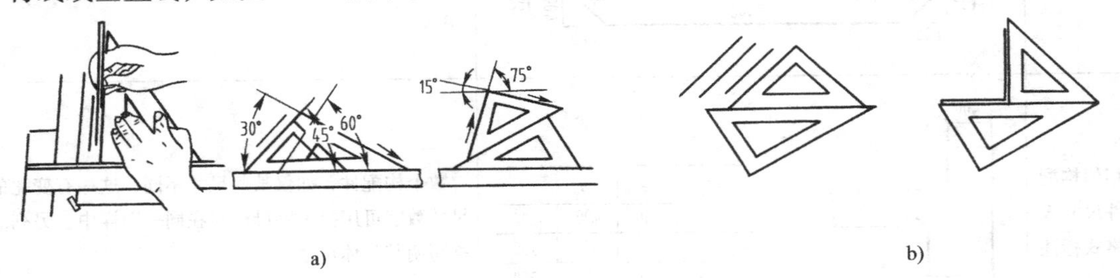

a)　　b)

图 1-17　三角板的使用方法

a）用三角板画垂直线和特殊角度（15°、30°、45°、60°、75°）线　b）用三角板画平行线和垂直线

4. 曲线板

曲线板是用来画非圆曲线的工具。画图时，先定出要画曲线上的若干点，并用铅笔徒手顺着各点轻轻地、流畅地画出曲线，然后选用曲线板上曲率合适的部位，从起点到终点按顺序分段逐步加深。每段至少应有三个点与曲线相吻合，并留出一小段作为下次连接其相邻部分之用，以保证曲线流畅光滑，如图 1-18 所示。

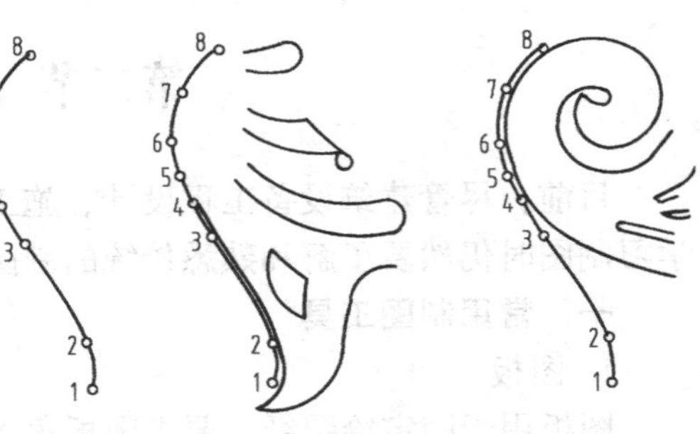

图 1-18　曲线板的用法

5. 模板

为了提高画图速度和质量，一般把图样上常用的一些符号、图例和比例等刻在透明塑料板上，制成模板使用。常用的有建筑模板、结构模板、电工模板等不同用途的模板。建筑模板如图 1-19 所示。

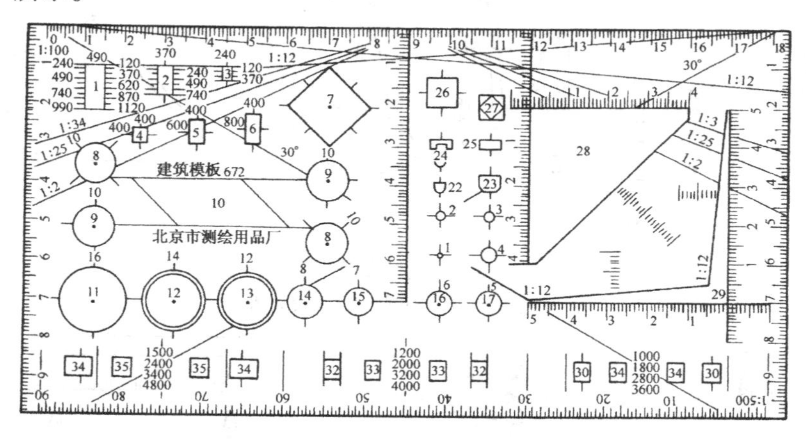

图 1-19　建筑模板

6. 比例尺

比例尺又称三棱尺，如图 1-20 所示。它是根据一定比例关系制成的尺子。比例尺的度量单位为 m，尺身分为六个面，分别标有不同的比例，通常有 1:100、1:200、1:300、1:400、1:500、1:600 等。在使用比例尺时，要注意放大或缩小比例和实长的关系，如 1m 长的构件画成 1:100 的图形，即图形只画出原构件实长的 1%（即 1cm）；又如图 1-20b 所示，1:500 的尺面刻度 25 表示 25m。当图样比例为 1:50 时，1:500的尺面刻度 25 则表示 2.5m；1:5000 的比例在该尺面刻度 25 表示 250m。

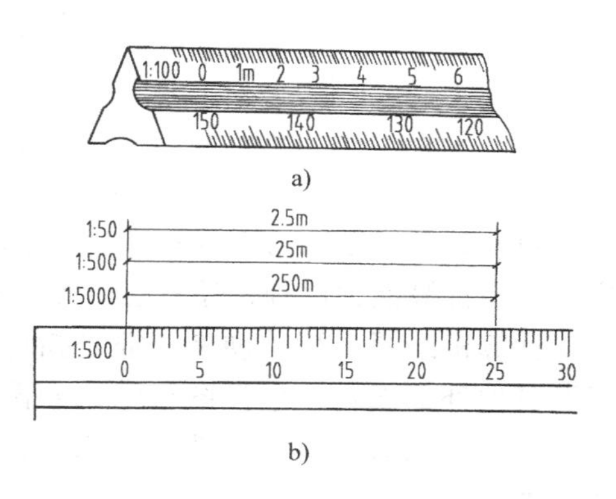

图 1-20　比例尺的用法
a) 比例尺　b) 比例尺换算

7. 圆规

圆规是画圆或画圆弧的工具，如图 1-21a 所示。画圆时，圆规应稍向运动方向倾斜，如图 1-21b 所示；画较大圆时，应使圆规两脚均与纸面垂直，如图 1-21c 所示，必要时可接接长杆。

8. 分规

分规是截量长度和等分线段的工具。分规的针尖应密合，如图 1-22a 所示。其使用方法如图 1-22b、c 所示。

9. 针管笔

针管笔杆内有笔胆，笔头用细不锈钢管制成，如图 1-23 所示。每支针管笔只能画出一种线型，可根据图线的粗细选择 0.2 ~ 1.2mm 几种规格的针管笔，可直接用它来代替鸭嘴笔绘图，使用与携带均很方便。

10. 计算机

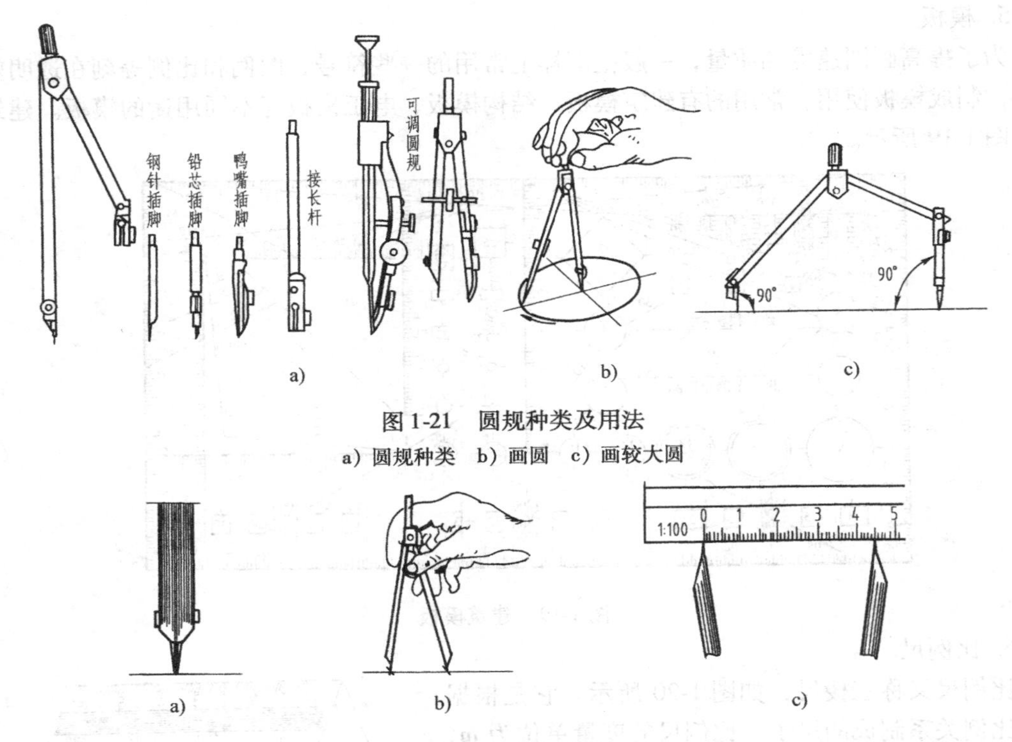

图 1-21　圆规种类及用法

a）圆规种类　b）画圆　c）画较大圆

图 1-22　分规用法

a）分规　b）等分线段　c）截量长度

目前计算机已成为工程界广泛采用的绘图工具。计算机主要由硬件和软件两部分组成。它除了有计算能力以外，还有绘制图形的能力。

计算机绘图系统的硬件一般是指计算机及其他外部设备，包括图形输入和图形输出设备。如图 1-24 所示为一般微型计算机绘图系统硬件设备的配置示例，其中数字化仪、键盘、鼠标为图形输入设备，绘图仪为输出设备。

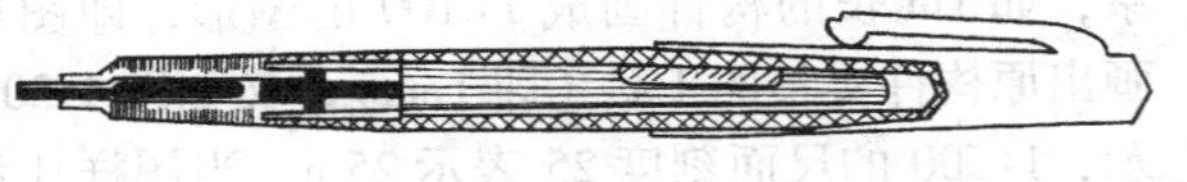

图 1-23　针管笔

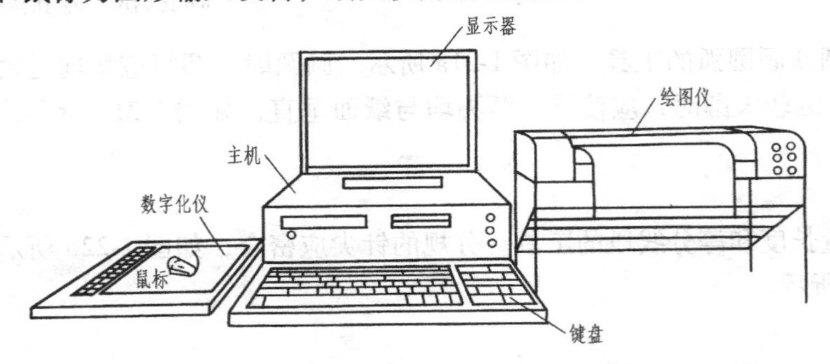

图 1-24　微型计算机绘图系统硬件设备配置示例

计算机绘图系统采用的软件，目前建筑专业广泛采用 AutoCAD，以及各种在 AutoCAD 平台上开发的专业设计软件。熟练掌握这些软件的应用方法，可大大提高绘图的速度、准确性和质量。受篇幅限制，本书不涉及计算机绘图内容。

二、制图用品

1. 绘图铅笔

绘图铅笔的铅芯硬度用 B 和 H 标明。B～6B 表示软铅芯，数字越大，铅芯越软；H～6H 表示硬铅芯，数字越大，铅芯越硬；HB 表示中等硬度。画底图时一般用 H 或 2H 铅笔，加深、加粗图线时一般用 HB 或 B 铅笔。铅笔的削法和使用方法如图 1-25 所示。

2. 绘图纸

绘图时需要使用绘图纸。绘图纸要求质地坚实，纸面洁白，以橡皮擦拭不起毛为佳。

3. 其他制图用品

其他制图用品包括橡皮、擦线板、小刀、砂纸、透明胶带等。擦线板上有各种形状的缺口，使用时，用橡皮擦去缺口对准的线条，而不会影响其邻近的线条。

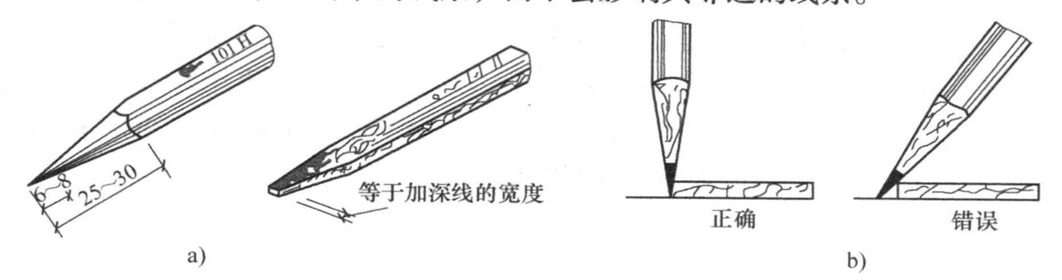

图 1-25　铅笔的削法和使用方法

a）铅笔的削法　b）铅笔的使用方法

第三节　徒 手 画 图

徒手画图是一种不受条件限制，画图迅速、容易更改的画图方法。徒手画图常应用于表达新构思、拟定设计方案、创作、现场参观记录及交谈等方面。因此，工程技术人员应熟练掌握徒手画图的技能。

徒手画图同样有一定的画图要求，即布图、图线、比例、尺寸应大致合理而不潦草。

徒手画图可以使用钢笔、铅笔等画线工具。如果选用铅笔，最好选铅芯软一些的铅笔，一般选用 B 或 2B 铅笔，铅笔应削长一点，笔芯不要过尖，要圆滑些。

一、直线的画法

画直线时要注意执笔方法，画短线时，则手腕运笔；画长线时，则整个手臂动作。

1）画水平线时，铅笔要放平些。画长水平线可先标出两端点，掌握好运笔方向，眼睛此时不要看笔尖，要盯住终点，用较快的速度轻轻画出底线（图 1-26）。

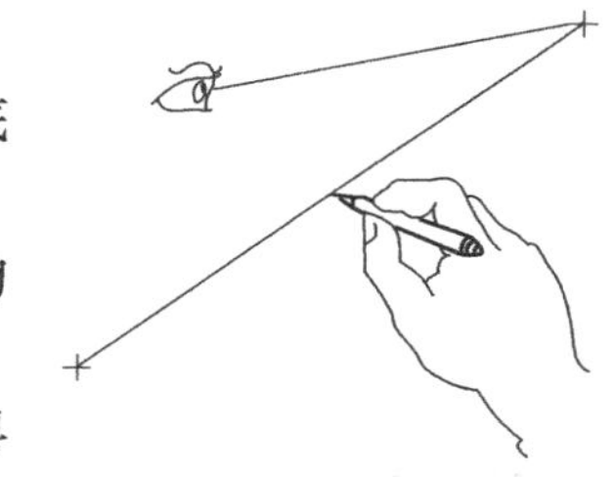

图 1-26　画底线

加深底线时，眼睛要盯住笔尖，沿底线画出直线，并改正底线不平滑之处（图 1-27a）。

2）画竖直线时，铅笔可稍竖高些（图 1-27b）。画竖直线的方法与画水平线的方法相同。

3）画斜线时，铅笔要更竖高些（图 1-27c）。画向右上倾斜的线，手法与画水平线相似；画向右下倾斜的线，手法与画竖直

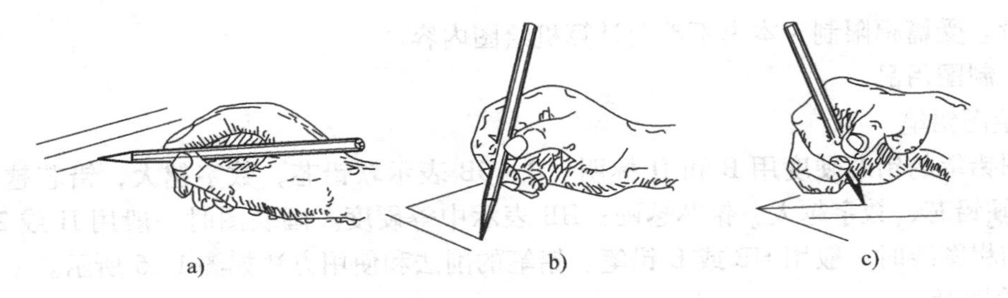

图 1-27　徒手画直线

a）画水平线　b）画竖直线　c）画斜线

线相同。

二、徒手画角度

先画出相互垂直的两交线（图 1-28a）从原点 O 出发，在两相交线上适当截取相同的尺寸，并各标注出一点，徒手作出圆弧（图 1-28b）。若需画出 45°角，则取圆弧的中点与原点 O 相连，连线与水平线间的夹角即为 45°角（图 1-28c）。若画 30°角与 60°角时，则将圆弧作三等分，自第一等分点起与原点 O 相连，连线与水平线间的夹角即为 30°角；第二等分点与原点 O 相连，连线与水平线间的夹角即为 60°角（图 1-28d）。

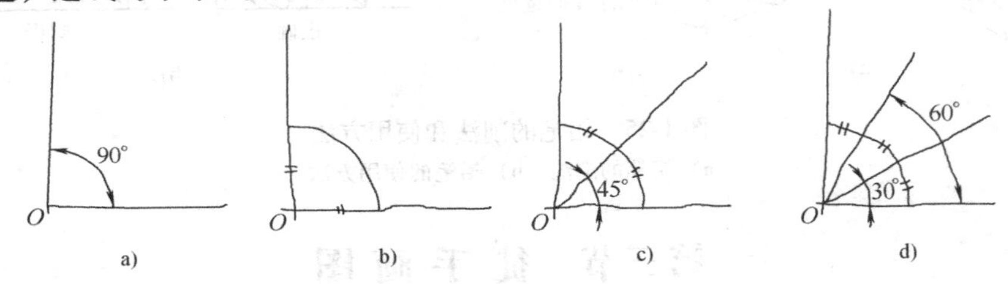

图 1-28　徒手画角度

a）画 90°角　b）画圆弧　c）画 45°角　d）画 30°角或 60°角

三、徒手画圆

先作出相互垂直的两条线，交点 O 为圆的圆心（图 1-29a），估计或目测徒手画圆的直径，在两直线上取半径 $OA=OB=OC=OD$，得点 A、B、C、D，过点作相应直线的平行线，可得到正方形线框，AB、CD 为直径（图 1-29b）。再作出正方形的对角线，分别在对角线上截取 $OE=OF=OG=OH=$ 半径 OA，于是在正方形上得到 8 个对称点（图 1-29c）。徒手用圆弧连接各点，即得徒手画出的圆（图 1-29d）。

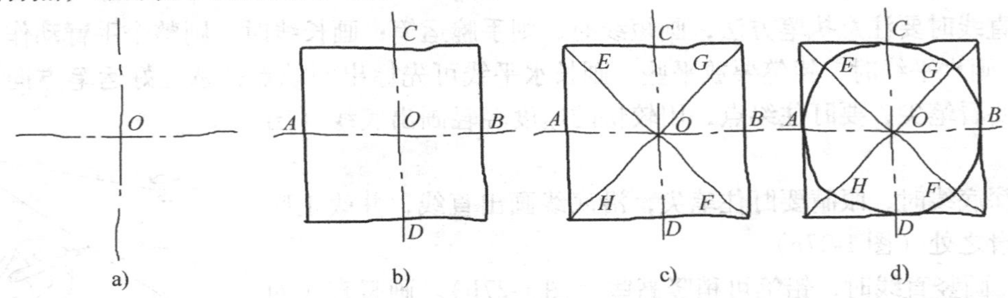

图 1-29　徒手画圆

a）画垂直两交线　b）作 AB、CD 为直径　c）作半径 OA 等 8 个点　d）用圆弧连点画出圆

四、徒手画椭圆

先画出椭圆的长、短轴，具体画图步骤与徒手画圆的方法相同（图 1-30）。

徒手作图要手眼并用，作垂直线、等分一线段或圆弧、截取相等的线段等，都是靠眼睛目测、估计决定的。

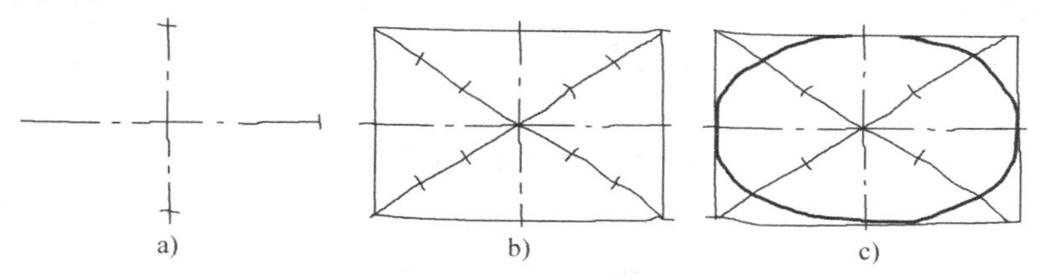

图 1-30　徒手画圆

a）画垂直两交线　b）作长、短轴，确定椭圆上的点　c）用圆弧连点画出椭圆

五、举例

1. 徒手画坡屋面房屋的立面图

徒手画坡屋面房屋的立面图时（图 1-31），不要急于画细部图形，先要注意图形长度与高度的比例，以及图形整体与细部的比例是否正确，可分为以下 4 个画图步骤：

1）先目测画出 3 个大小不一的矩形，使其长度与高度的比例大致与房屋坡屋面、檐口、墙体的长度与高度比例相等（图 1-31a）。

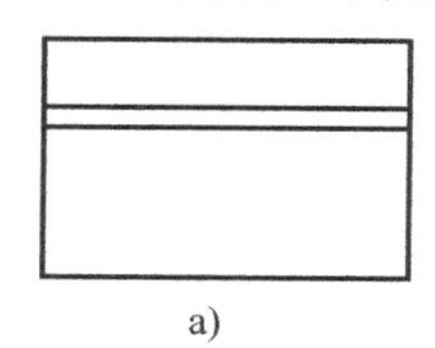

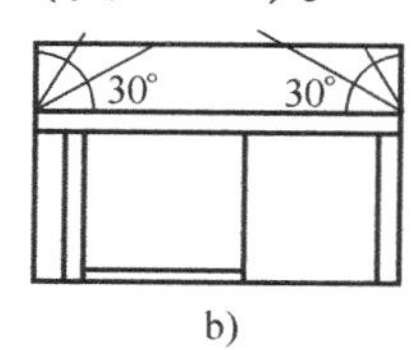

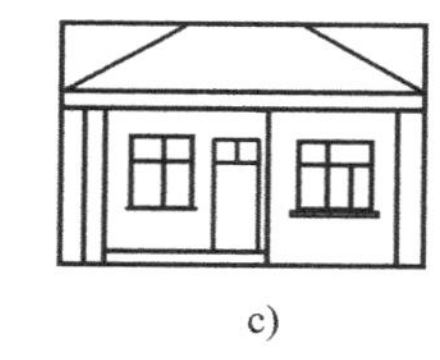

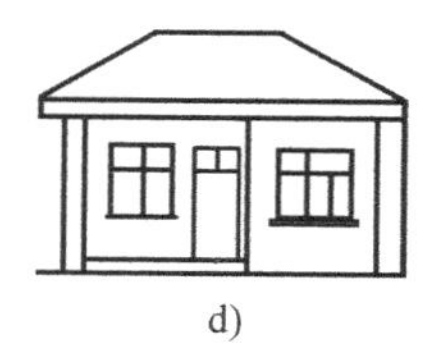

图 1-31　徒手画房屋立面草图

a）徒手画 3 个矩形　b）上矩形左右画 30°斜线　c）按比例画细部　d）检查、完成全图

2）画出 30°坡屋面角度、左侧柱子宽度、台阶高、右墙面宽度线（图 1-31b）。

3）按大致比例画出门、窗细部图线（图 1-31c）。

4）擦除多余的图线，检查正确与否，加粗图线，完成坡屋面房屋的立面图（图 1-31d）。

2. 徒手画物体的立体草图

如图 1-32a 所示的立体图形可以看作是由一个长方体和一个三角形叠加而成。画草图时：

1）徒手画出下方的长方体，使其高度方向铅垂，长度和宽度方向与水平线成 30°，并估计其大小比例，定出其长、宽、高线段（图 1-32b）。

2）在长方体顶面叠加画出三角形（图 1-32c）。

3）擦除多余的图线，检查正确与否，加粗图线，完成立体草图（图 1-32d）。

画物体的立体草图时有如下要点：

1）先确定所画物体长、宽、高度直线方向（图 1-32b）。

2）物体上互相平行的直线，在立体草图上也互相平行（图 1-32b）。

3）画不平行于长、宽、高度方向的倾斜线，应先定出它的两个端点，然后连线（图 1-32c）。

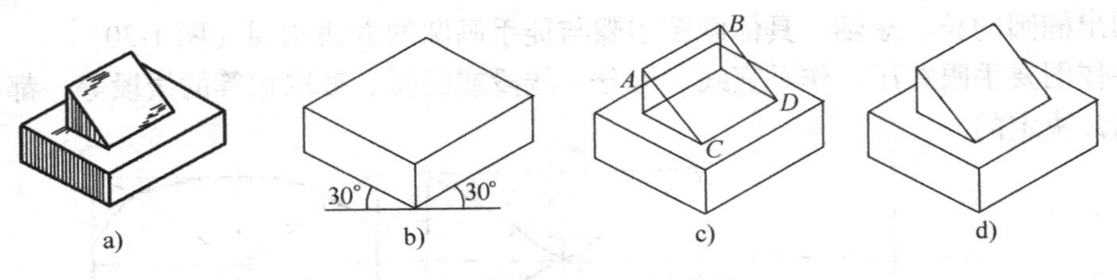

图 1-32　画物体的立体草图

a）立体图　b）画下方的长方体　c）按比例画顶面叠加的三角形　d）检查、完成全图

思考题与习题

1-1　图纸幅面、图框、标题栏各有什么规定?

1-2　试述书写长仿宋字体的要领。

1-3　试说明什么是图样的比例。

1-4　尺寸标注由哪几部分组成?怎样标注球的直径?

1-5　常用的传统制图工具及用品有哪些?它们在制图中各有哪些用途?

1-6　当图板、丁字尺、三角板配合使用时，哪些使用方法是正确的?哪些使用方法是错误的?

第二章　投影基本知识

人们知道如图2-1所示的立体图是房屋、杯子、木扶手沙发，因为这种图样和人们常见到的实物印象大体一致。但这种图样没有全面表示出房屋、杯子、木扶手沙发的各个侧面的形状，也不便于标注尺寸。因此，画出来的立体图样不能满足施工、制作的要求。在工程上使用的图样常采用正投影画法，如图2-2所示，根据实际需要按正投影规律把若干个图样组合在一起表示一个实物。这种正投影图样既能保证度量性，又能充分反映实物的真实大小，满足加工、制作及工程施工的要求，但用正投影法画出来的图样没有立体感，要经过一定的训练、学习后才能识图。

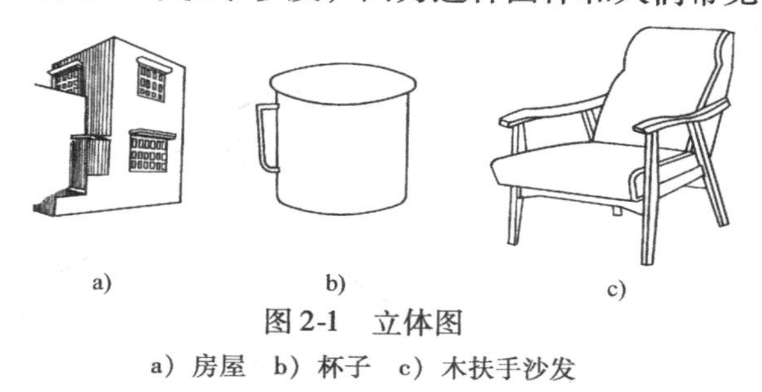

图2-1　立体图

a）房屋　b）杯子　c）木扶手沙发

在制图上，我们只研究物体所在空间部分的形状和大小而不涉及物体的材料、质量及物理性质，我们把这样的物体简称为形体。

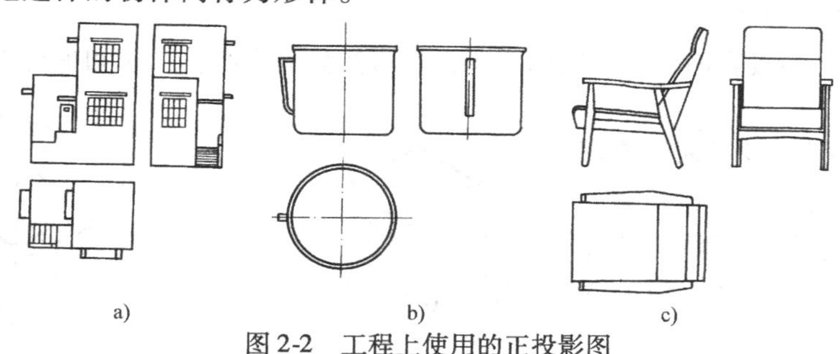

图2-2　工程上使用的正投影图

a）房屋正投影图　b）杯子正投影图　c）木扶手沙发正投影图

第一节　投影及投影分类

一、投影的概念

在光线的照射下，人和物在地面或墙面上产生影子的现象早已为人们所熟知。人们经过长期的实践，将这些现象加以抽象、分析研究和科学总结，从中找出影子和物体之间的关系，用以指导工程实践。这种用光线照射形体，在预先设置的平面上投影产生影像的方法，称之为投影法，如图2-3所示。光源称为投射中心，从光源射出的光线称为投射线，预设的平面称为投影面，形体在预设的平面上的影像称为形体在投影面上的投影。投射中心、投射线、空间形体、投影面以及它们所在的空间称为投影体系。在这个体系中，假设光线可以穿透形体，使得所产生的“影子”不像真实的影子那样漆黑一片，而能在“影子”范围内画出有“影子”边线的轮廓来显示形体上受光面的形状，如图2-3a所示；同时，又假设形体受光面的下方还有被遮挡的不同形状，则用虚线来表示其平面形状，如图 2-3b 所示。此外，对投射中心与投影面之间的相对距离和投射线的方向作出了假定，使其能够产生合适的投影及影像。

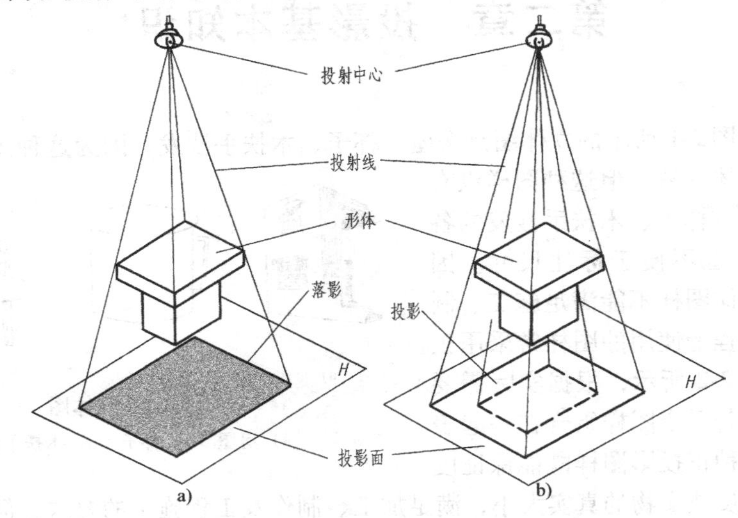

图 2-3　投影体系

a）假设前的投影　b）假设后的投影

二、投影法的分类和工程上常用的几种图示方法

（一）投影法的分类

根据投射中心与投影面之间距离的不同，投影法分为中心投影法和平行投影法两大类。

1. 中心投影法

当投射中心距离投影面为有限远时，所有的投射线都经过投射中心（即光源），这种投影法称为中心投影法，所得投影称为中心投影，如图 2-3b 所示。

2. 平行投影法

当投射中心距离投影面为无限远时，所有投射线都相互平行，这种投影法称为平行投影法，所得投影称为平行投影。根据投射线与投影面之间夹角的不同，平行投影又分为斜投影和正投影两种，如图 2-4 所示。

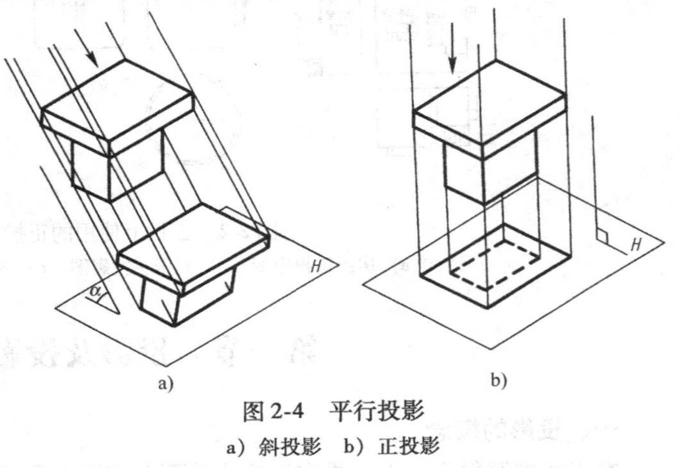

图 2-4　平行投影

a）斜投影　b）正投影

（1）斜投影　投射线倾斜于投影面时所作出的平行投影称为斜投影，即 α 角小于 90°，如图 2-4a 所示。作出斜投影的方法称为斜投影法。

（2）正投影　投射线垂直于投影面时所作出的平行投影称为正投影（也称直角投影），如图 2-4b 所示。作出正投影的方法称为正投影法。

由于在各种工程图中经常使用平行投影法尤其是正投影法绘图，因此，在以下章节将主要介绍平行投影。

（二）工程上常用的几种图示方法

用图样表达形体的空间形状的方法称为图示方法。工程上常用的图示方法有透视投影法、斜投影法、正投影法和标高投影法。

1. 透视投影

图 2-5a 是按中心投影法画出的透视投影图，简称透视图。这种图样直观性强，在表达室内、室外建筑效果或进行设计方案比较时常使用这种图样。

2. 斜投影

图 2-5b 是按斜投影法画出的轴测图，这种图样具有立体感，但不能完整地表达物体的形状，一般只能作为工程辅助图样。

3. 正投影

图 2-5c 是按正投影法（也称直角投影法）画出的形体三面投影图。这种图样度量性好，工程上应用最广，但它缺乏立体感，需经过一定的训练才能看懂。

4. 标高投影

标高投影图是一种带有数字标记的单面直角投影，它用直角投影反映形体的长度和宽度，其高度用数字标注。作图时，假想用间隔相等的水平面截割地形面，其交线即为等高线，将不同高程的等高线投影在水平的投影面上，并标注出各等高线的高程数字，即得标高投影图，如图 2-5d 所示。

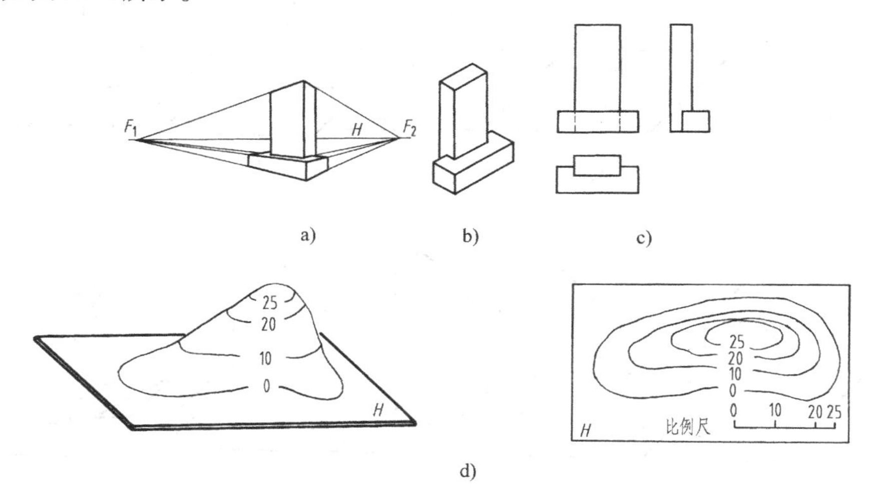

图 2-5　工程上常用的几种图示方法

a）透视投影图　b）轴测图　c）正投影图　d）标高投影图

第二节　点、直线、平面的正投影基本性质

任何形体都是由点、线、面组成的。若要正确表达或分析形体，应先了解点、直线和平面的正投影的基本性质，才有助于更好地理解投影图的内在联系及投影规律。

点、直线、平面的正投影归纳起来主要有如下基本性质：

1）点的投影仍是点，并规定空间点用大写字母表示，其在投影面上的投影用对应的小写字母表示，如图 2-6a 所示。

2）如果有两个或两个以上的空间点，它们位于同一投射线的投影必重影在投影面上，这种性质叫重影性；并规定重影性中被遮挡的投影点应加括号表示，如图 2-6b 所示。

3）垂直于投影面的空间直线在该投影面上的投影积聚成一点，如图 2-6c 所示；垂直于投影面的空间平面在该投影面上的投影积聚成一直线，且空间平面上的任意线或点的投影必在该平面的投影积聚直线上，如图 2-6d 所示，这种性质称为积聚性。

4）当空间直线或平面图形平行于投影面时，其平行投影反映其实长或实形，即直线的长短和平面图形的形状和大小都可以直接从其平行投影确定和度量，如图 2-6e、f 所示。这种性质称为度量性或实形性。

5）倾斜于投影面的空间直线或平面图形，其投影小于其实长或实形，如图 2-6g、h 所示，即直线仍为直线，平面仍为平面，但长度和大小发生了变化，这种性质称为变形性。另外，在空间直线上任意一点的投影必在该直线的投影上，如图 2-6g 中的点 C。

6）互相平行的空间两直线在同一投影面上的平行投影保持平行，如图 2-6i 所示。互相平行的空间两平面在同一投影面上的平行投影保持平行，如图 2-6j 所示。

7）空间一直线或空间一平面经过平行移动之后，它在同一投影面上的投影虽然位置变动了，但其形状和大小没有变化，如图 2-6i、j 所示。

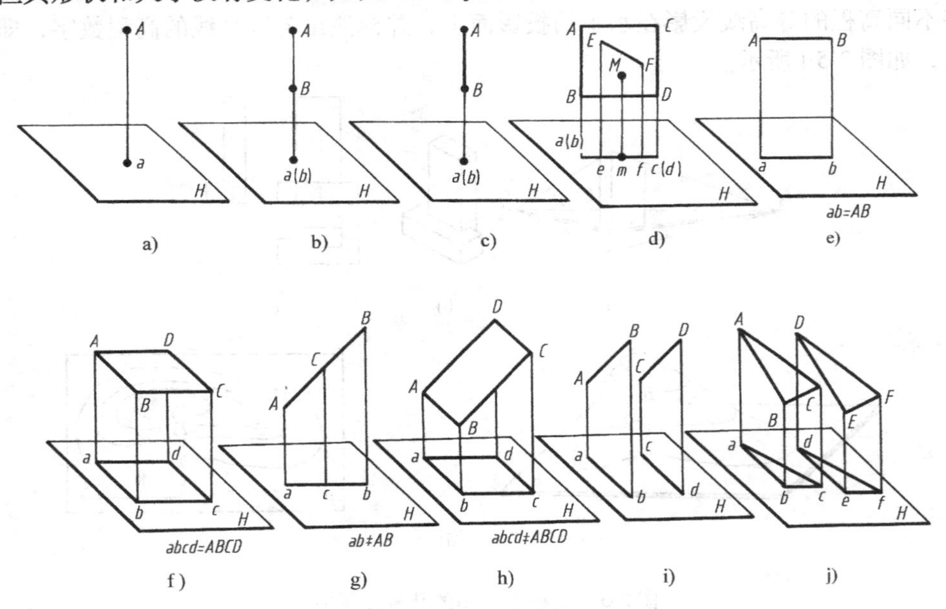

图 2-6　正投影的基本性质

a）点的投影　b）点的重影性　c）线的积聚性　d）面的积聚性　e）线的实长性　f）面的实形性　g）线的变形性　h）面的变形性　i）线的平行性　j）面的平行性

第三节　正投影图的形成及投影规律

《房屋建筑制图统一标准》（GB/T 50001—2010）图样画法中规定了投影法：房屋建筑的视图，应按正投影法并用第一角画法绘制。建筑制图中的视图就是画法几何中的投影图，都是按正投影的方法和规律绘制的。它相当于人站在离投影面无限远处，正对投影面观看形体的结果。也就是说在投影体系中，把光源换成人的眼睛，把光线换成视线，直接用眼睛观看的形体形状与投影面上投影的结果相同，如图 2-7 所示。

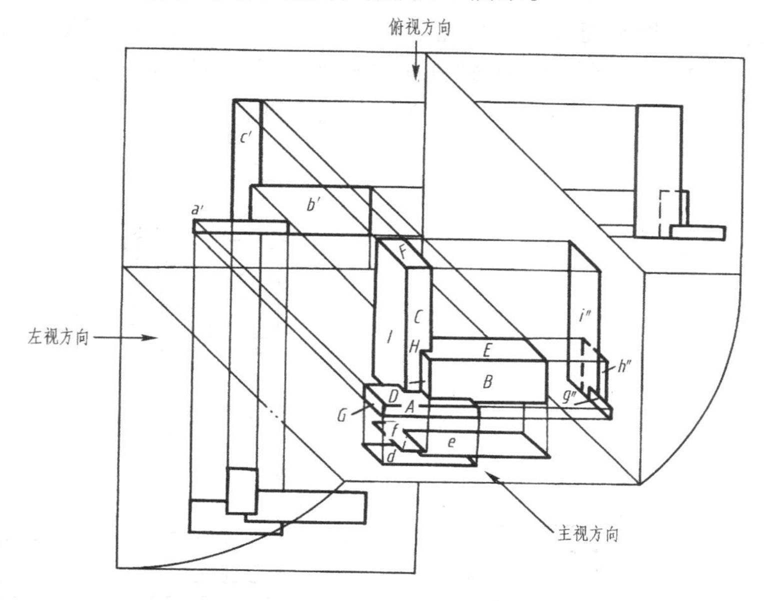

图 2-7　第一角视图

采用正投影法进行投影所得到的图样称为正投影图。下面介绍正投影图的形成及其投影规律。

一、三面投影图的形成

1. 单面投影

如图 2-8 所示，台阶在 *H* 面的投影（*H* 面投影）仅反映台阶的长度和宽度，不能反映台阶的高度。我们还可以想象出不同于台阶的其他形体Ⅰ和形体Ⅱ的投影，它们的 *H* 面投影都与台阶的 *H* 面投影相同。因此，单面投影不足以确定形体的空间形状和大小。

2. 两面投影

如图 2-9a 所示，在空间建立两个互相垂直的投影面，即正立投影面和水平投影面，其交线 *OX* 称为投影轴。将三棱体（坡屋顶模型）放置于 *H* 面之上、*V* 面之前，使该形体的底面平行于 *H* 面，按正投影法从上向下投影，在 *H* 面上得到水平投影，即形体上表面的形状，它反映出形体的长度和宽度；自观察者向前投影，在 *V* 面上得到正面投影，即形体前表面的形状，它反映出形体的长度和高度。若将形体在 *V* 面和 *H* 面两面的投影综合起来分析、思考，即可得到三棱体长、宽、高三个方向的形状和大小。

当作出三棱体的两个投影后，将该形体移开，将两投影面展开且规定 *V* 面不动，使 *H* 面连同水平投影以 *OX* 为轴向下旋转至与 *V* 面同在一平面上，如图 2-9b 所示。去掉投影面边界并不影响三棱体的投影图，如图 2-9c 所示。在工程图样中，投影轴一般不画出，但在初学练习时，应将投影轴保留，并用细实线画出。

3. 三面投影

有时，仅凭两面投影，也不足以确定形体的唯一形状和大小。图 2-10 所示的形体Ⅰ和形体Ⅱ，它们的 *V* 面投影和 *H* 面投影都相同。为了确切地表达形体的形状特征，可在 *V* 面、

H 面的基础上再增设一右侧立面 *W* 面，则Ⅰ与Ⅱ两个形体的 *W* 面投影有明显的区别，形体Ⅰ的 *W* 面投影是三角形，形体Ⅱ的 *W* 面投影是正方形。于是 *V* 面、*H* 面、*W* 面三个垂直的投影面构成了第一角三投影面体系，如图 2-11 所示。*OX*、*OY*、*OZ* 三根坐标轴互相垂直，其交点称为原点 *O*，并规定平行于 *OX* 轴方向的长度是形体的长度；平行于 *OY* 轴方向的长度为形体的宽度；平行于 *OZ* 轴方向的长度为形体的高度。

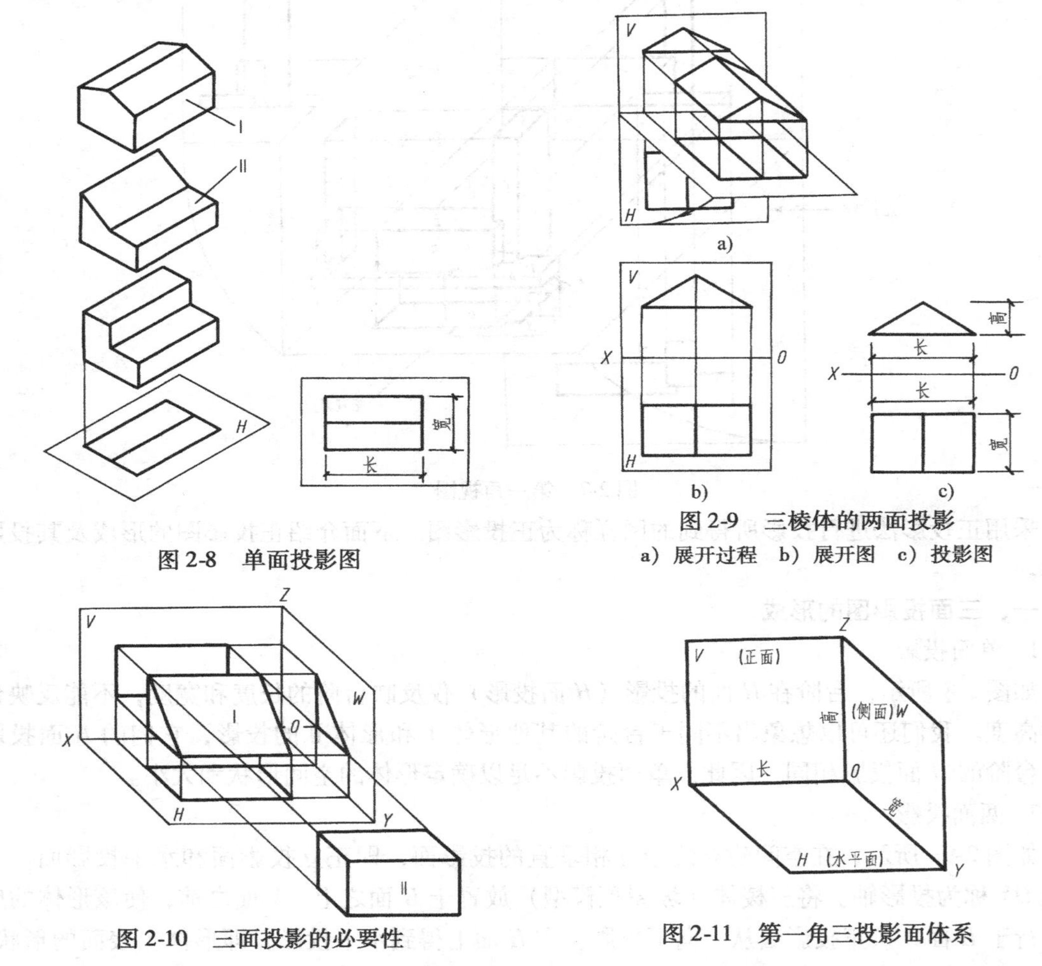

图 2-8　单面投影图

图 2-9　三棱体的两面投影
a）展开过程　b）展开图　c）投影图

图 2-10　三面投影的必要性

图 2-11　第一角三投影面体系

如图 2-12a 所示，将一台阶模型置于第一角三投影面体系中进行投影，分别作出台阶模型在 *V* 面、*H* 面、*W* 面三投影面上的正投影图。为了把这三个相互垂直的投影面画在同一平面上，需要展开投影面，如图 2-12b 所示。展开时规定 *V* 面不动，*H* 面（连同 *H* 面投影）绕 *OX* 轴向下旋转 90°、*W* 面（连同 *W* 面投影）绕 *OZ* 轴向右旋转 90°，使 *H* 面和 *W* 面都与 *V* 面同在一个平面上，如图 2-12c 所示。去掉投影面边界，台阶模型的三面投影图如图 2-12d 所示。

二、三面投影规律及尺寸关系

每个投影图（即视图）表示形体一个方向的形状和两个方向的尺寸。如图 2-12 所示，*V* 面投影图（即主视图）表示从形体前方向后看的形状（为两个长方框，即两个踢面）和长与高方向的尺寸；*H* 面投影图（即俯视图）表示从形体上方向下俯视看的形状（为两个长方框，即两个踏

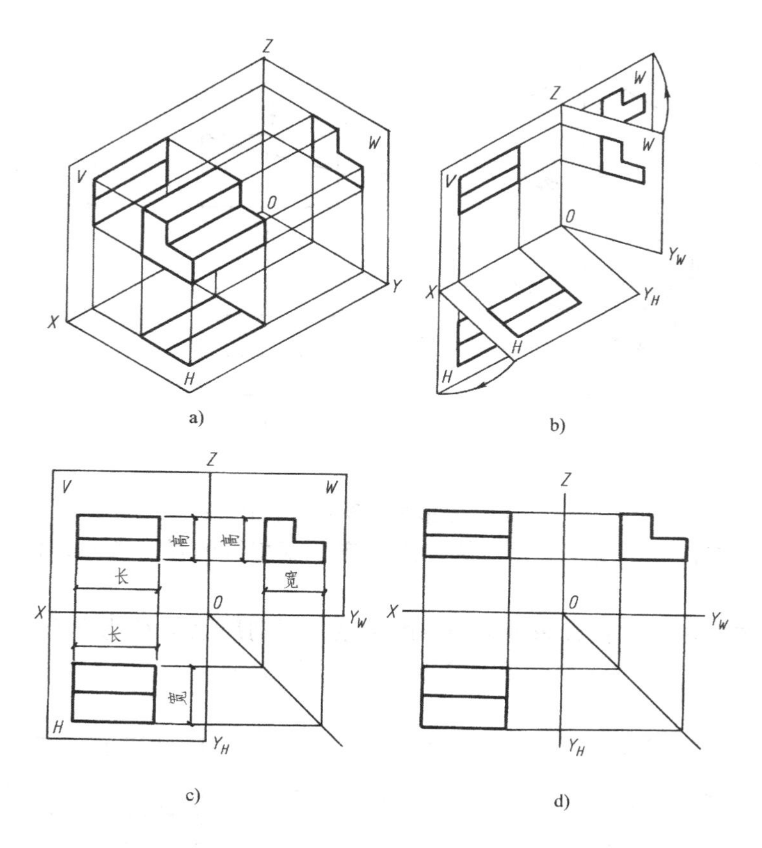

图 2-12　投影面的展开及三面投影图

a）立体图　b）展开过程　c）展开图　d）投影图

面）和长与宽方向的尺寸；*W* 面投影图（即左视图）表示从形体左方向右看的形状（为一个 L 形平面）和宽与高方向的尺寸。因此，*V* 面、*H* 面投影反映形体的长度，这两个投影图左右对齐，这种关系称为“长对正”；*V* 面、*W* 面投影反映形体的高度，这两个投影图上下平齐，这种关系称为“高平齐”；*H* 面、*W* 面投影反映形体的宽度，这两个图的宽度相等，这种关系称为“宽相等”。“长对正、高平齐、宽相等”是正投影图重要的对应关系及投影规律。

三、三面投影图与形体的方位关系

在投影图上能反映出形体的投影方向及位置关系。由图 2-13 可直观地知道，*V* 面投影反映形体的上下和左右关系，*H* 面投影反映形体的左右和前后关系，*W* 面投影反映形体的上下和前后关系。在投影图上识别形体的方位，会对读图有所帮助，读图时应特别注意 *H* 面、*W* 面的前后方向的位置，即 *H* 面投影的上方和 *W* 面投影的左方是空间形体的后方，反之为前方。

四、三面正投影的作图方法

下面以长方体为例（图 2-14a），说明三面正投影的作图方法与步骤。

1）先作水平和垂直二相交直线作为投影轴，如图 2-14b 所示。

2）根据形体尺寸及选定的 *V* 面投影方向，先作 *V* 面投影图或 *H* 面投影图，如图 2-14b 所示，先在 *V* 面上画出形体的长度与高度方向的尺寸。

3）量取宽度尺寸并保持长对正的投影关系，作出 *H* 面投影图，如图 2-14c 所示。

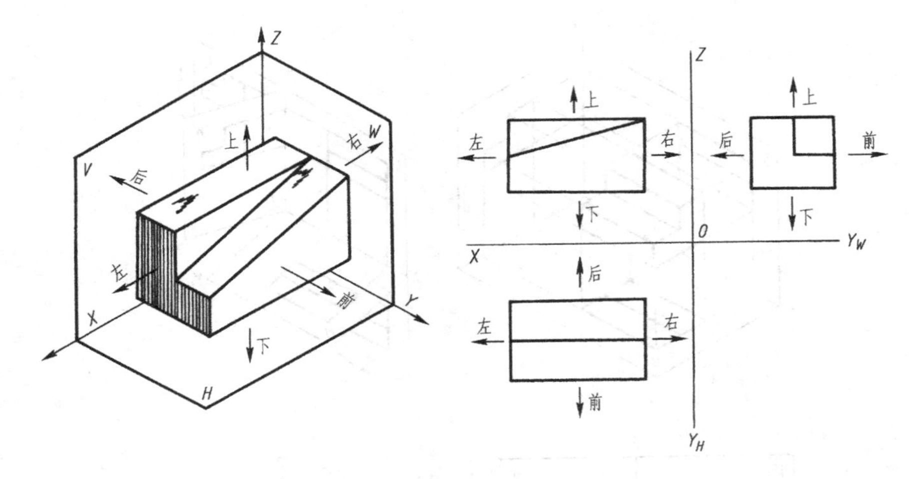

图 2-13　投影图上形体方向的反映

4）画水平线与转折引线相交，即保持高平齐、宽相等的投影关系，作出 *W* 面投影图，如图 2-14d 所示。

5）为了保持 *H* 面、*W* 面投影图宽相等的关系，可利用原点 *O* 为圆心作圆弧，或用 45° 三角板作斜引线进行宽度的转移，如图 2-14e、f 所示。

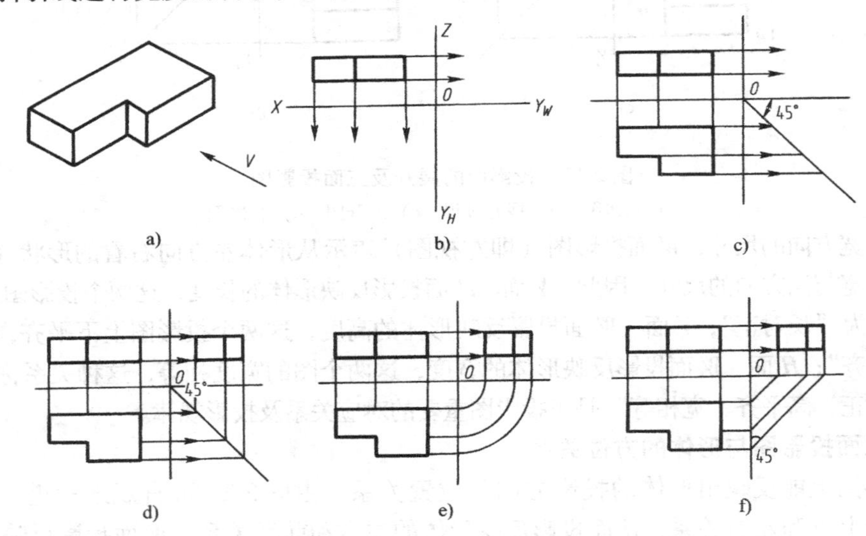

图 2-14　三面正投影图的作图方法

a）立体图　b）画轴线、定长、高度画 *V* 面投影　c）定宽度并"长对正"画 *H* 面投影
d）转折线与水平线相交画 *W* 面投影　e）以 *O* 为圆心作弧定宽度　f）作 45°斜线定宽度

第四节　形体的基本视图与特殊视图

一、基本视图

在原有三面投影体系 *V* 面、*H* 面、*W* 面的基础上，再增加三个新的投影面 V_1 面、H_1 面、W_1 面可得到六个基本投影面，又称六面投影体系，形体在此体系中向各投影面作正投

影时，所得到的六个投影图称为六个基本视图。投影后，规定正面不动，把其他投影面展开到与正面成同一平面，如图2-15a所示。展开以后，六个基本视图的排列关系如图2-15b所示。如在同一张图纸内按这种排列关系则不用标注视图的名称。按其投影方向，六个基本视图的名称分别规定为：主视图、俯视图、左视图、右视图、仰视图、后视图。

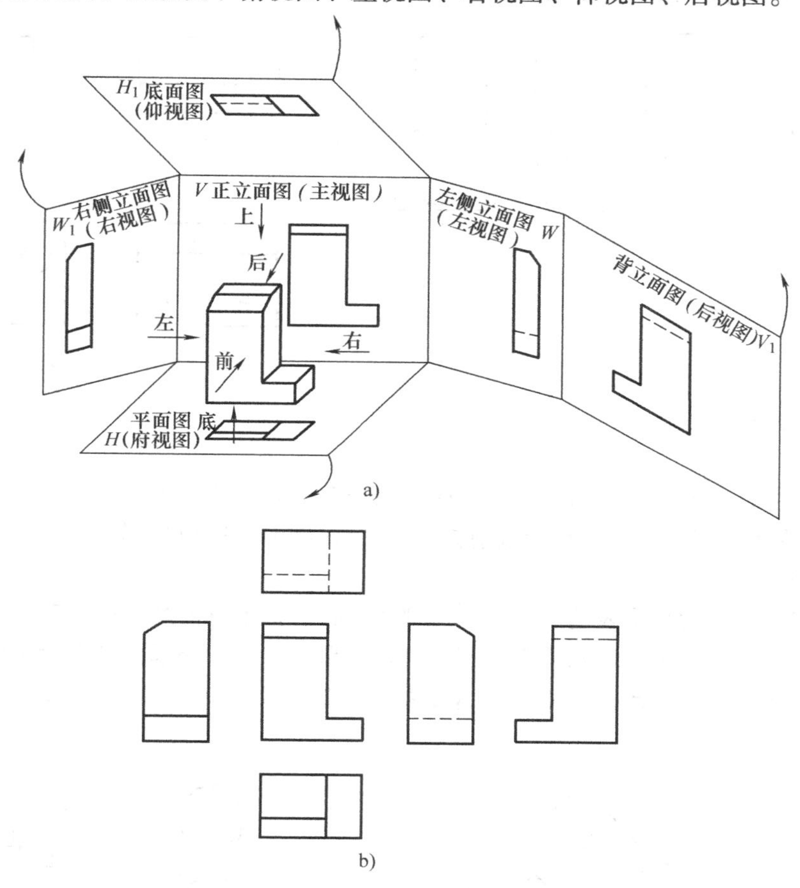

图2-15　基本视图的排列关系

a）六个基本投影图的展开方式　b）展开后视图的排列

在建筑制图中，把由前向后观看形体在 V 面上得到的图形称为正立面图；把由上向下观看形体在 H 面上得到的图形称为平面图；把由左向右观看形体在 W 面上得到的图形称为左侧立面图；把由下向上观看形体在 H_1 面上得到的图形称为底面图；把由后向前观看形体在 V_1 面上得到的图形称为背立面图；把由右向左观看形体在 W_1 面上得到的图形称为右侧立面图。如果在同一张图纸上绘制若干个视图时，各视图的位置宜按图2-16所示顺序进行配置。每个视图均应标注图名。各视图图名的命名主要应包括平面图、立面图、剖面图或断面图、详图。同一种视图多个图的图名前面加编号以示区别。平面图以楼层编号，包括地下二层平面图、地下一层平面图、首层平面图、二层平面图等；立面图以该图两端头的轴线号编号；剖面图或断面图以剖切号编号；详图以索引号编号。图名宜标注在视图的下方或一侧，并在图名下用粗实线绘制一条横线，其长度以图名所占长度为准。使用详图符号作为图名时，符号下不再画线。

制图标准中规定了六个基本视图，不等于任何形体都要用六个基本视图来表达，而应考虑看图方便，根据形体的结构特点选用适当的表示方法。在完整、清晰地表达形体的前提下，视图的数量应尽可能减少，力求制图简便。六个基本视图间仍然应满足与保持“长对正、高平齐、宽相等”的投影规律。

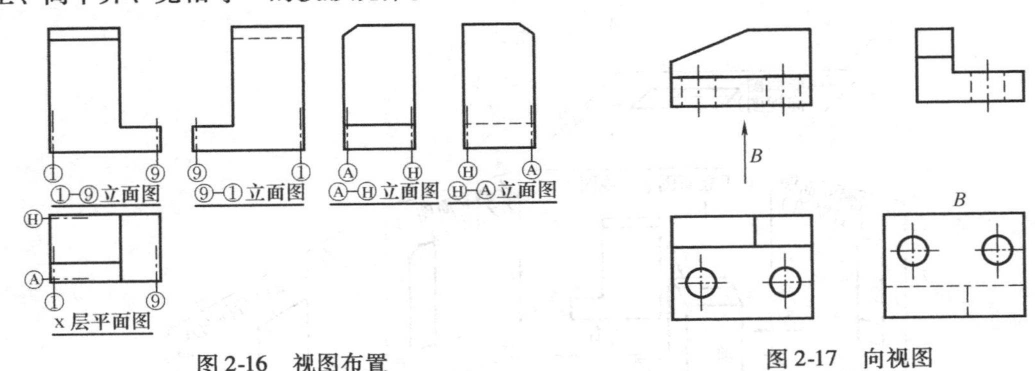

图 2-16　视图布置　　图 2-17　向视图

二、特殊视图

1. 向视图

向视图是可自由配置的视图。绘图时应在向视图上方标注“×”（“×”为大写拉丁字母），在相应视图的附近用箭头指明投射方向，并标注相同的字母，如图 2-17 所示。

2. 局部视图

当形体选用适当的视图表达后，某一局部的形状表达不够清楚，而从整体看又没有必要加画一个整体视图时，可只增画局部视图。这种将形体的某一局部向基本投影图上投影所得的视图称为局部视图。局部视图用于表达形体的局部形状，如图 2-18、图 2-19 所示。

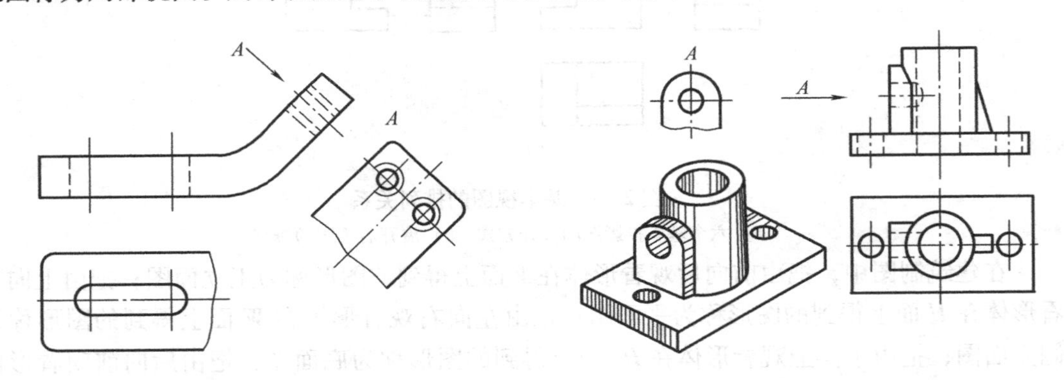

图 2-18　局部视图省略标注　　图 2-19　局部视图的标注

当局部视图按基本视图配置时，可省略标注，图 2-18 所示的平面图也是一个局部视图。

画局部视图时，一般可按向视图的配置形式配置，如图 2-19 所示。

局部视图的断面边界用波浪线或折断线表示，如图 2-18、图 2-20 所示。

3. 斜视图

斜视图是形体向不平行于基本投影面的平面投影所得的视图，用于表达形体上倾斜结构的真实形状。斜视图最好布置在箭头所指方向，使之符合投影关系，即通常按向视图的配置形式配置并标注斜视图，如图 2-18、图 2-20 所示。

在必要时，允许将斜视图旋转配置，此时应在该斜视图上方画出旋转符号，表示该视图名称的大写拉丁字母应靠近旋转符号的箭头端，如图 2-21 所示；也允许将旋转角度标注在字母之后，如图 2-22 所示。

旋转符号为带有箭头的半圆，半圆线宽等于字体笔画宽度，半圆的半径等于字体高度，箭头表示旋转方向。

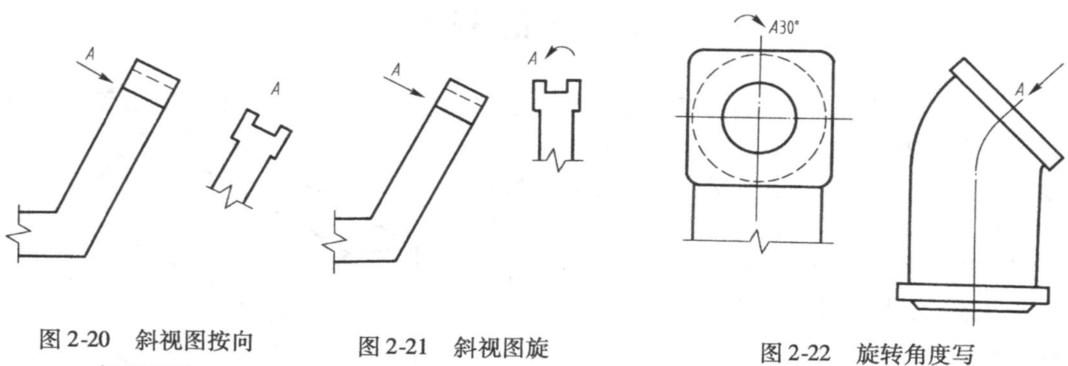

图 2-20　斜视图按向视图配置

图 2-21　斜视图旋转配置图

图 2-22　旋转角度写在字母之后

4. 镜像图

当视图用第一角画法绘制不易表达时，可用镜像投影法绘制（图 2-23a）。但应在图名后注写“镜像”二字（图 2-23b），或画出镜像投影识别符号（图 2-23c）。建筑吊顶（顶棚）灯具、风口等设计绘制布置图，应是反映在地面上的镜像图，不是仰视图。

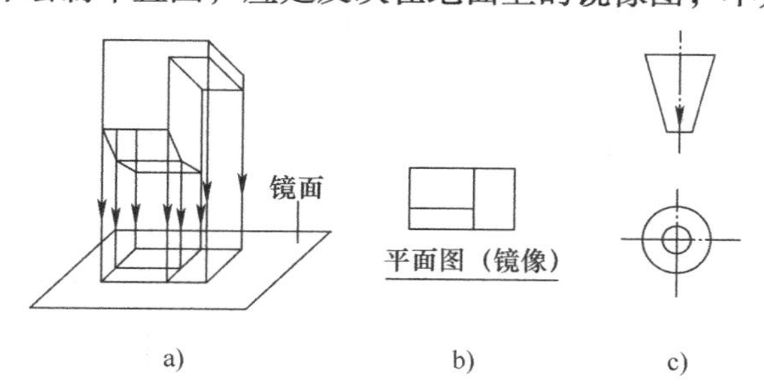

图 2-23　镜像投影法

思考题与习题

2-1　什么是投影？什么是投影体系？

2-2　根据光源与投影面之间距离的不同，投影法可分成几种类型？各自的特点是什么？

2-3　什么是平行投影？什么叫正投影？

2-4　工程上常用的图示方法有几种？

2-5　直线有哪些基本性质？

2-6　相互垂直的三个投影面是怎样展开的？

2-7　三面投影图（又称三面视图）之间的投影对应关系是什么？

2-8　怎样确定三面投影图（又称三面视图）与形体的方位关系？

2-9　在建筑制图中，图名称作了何种规定？

2-10　试述斜视图与局部视图的投影规定。

第三章　点、直线、平面的投影

第一节　点 的 投 影

一切几何形体都可以看作是由多个侧面围成的，各侧面又相交于各个侧棱，各侧棱又相交于各个顶点，如图3-1所示。从分析的观点来看，只要把顶点的投影画出来，再连接各顶点的同面投影，就可作出形体的投影，所以点是形体最基本的元素，点的投影是线、面、体投影的基础。

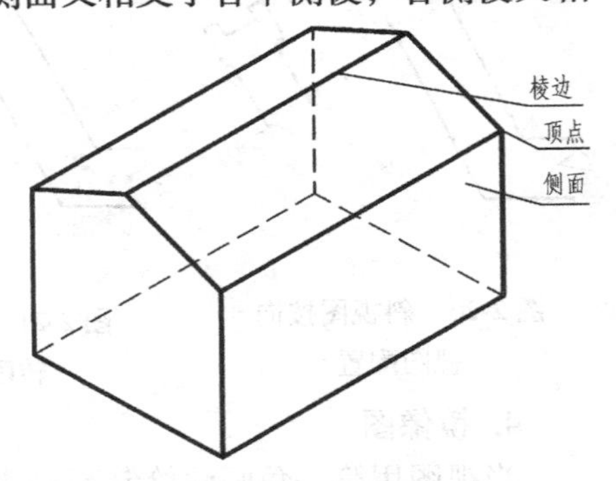

图3-1　房屋形体

一、点的三面投影及其规律

1. 点的三面投影

如图3-2a所示，设有空间点A，根据正投影法原理，自点A分别向H面、V面、W面作垂线，垂足a、a'、a''即为点A的三面投影，其投影图如图3-2b所示。

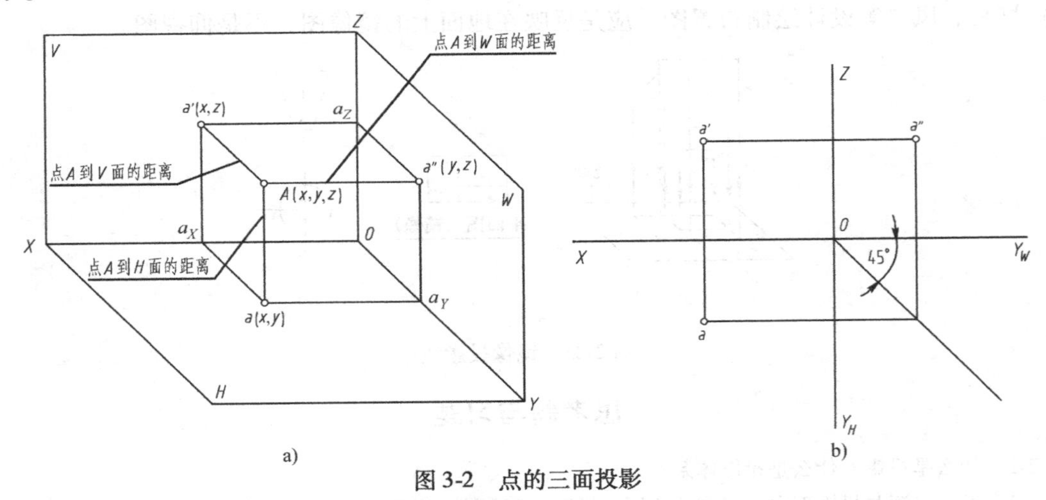

图3-2　点的三面投影

a）立体图　b）投影图

2. 三面体系中点的投影规律

1）点的V面投影与W面投影的连线垂直于OZ轴，$a'a'' \perp OZ$。

2）点的H面投影与V面投影的连线垂直于OX轴，$aa' \perp OX$。

3）点的H面投影a到OX轴的距离和点的W面投影a''到OZ轴的距离均等于点到V面的距离，$aa_X = a''a_Z = Aa'$。

空间一点的位置可由它的坐标（x，y，z）来确定。点的三个投影的坐标分别为a（x，y），a'（x，z），a''（y，z）。

【例3-1】　已知点A坐标为（10，15，20），求作点A的三面投影。

根据点的投影和点的坐标之间的关系，即可作出点的三面投影，其作图步骤如下：

1）画出投影轴，标出相应符号（图3-3a）。

2）自原点 O 沿 OX 轴向左量取 $ox=10$，得 a_x，过 a_x 作 OX 轴的垂线，由 a_x 向上量取 $z=20$，得点 A 的正面投影 a'，由 a_x 向下量取 $y=15$，得点 A 的水平投影 a（图3-3b）。

3）由点 A 的两个投影即可作出第三个投影（图3-3c）。

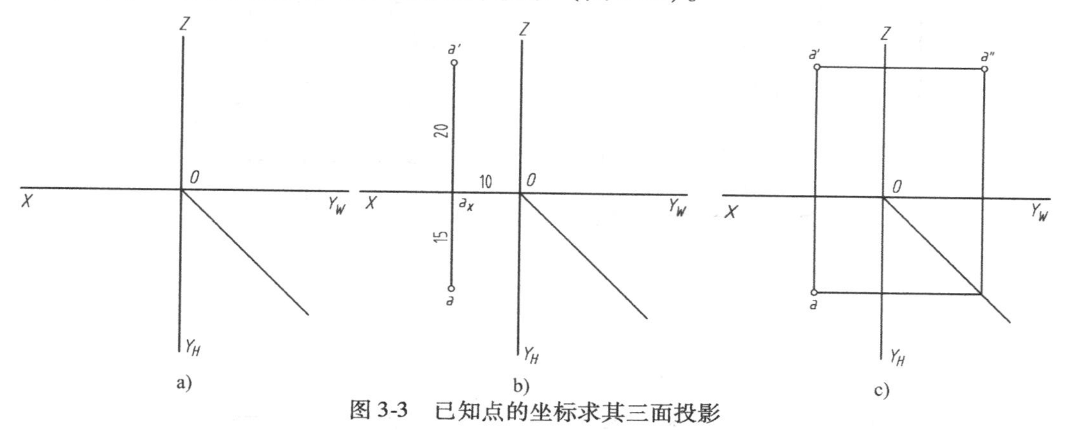

图3-3　已知点的坐标求其三面投影

a）作坐标轴　b）量尺寸　c）完成全图

二、两点的相对位置及重影点

1. 两点的相对位置

两点的相对位置是指这两点在空间的左右、前后、上下三个方向上的相对位置。根据两点的各个同面投影（即在同一投影面上的投影）之间的坐标关系，可以判断空间两点的相对位置，从图3-4a、b 中可以看出，点 A 在点 B 的左方 X_A-X_B 处，点 A 在点 B 的后方 Y_B-Y_A 处，点 A 在点 B 的上方 Z_A-Z_B 处。即点 A 在点 B 的左、后、上方，反之，点 B 在点 A 的右、前、下方。

2. 重影点及其可见性

如果两点的某两个坐标相同，那么这两点就位于某一投影面的同一条垂线上，则这两点为该投影面的重影点。

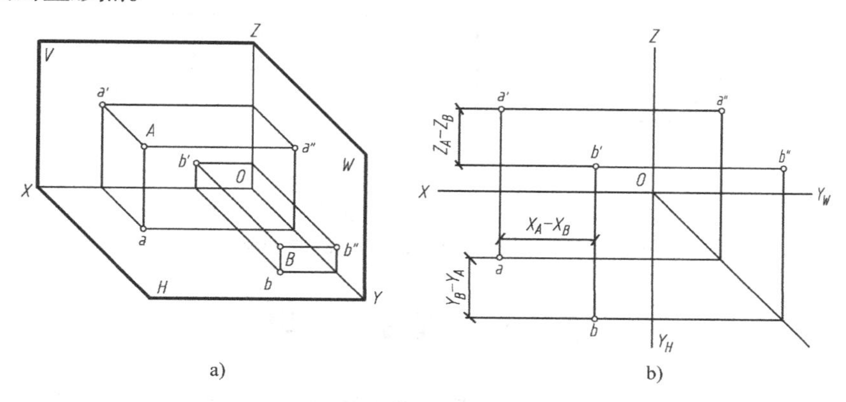

图3-4　两点的相对位置

a）立体图　b）投影图

图3-5a 中，点 A 和点 B 位于 H 面的同一条垂线上，它们的水平投影重合为一点，故 A、

B 两点为 H 面的重影点。由于 $z_A > z_B$，点 A 遮住了点 B，点 A 可见，点 B 不可见。通常规定，不可见点的投影应加括号表示。同理，C、D 两点为 V 面的重影点，如图 3-5b 所示；E、F 两点为 W 面的重影点，如图 3-5c 所示。

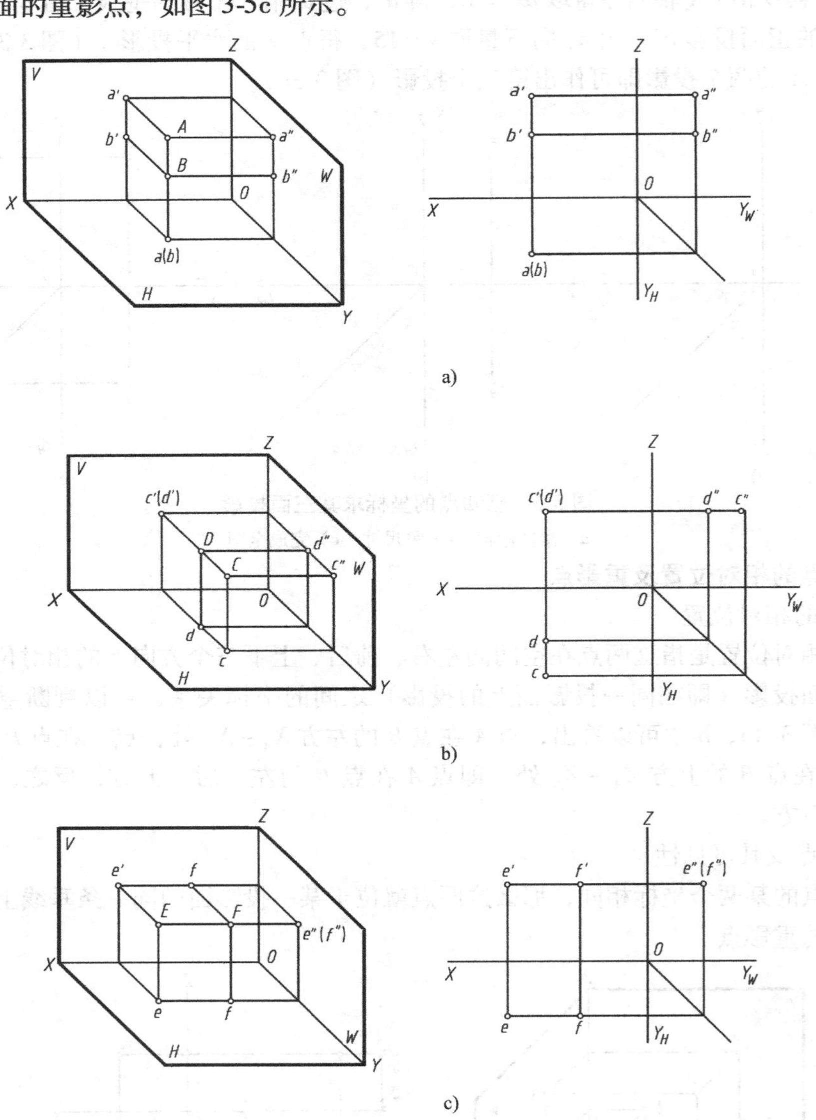

图 3-5　重影点的投影

a）H 面的重影点　b）V 面的重影点　c）W 面的重影点

第二节　直线的投影

直线的投影一般仍为直线，只要画出直线段两端点的三面投影，连接这两点的同面投影，即可得到该直线的三面投影。特殊情况下，直线的投影积聚为一点，这种性质称为积聚性。空间直线相对于投影面的位置有三种：平行、垂直、既不垂直又不平行，即投影面垂直线、投影面平行线、一般位置直线。

一、特殊位置直线的投影

1. 投影面垂直线

垂直于投影面的直线（平行于另外两投影面）称为投影面垂直线，其投影特性见表3-1。

表 3-1　投影面垂直线的投影特性

名称	铅垂线	正垂线	侧垂线
直观图	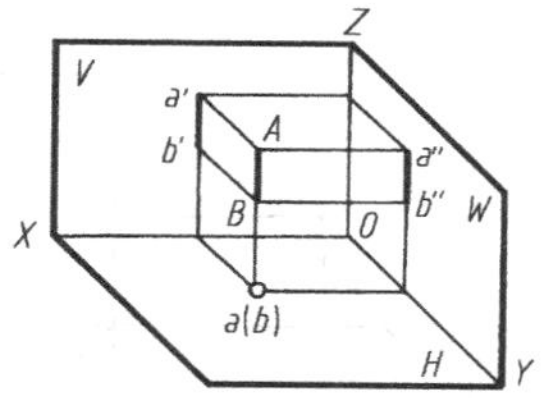	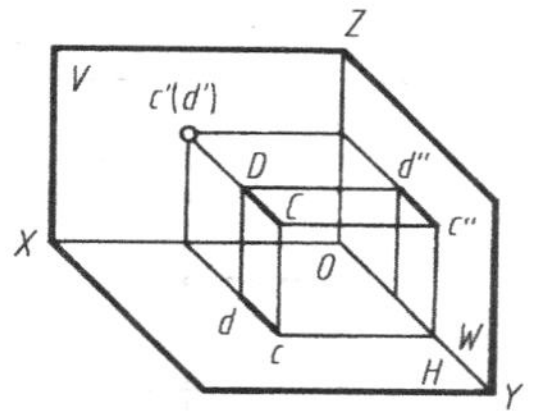	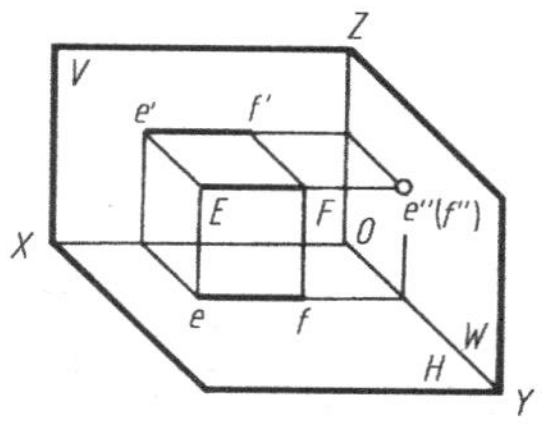
投影图	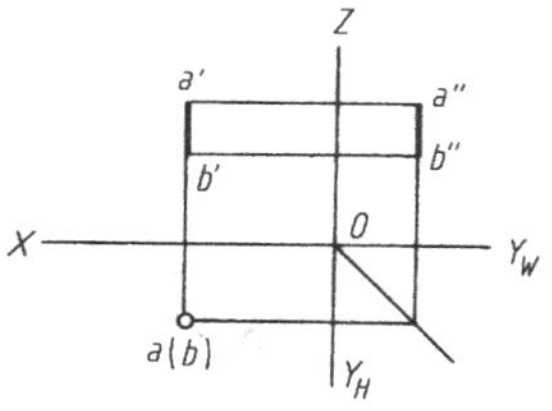	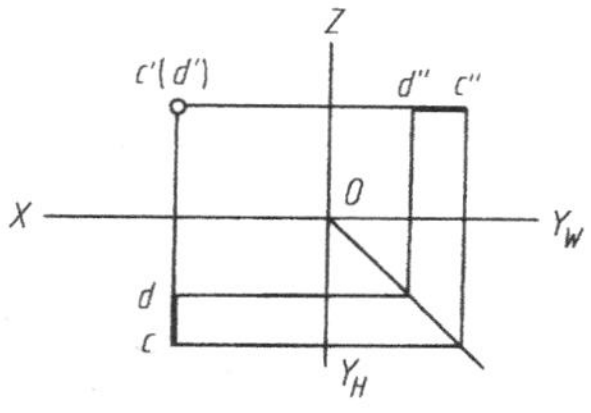	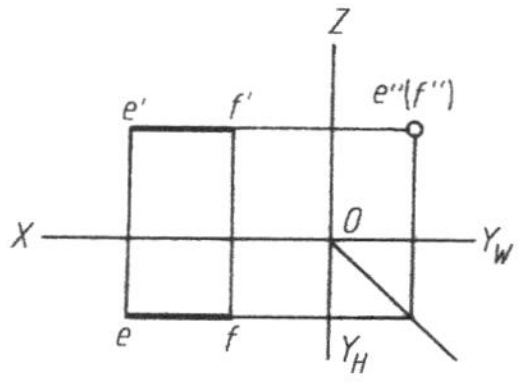
实例	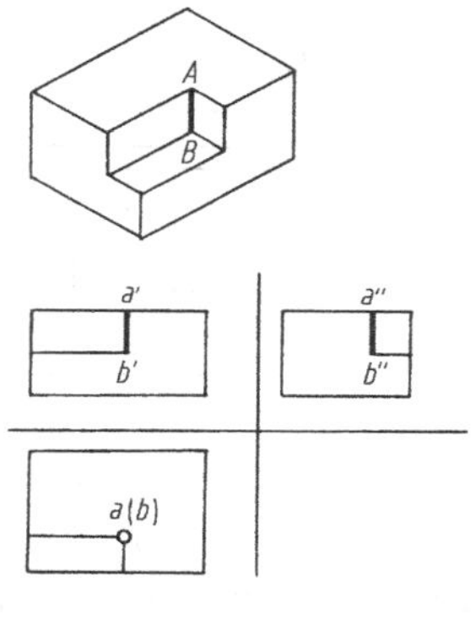	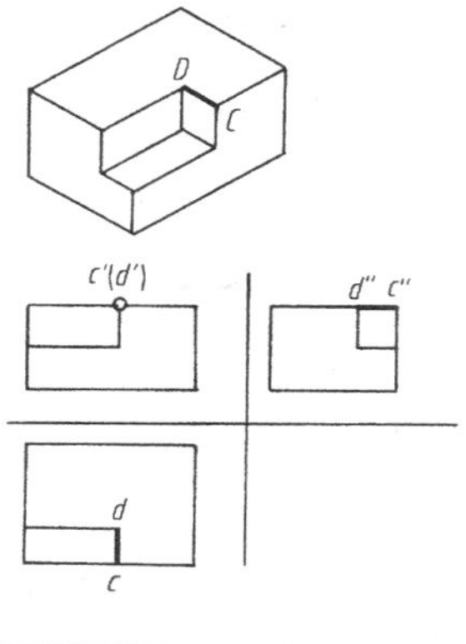	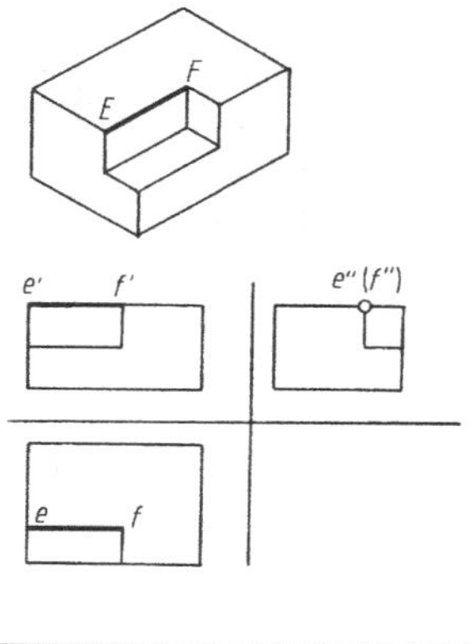
投影特性	$a''b'' \perp OY_W$ $a'b' \perp OX$ $a'b' = a''b'' = AB$ 水平投影积聚为一点	$c''d'' \perp OZ$ $cd \perp OX$ $cd = c''d'' = CD$ 正面投影积聚为一点	$ef \perp OY_H$ $e'f' \perp OZ$ $e'f' = ef = EF$ 侧面投影积聚为一点

2. 投影面平行线

只平行于一个投影面的直线称为投影面平行线，其投影特性见表 3-2（注：直线与投影面 H 面、V 面、W 面的夹角分别用 α、β、γ 来表示。）。

表 3-2　投影面平行线的投影特性

名称	正平线	水平线	侧平线
直观图	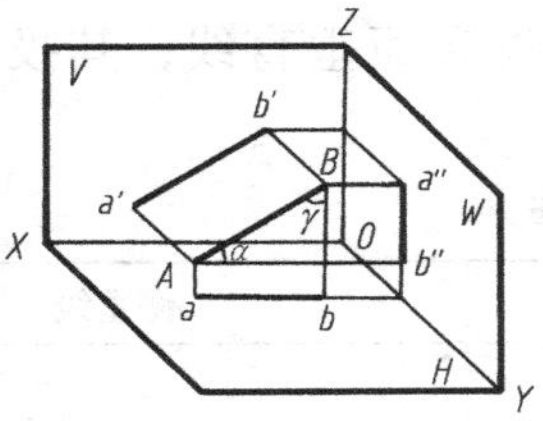	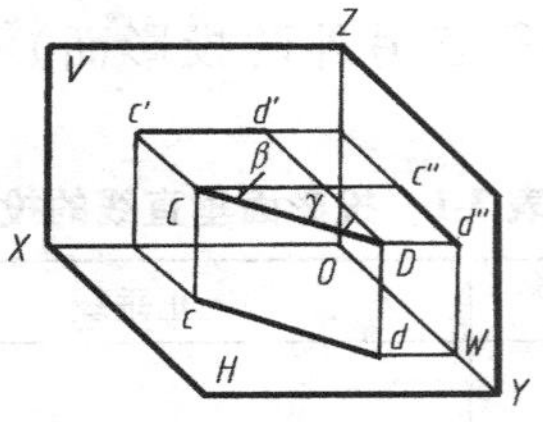	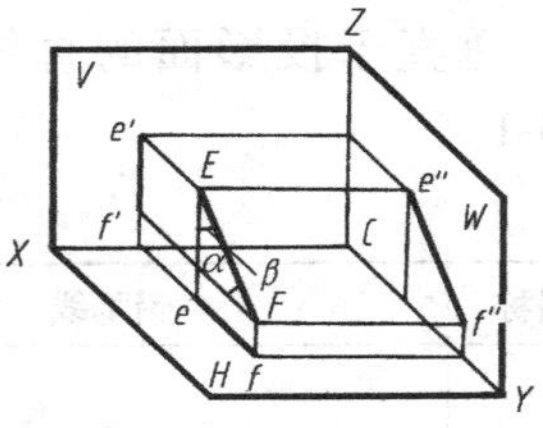
投影图	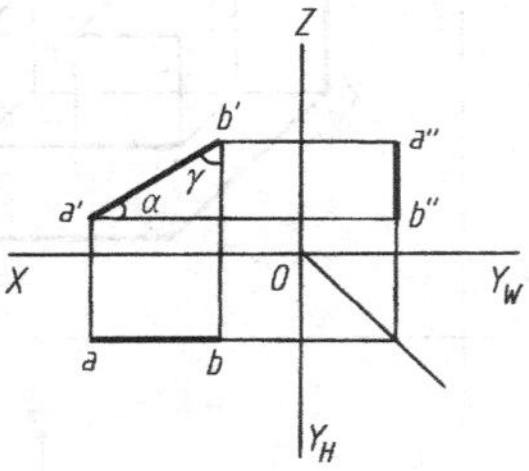	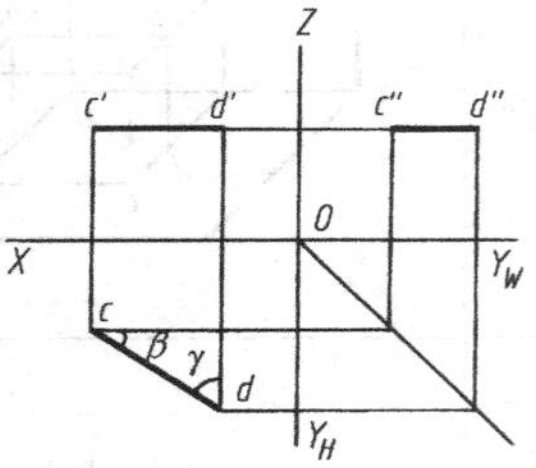	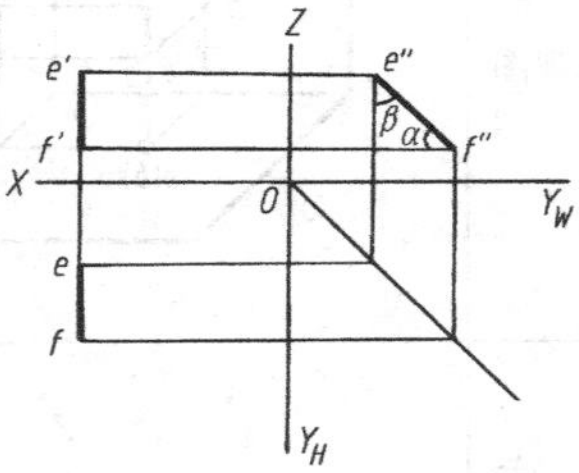
实例	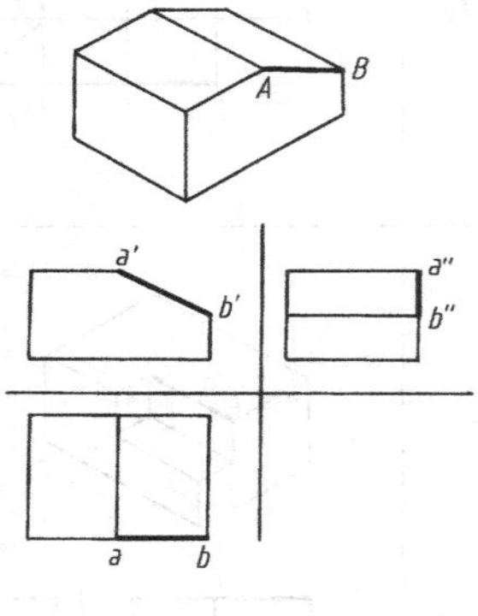	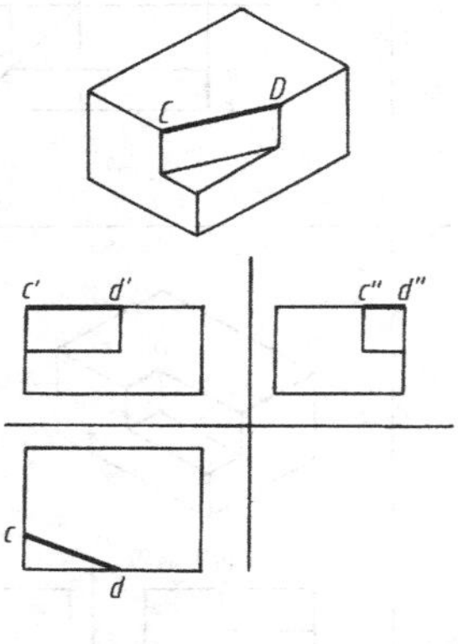	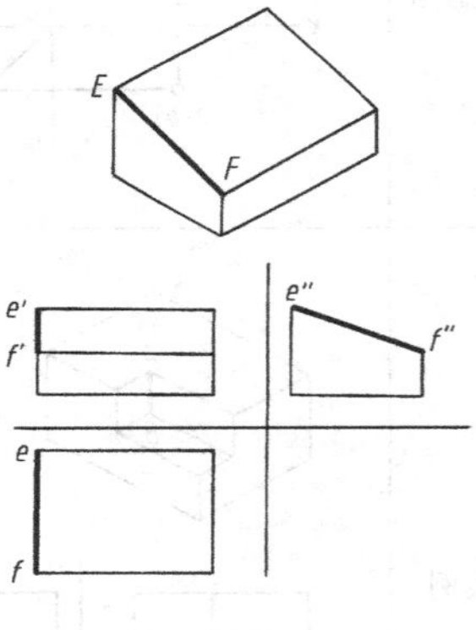
投影特性	$a''b''//OZ$ $ab//OX$ $a'b'=AB$ 正面投影和 OX 轴及 OZ 轴的夹角分别反映该直线对 H 面和 W 面的夹角 α 和 γ	$c''d''//OY_W$ $c'd'//OX$ $cd=CD$ 水平投影和 OX 轴及 OY_H 轴的夹角分别反映该直线对 V 面和 W 面的夹角 β 和 γ	$ef//OY_H$ $e'f'//OZ$ $e''f''=EF$ 侧面投影和 OZ 轴及 OY_W 轴的夹角分别反映该直线对 V 面和 H 面的夹角 β 和 α

二、一般位置直线的投影

如图 3-6 所示，AB 为一般位置直线，它的三个投影均不反映实长，也不反映空间直线对投影面的真实倾角。

三、求线段的实长及对投影面的倾角

特殊位置直线在三面投影中已能直接反映实长和真实倾角，而一般位置直线的三面投影不能直接反映直线的实长和真实倾角。下面介绍用直角三角形法求一般位置直线的实长和对

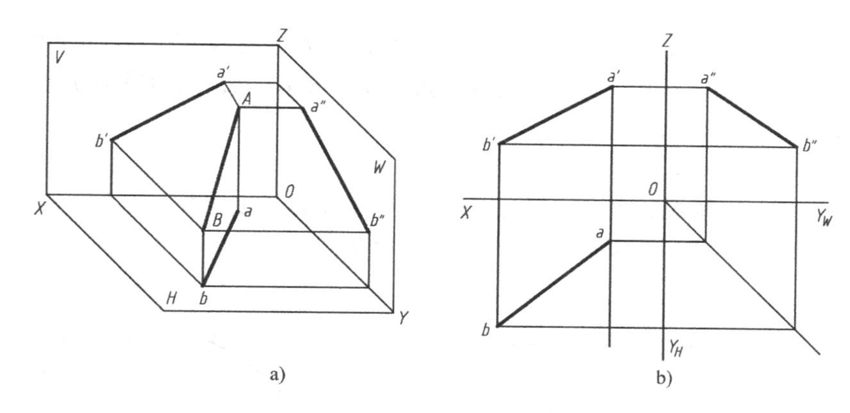

图 3-6　一般位置直线的投影

a）立体图　b）投影图

投影面真实倾角的方法。

1. 基本原理

如图 3-7a 所示，已知一般位置直线 AB 的两投影 ab 和 $a'b'$，过 B 作 BB_1 平行于 ba，在此平面中，$\triangle ABB_1$ 为直角三角形，直角边 $BB_1 = ba$、$AB_1 = a'b'_1$，BB_1 与 AB 的夹角反映直线与投影面 H 的夹角 α；同理可作$\triangle ABA_1$，从而求出夹角 β。

2. 作图步骤

1）以 ab 为一直角边，从 b 端（或 a 端）作一直线垂直 ab。

2）在直线上截取 $aB_1 = Z_A - Z_B$。

3）连接 bB_1，即得直角三角形 abB_1，bB_1 为 AB 的实长，bB_1 与直线 ab 的夹角为直线对 H 投影面的夹角 α，如图 3-7b 所示。

4）同理，可求出夹角 β 及实长，如图 3-7c 所示。

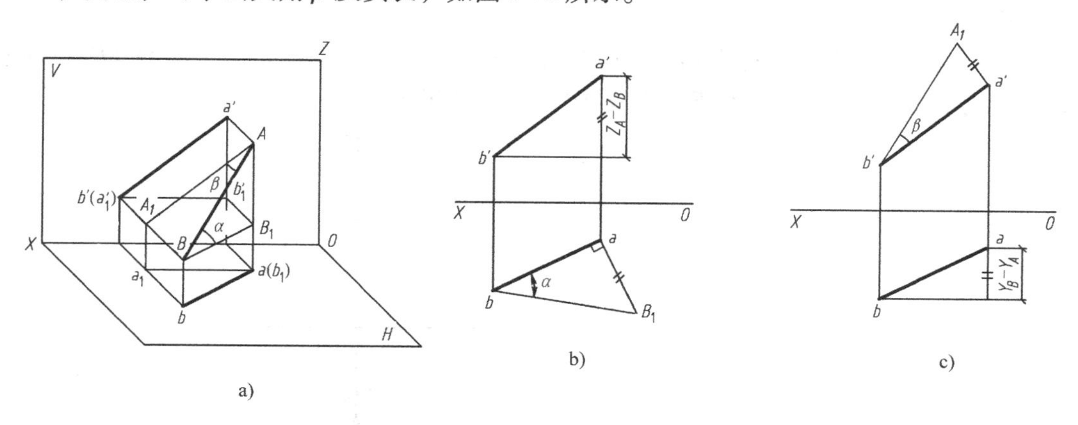

图 3-7　求一般位置线段的实长及倾角

a）立体图　b）求 AB 实长及倾角 α　c）求 AB 实长及倾角 β

四、直线上的点

直线上的点具有以下特性：

1. 从属性

点在直线上，则点的各投影必在直线的同面投影上。如图 3-8a 所示，点 K 的各投影 k、

k'、k''均在直线 AB 的 H 面、V 面、W 面投影上，所以点 K 在直线 AB 上。又如图 3-8b 所示，点 A 的正面投影 a'虽在 $c'd'$上，但点 A 的水平投影 a 不在 cd 上，侧面投影 a''也不在 $c''d''$上，所以点 A 不在直线 CD 上 。

2. 定比性

直线上的点分割直线段长度之比等于它们的同名投影长度之比。如图 3-8a 所示，点 K 在直线 AB 上，则 $AK:KB = ak:kb = a'k':k'b' = a''k'':k''b''$。

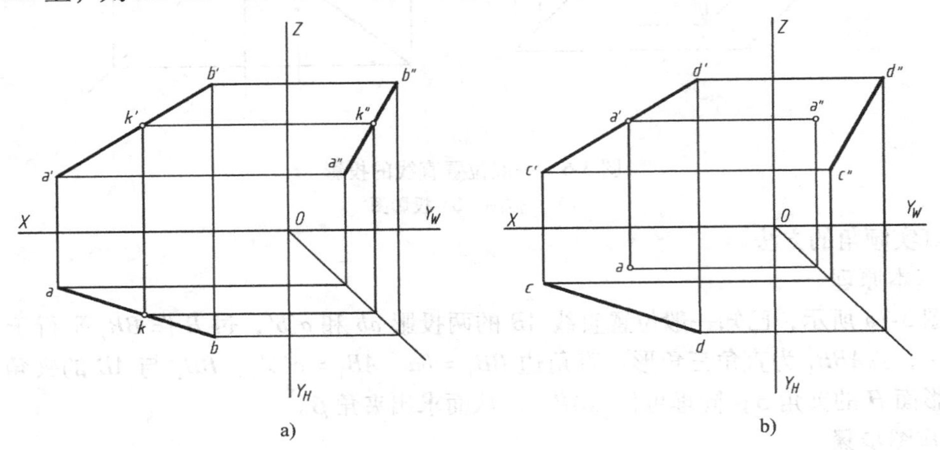

图 3-8 直线上的点

a）点在直线上 b）点不在直线上

【例 3-2】 已知侧平线 AB 及点 K 的两面投影，试判断点 K 是否在直线 AB 上（图 3-9a）。

分析：根据直线上点的投影特性，只要判断 $ak:kb$ 是否等于 $a'k':k'b'$，即可判断点 K 是否在直线 AB 上。

作图：自点 a 任引辅助直线 $aB_1 = a'b'$，在 aB_1 上量取 $ak_1 = a'k'$，过 k_1 作 bB_1 的平行线，平行线不通过点 k，则点 K 不在直线 AB 上（图 3-9b）。

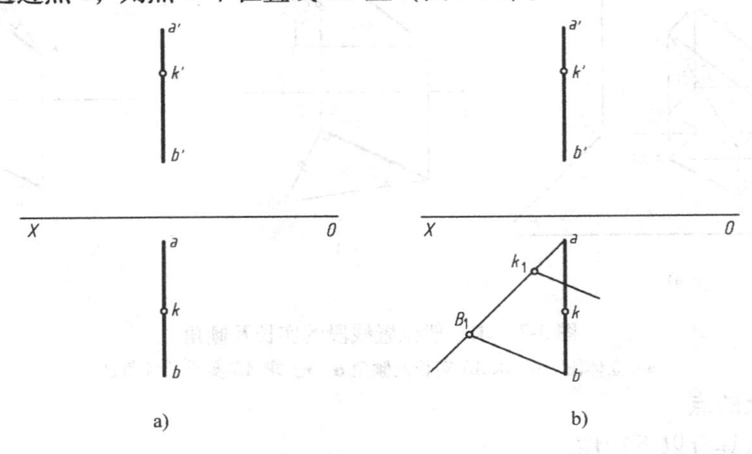

图 3-9 判断点是否在直线上

a）已知条件 b）用定比法判断点是否在直线上

第三节　平面的投影

平面与投影面的相对位置可以分为三类：投影面垂直面、投影面平行面、一般位置平面。前两类统称为特殊位置平面。

一、投影面垂直面

只垂直于一个投影面的平面称为投影面垂直面。垂直于 H 面的平面称为铅垂面；垂直于 V 面的平面称为正垂面；垂直于 W 面的平面称为侧垂面。表3-3列出了投影面垂直面的投影特性。

表3-3　投影面垂直面的投影特性

名称	铅垂面	正垂面	侧垂面
直观图	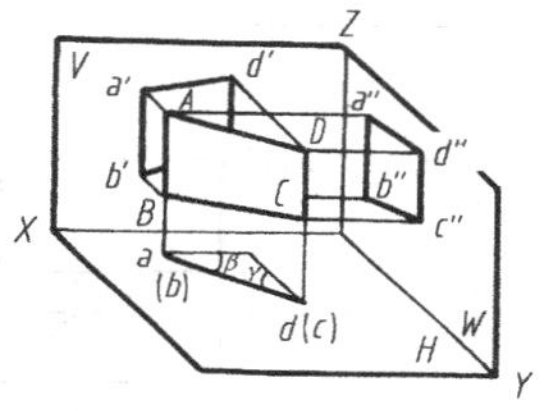	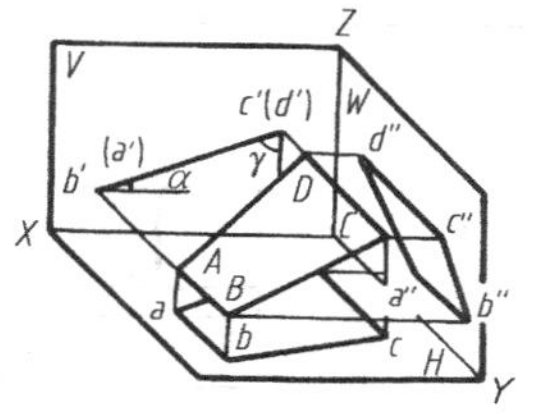	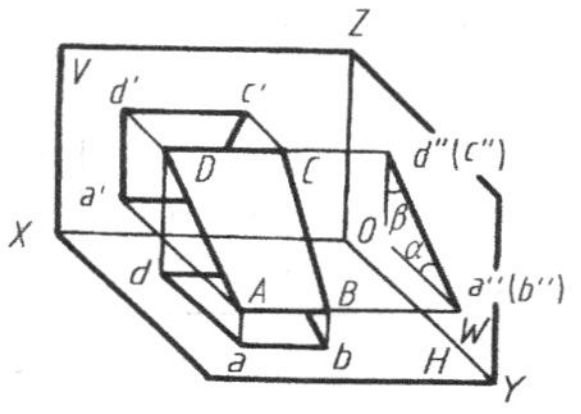
投影图	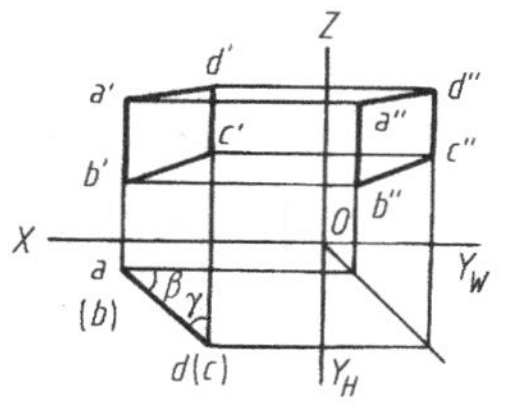	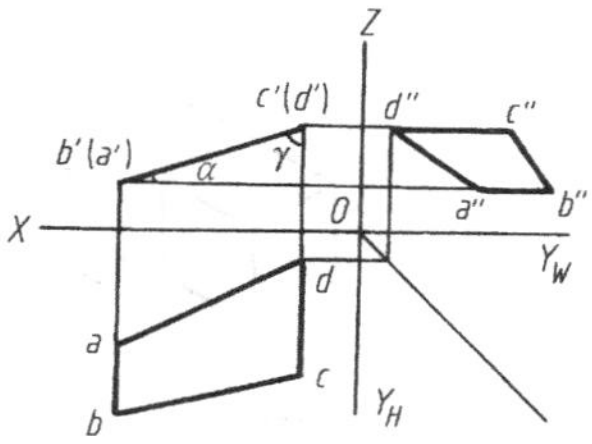	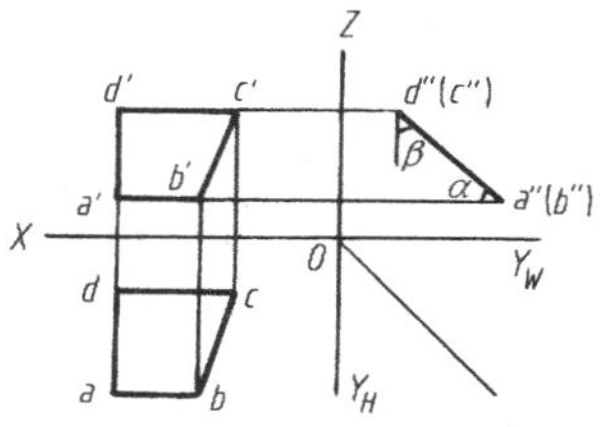
实　例	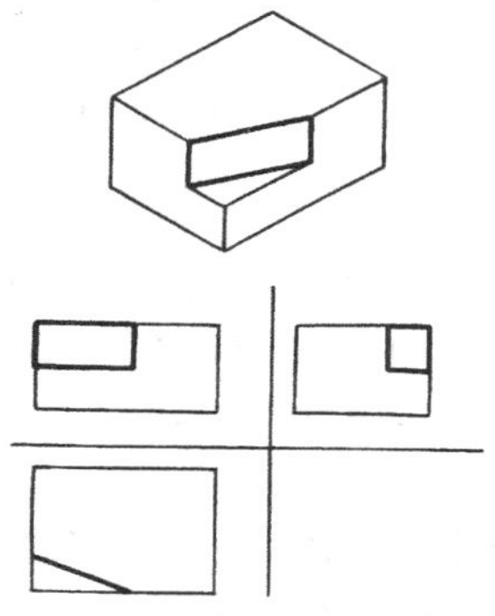	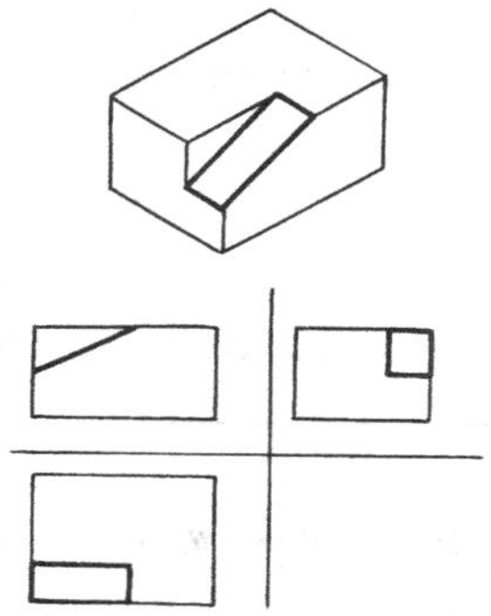	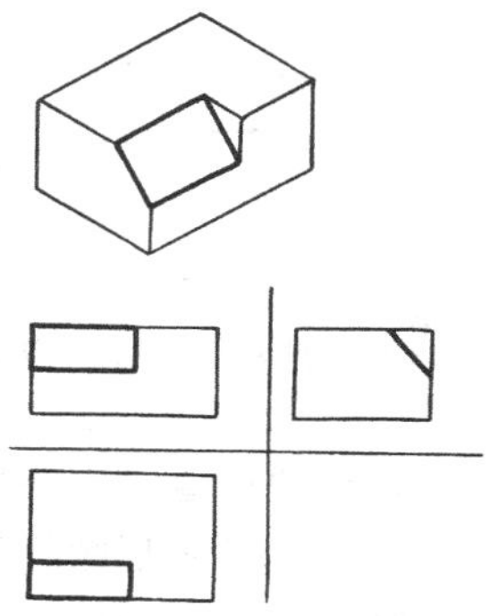
投影特性	水平投影积聚为一直线，积聚线和 OX 轴及 OY_H 轴的夹角分别反映该平面与 V 面和 W 面的夹角 β 和 γ，正面投影和侧面投影为类似形	正面投影积聚为一直线，积聚线和 OX 轴及 OZ 轴的夹角分别反映该平面与 H 面和 W 面的夹角 α 和 γ，水平投影和侧面投影为类似形	侧面投影积聚为一直线，积聚线和 OZ 轴及 OY_W 轴的夹角分别反映该直线与 V 面和 H 面的夹角 β 和 α，水平投影和正面投影为类似形

注：平面与投影面 H 面、V 面、W 面的夹角分别用 α、β、γ 来表示。

二、投影面平行面

只平行于一个投影面的平面（垂直于另两投影面），称为投影面平行面。表3-4 列出了投影面平行面的投影特性。

表3-4　投影面平行面的投影特性

名称	水平面	正平面	侧平面
直观图	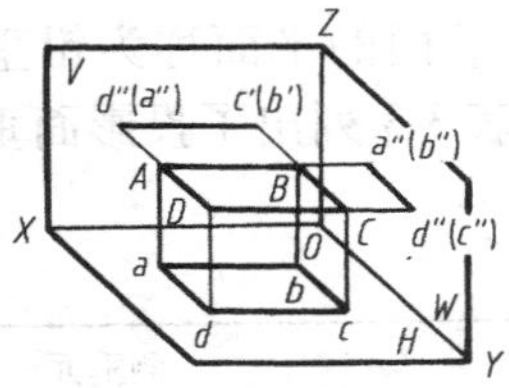	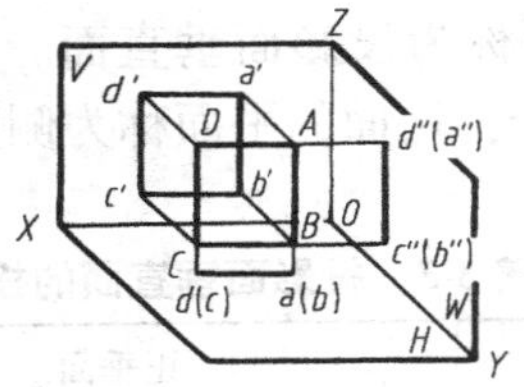	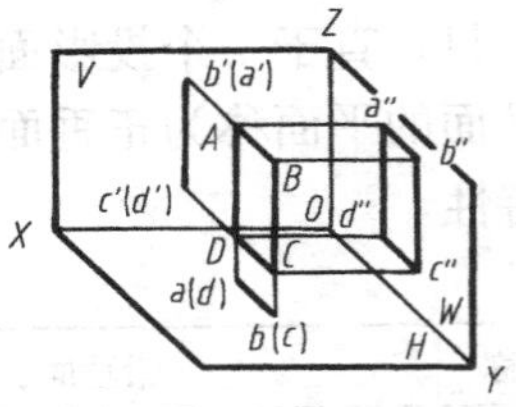
投影图	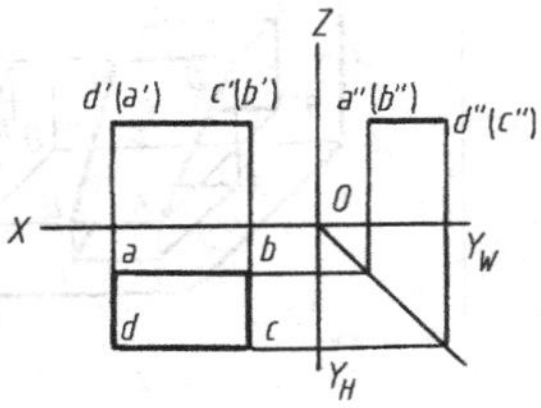	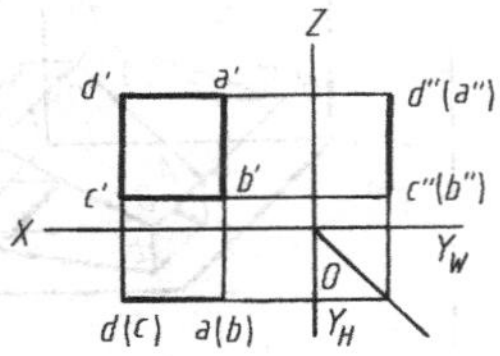	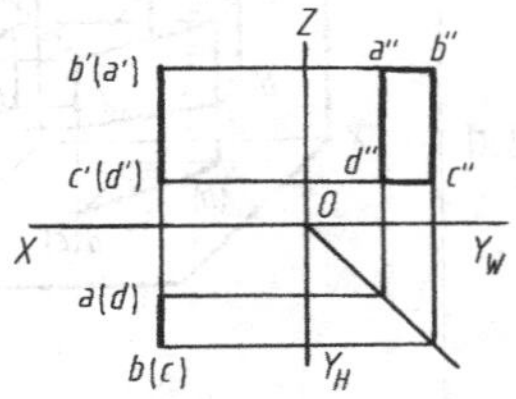
实　例	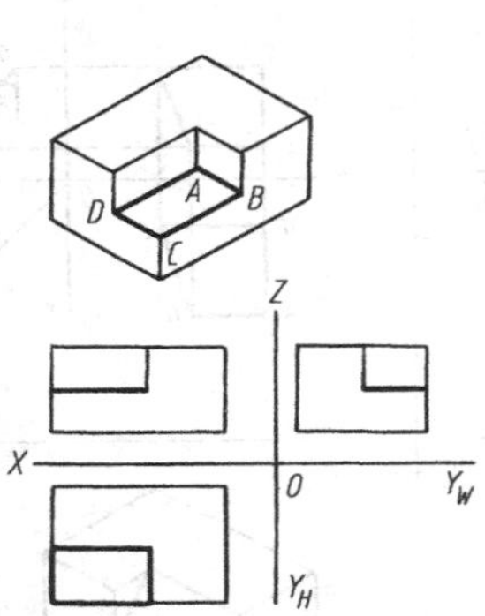	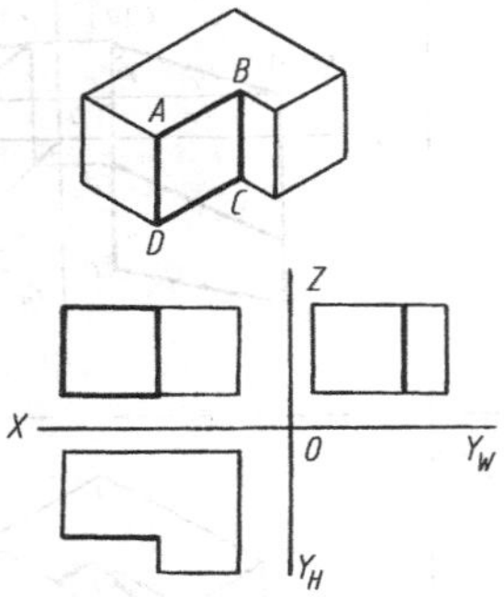	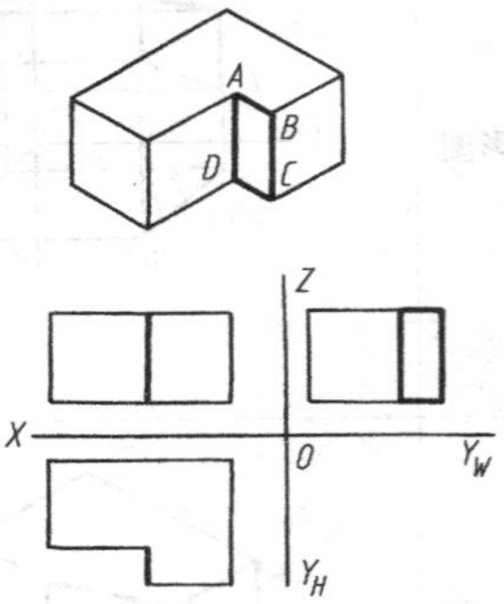
投影特性	水平投影反映实形，正面投影和侧面投影各积聚为一直线	正面投影反映实形，水平投影和侧面投影各积聚为一直线	侧面投影反映实形，正面投影和水平投影各积聚为一直线

三、一般位置平面的投影

对三个投影面都倾斜的平面称为一般位置平面。如图3-10 所示，△*SAB* 平面与三个投影面都倾斜，为一般位置平面，它的三个投影均不反映实形，都为类似形。

四、平面上的线和点

1. 平面上的直线

直线在平面上的条件是：如果直线通过平面上的两点，或通过平面上的一点且平行于平面上的任一直线，则此直线在该平面上。如图3-11 所示，*M*、*N* 两点分别在平面 *ABC* 上的

直线 *AB* 和 *BC* 上，则直线 *MN* 必在平面 *ABC* 上。过点 *C* 作 *CD*//*AB*，则直线 *CD* 必在平面 *ABC* 上。

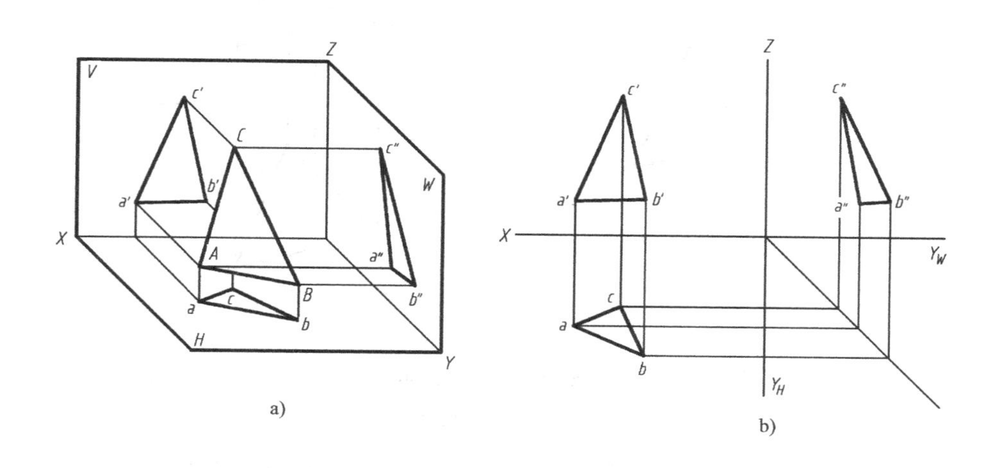

图 3-10　一般位置平面

a）立体图　b）投影图

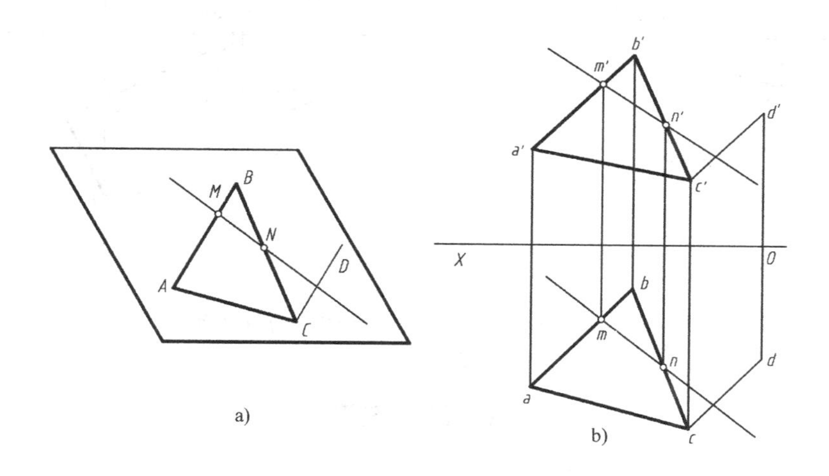

图 3-11　平面上的直线

a）直观图　b）投影图

2. 平面上的点

点在平面上的条件是：如果点在平面的某一直线上，则此点在该平面上。因此，在平面上取点，必须在平面的直线上定点。如图 3-12 所示，点 *K* 在平面 *ABC* 上的直线 *AN* 上，则点 *K* 在平面 *ABC* 上。

【例 3-3】　如图 3-13a 所示，补全平面五边形 *ABCDE* 的水平投影。

五边形的五个顶点在同一个平面上，而 *A*、*B*、*E* 三个顶点为已知，即平面的位置已定，根据平面上取点的方法就可求得点 *c*、*d*，如图 3-13b 所示。

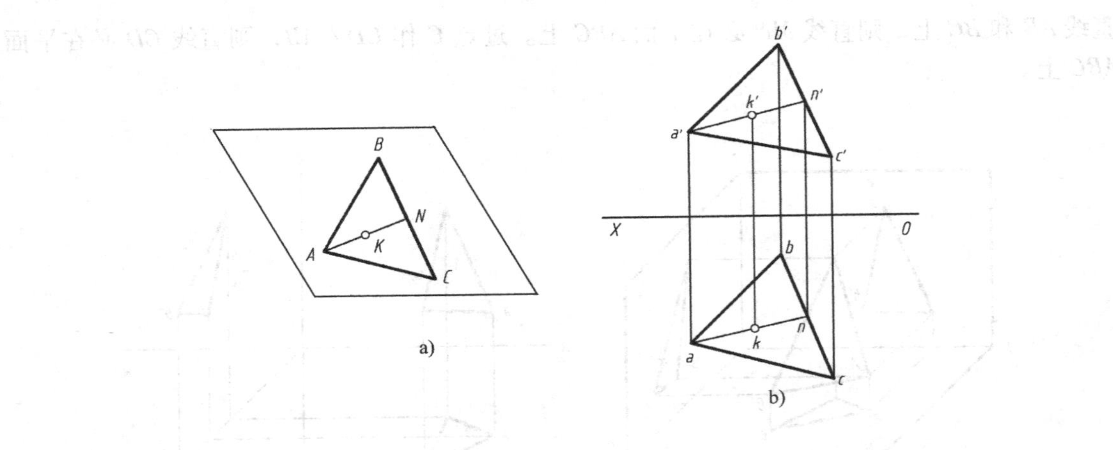

图 3-12　平面上的点

a）直观图　b）投影图

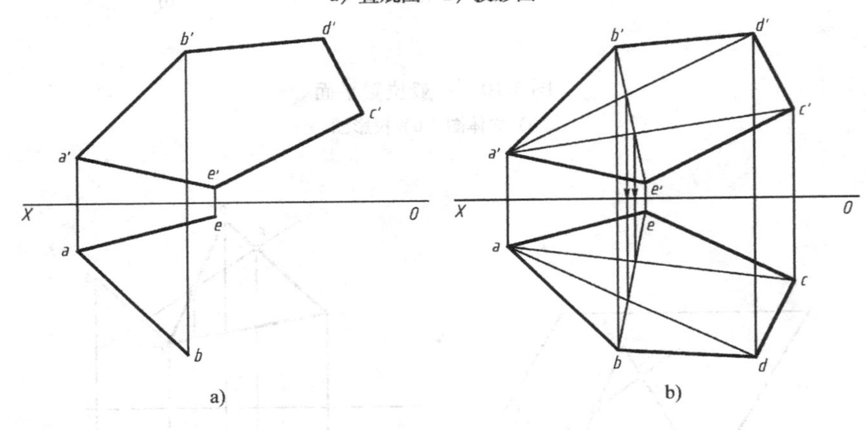

图 3-13　补全平面五边形 *ABCDE* 的水平投影

a）已知条件　b）求解过程

思考题与习题

3-1　试画图分析点的三面投影规律。

3-2　投影面上的点和投影轴上的点各有什么投影特性？

3-3　什么是重影点？它有什么用途？

3-4　为什么一般位置直线的三个投影均小于实长？

3-5　试以侧平线为例，说明投影面平行线的投影特性。

3-6　试以正垂线为例，说明投影面垂直线的投影特性。

3-7　对于一般位置直线，怎样求它的实长及它对投影面的倾角？

3-8　根据平面对投影面的相对位置，空间的平面有哪三类，各有什么投影特性？

3-9　如何判断点和线是否在平面上？

第四章　体的投影

第一节　基本形体的投影

基本形体可分为平面体和曲面体。

一、平面体的投影

工程中常用的平面体是棱柱（主要是直棱柱）和棱锥（包括棱台）。

（一）棱柱

1. 棱柱的投影

图4-1所示为三棱柱的直观图和投影图。

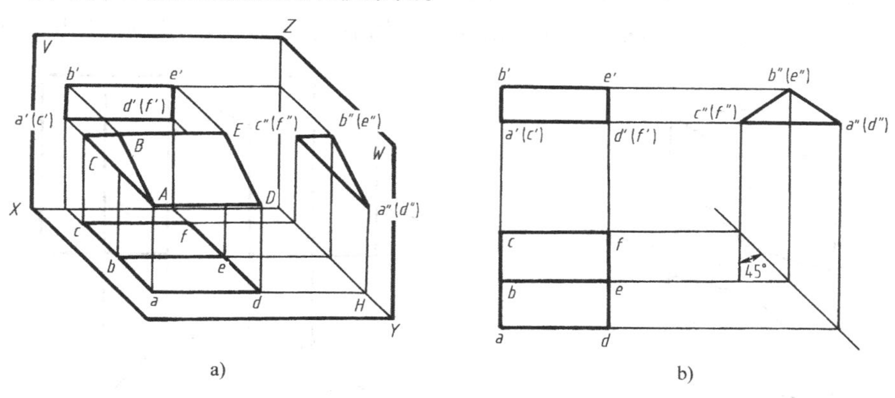

图4-1　三棱柱的投影

a）第一角投影　b）投影图

画直棱柱的投影图（如直三棱柱）时，一般先画 *V* 面、*H* 面的投影，然后根据投影关系画 *W* 面的投影。但也可先画三棱柱的 *W* 面投影，即三棱柱的特征形状，再根据投影关系画出 *V* 面、*H* 面投影图，如图4-1所示。

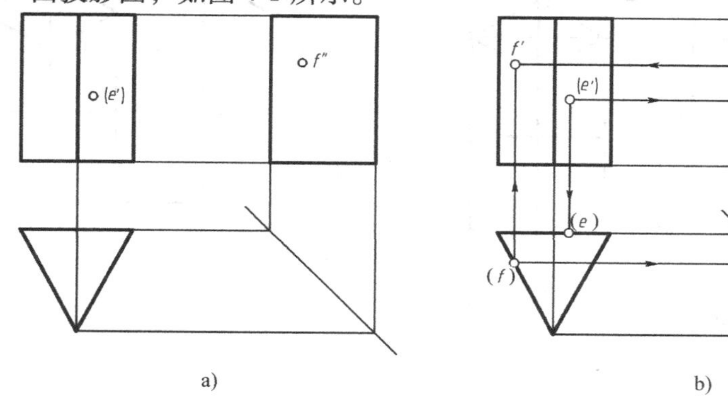

图4-2　棱柱表面上的点

a）已知条件　b）求三棱柱表面上的点

2. 棱柱表面上的点

已知直三棱柱的三面投影及其表面上的点 E、F 的投影（e'）、f''，如图 4-2a 所示，作出它们的其余两个投影。

由图 4-2a 可知：点 E 的 V 面投影 e' 不可见，它位于棱柱的后侧面上，点 F 的 W 面投影 f'' 可见，它位于棱柱的左侧面上。根据点的投影规律可分别作出(e)、(e'')、(f)、f'，如图 4-2b 所示。

3. 棱柱体的截交线

图 4-3a 所示截切立体的平面称为截平面，截平面与截切立体各表面产生的交线称为截交线，由截交线围成的平面图形称为断面。该断面多边形的顶点就是截平面与各棱边的交点，若求出这些顶点，顺次连接，即得截交线。截平面一般选用特殊位置平面，如正垂面或铅垂面，并约定沿截切位置两端画出短画粗实线，另在端部注写 P_V 或 P_H 符号。

【例 4-1】 已知截平面为一正垂面 P_V，求被截切后四棱柱的三面投影（图 4-3a、b）。

作图步骤：

1）从 V 面投影直接得到截平面与四棱柱各棱线的交点的 V 面投影 e'、f'、(g')、h'。

2）根据立体表面取点的方法，分别作出四个点的 H 面投影点 e、f、g、h 和 W 面投影点

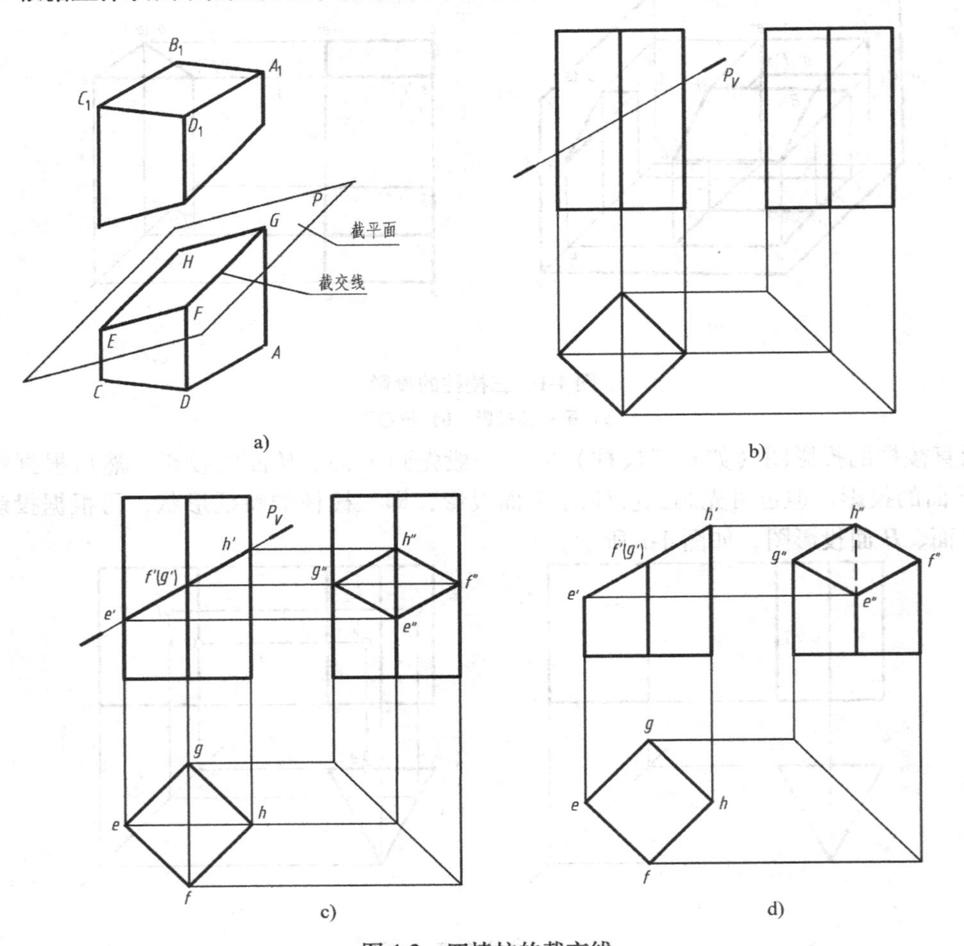

图 4-3 四棱柱的截交线

a）立体图 b）已知截平面 P_V c）求共有点并连线 d）完成全图

e''、f''、g''、h''，并依次连接（图 4-3c）。

3）判断其可见性，擦去多余的线条，完成全图，如图 4-3d 所示。

（二）棱锥

1. 棱锥的投影

图 4-4a 所示为正三棱锥的直观图和投影图。

画棱锥的投影图时，一般先画 H 面、V 面的投影，然后根据投影关系画出 W 面的投影。

2. 棱锥表面上的点

【例 4-2】 如图4-4a 所示，已知正三棱锥的三面投影及其表面上的点 A、点 B 的投影 a'、(b')，作出它们的其余两个投影。

作图步骤：

1）根据点在平面上的条件，连接 $s'a'$，延长 $s'a'$交 $c'd'$于 f'。

2）作辅助线 SF 的 H 面投影，即得 sf。

3）根据点的投影特性，即可求出投影点 a。

4）由 a'和 a，求出 a''。

5）点 B 所在的面具有积聚性，根据点的投影规律，由（b'）可求得（b''）。

6）由（b'）和（b''）可求得 b，如图 4-4b 所示。

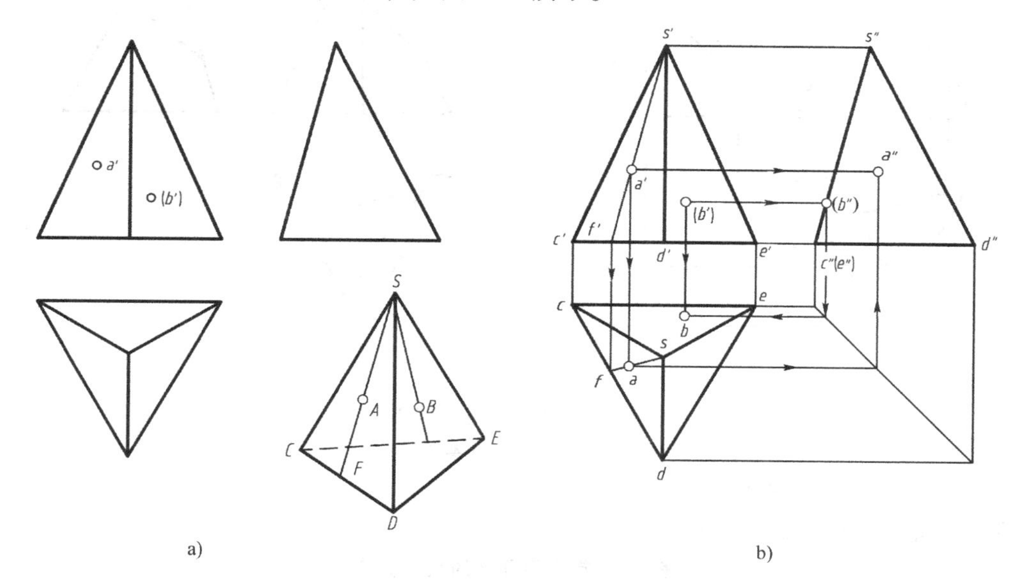

a)　　b)

图 4-4　正三棱锥的表面上的点

a）已知条件　b）求三棱锥表面上的点

3. 棱锥体的截交线

【例 4-3】 如图4-5a 所示，补全被截切后正三棱锥的三面投影图。

分析：截平面为一正垂面，它与三个棱面相截，只要求出截平面与三棱锥的共有点并连点，即可求得截交线（图 4-5b）。

作图步骤：

1）从 V 面投影直接得到共有点的 V 面投影 a'、b'、c'。

2）根据立体表面取点的方法，分别作出 H 面投影 a、b、c 和 W 面投影 a''、b''、c''。

3）依次连接 a、b、c 及 a''、b''、c''，并注意判断可见性（图 4-5c）。

4）擦掉多余的线条，完成全图（图 4-5d）。

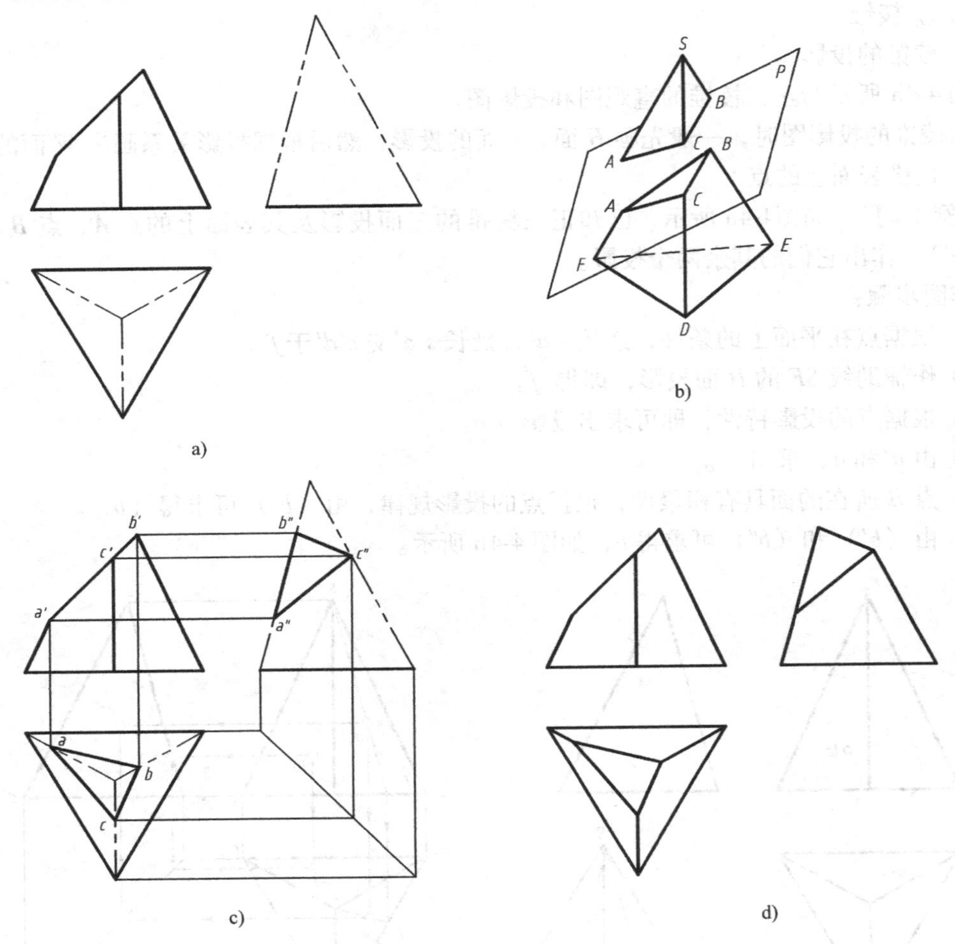

图 4-5　正三棱锥的截切

a）已知条件　b）立体图　c）求截交线　d）完成全图

（三）平面体的尺寸标注

常见平面体的尺寸标注见表 4-1。

表 4-1　常见平面体的尺寸标注

平面体	四棱柱	三棱柱	四棱锥
投影图	h a b	h a b	h a b
尺寸数量	3	3	3

（续）

平面体	正四棱锥	四棱台	正六棱柱
投影图	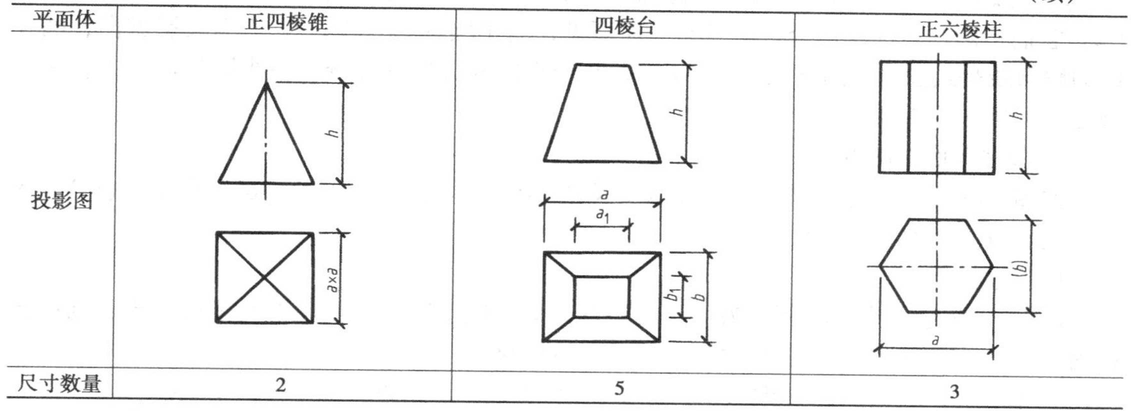		
尺寸数量	2	5	3

二、曲面体的投影

工程上常见的曲面体有圆柱、圆锥、球等曲面体。

（一）圆柱

1. 圆柱的形成

以直线 *AA* 为母线，绕与它平行的轴 *OO* 回转一周所形成的面为圆柱面。圆柱面和垂直于轴的上、下底面围成圆柱体，简称圆柱。母线在旋转中的任意位置线称为素线，如图 4-6 所示。

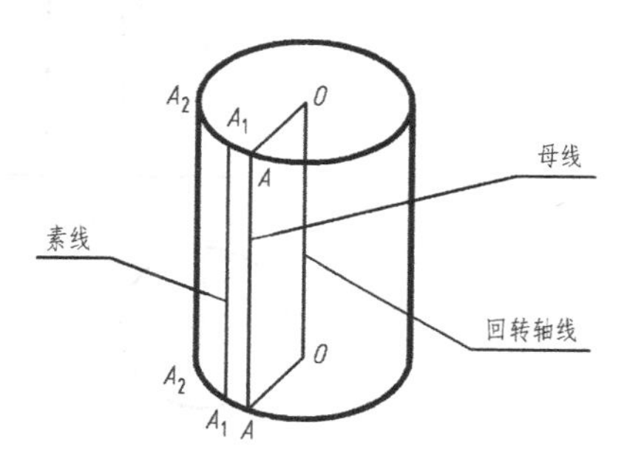

图 4-6　圆柱的形成

2. 圆柱的投影

图 4-7a 所示为圆柱的三面投影的直观图，其投影图画法如下：

1）画出轴线的正面投影和侧面投影，并画出水平投影的对称中心线。

2）画出上、下底面圆的三面投影。

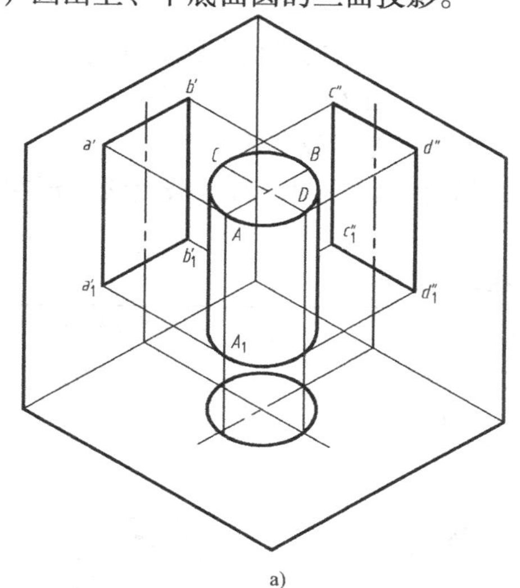

a)

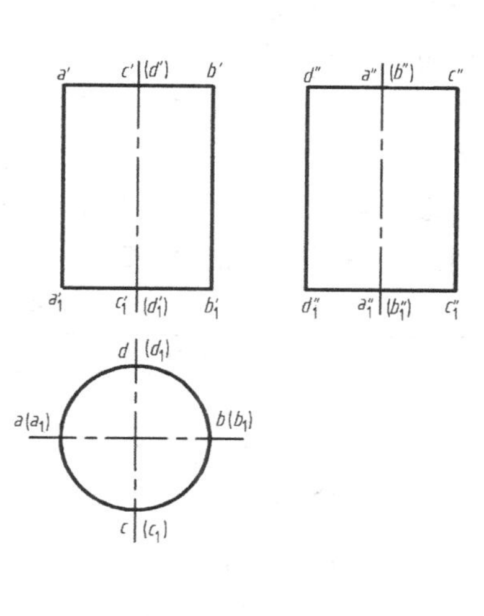

b)

图 4-7　圆柱三面投影图

a）立体图　b）投影图

3）完成圆柱三面投影，在 V 面投影方向，圆柱面的轮廓线是最左、最右素线 $a'a'_1$、$b'b'_1$，它们把圆柱分成两部分，前半圆柱面可见，后半圆柱不可见；在 W 面投影方向，圆柱面的轮廓线是最前、最后素线 $c''c''_1$、$d''d''_1$，它们把圆柱分成两部分，左半圆柱面可见，右半圆柱不可见（图 4-7b）。

3. 圆柱表面上的点

如图 4-8a 所示，已知圆柱的三面投影及圆柱面上的两点 A、B 的 V 面投影 a'、(b')，求作它们的 H 面投影和 W 面投影。

作图过程为：

1）点 a' 位于前半圆柱面上为可见点，点 (b') 位于后半圆柱面上为不可见点，利用圆柱面 H 面投影的积聚性，可直接求得 (a)、(b) 两点。

2）由 (a) 和 a'、(b) 和 (b') 分别作出 a''、(b'') 两点，如图 4-8b 所示。

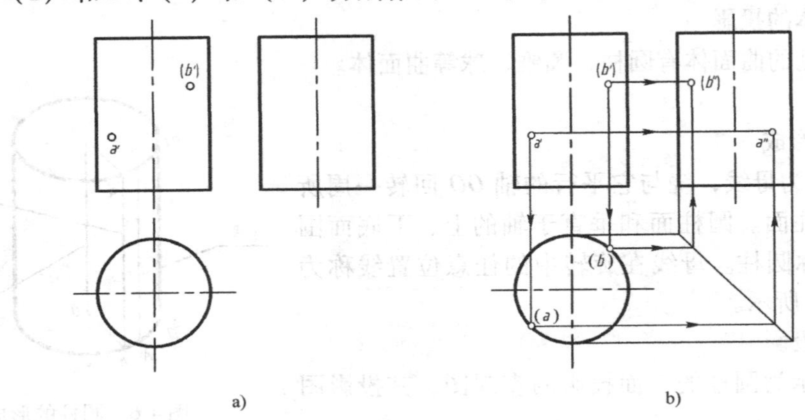

图 4-8 圆柱表面上的点

a）已知条件 b）求圆柱表面上的点

4. 圆柱的截交线

截平面截切曲面体时，产生的截交线一般情况下是一封闭的平面曲线，截交线的形状取决于曲面体表面的形状及截平面与曲面体的相对位置。曲面体截交线上的每一点都是截平面和曲面体表面的共有点，求出足够多的共有点，依次连接即得截交线。

平面截切圆柱体时，根据截平面与圆柱轴线的相对位置不同，所得截交线的形状有圆、矩形、椭圆三种形式，见表 4-2。

表 4-2 平面与圆柱的截交线

截平面位置	平行于轴线	垂直于轴线	倾斜于轴线
直观图	P	P	P

（续）

截交线形状	矩形	圆	椭圆
投影图	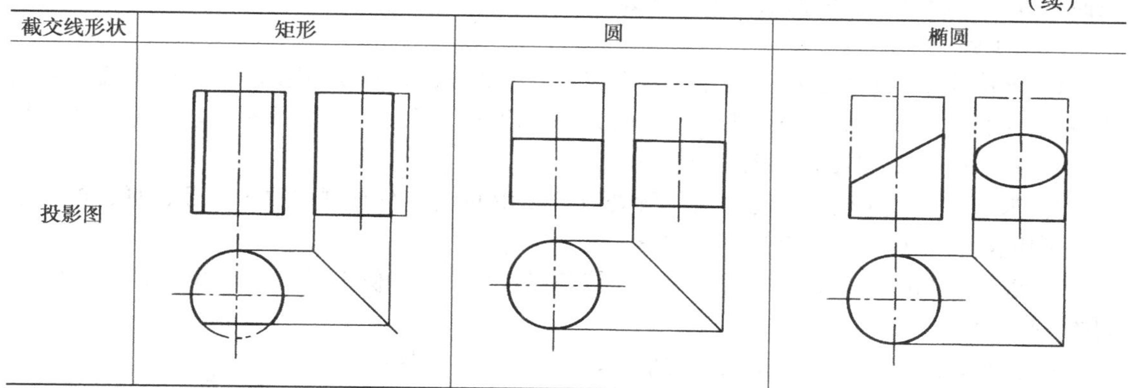		

【例 4-4】 求圆柱被正垂面 P_V 截切后的投影，如图 4-9a 所示。

分析：截交线的形状为椭圆，其 V 面投影积聚在 P_V 上，为一直线，水平投影积聚在圆

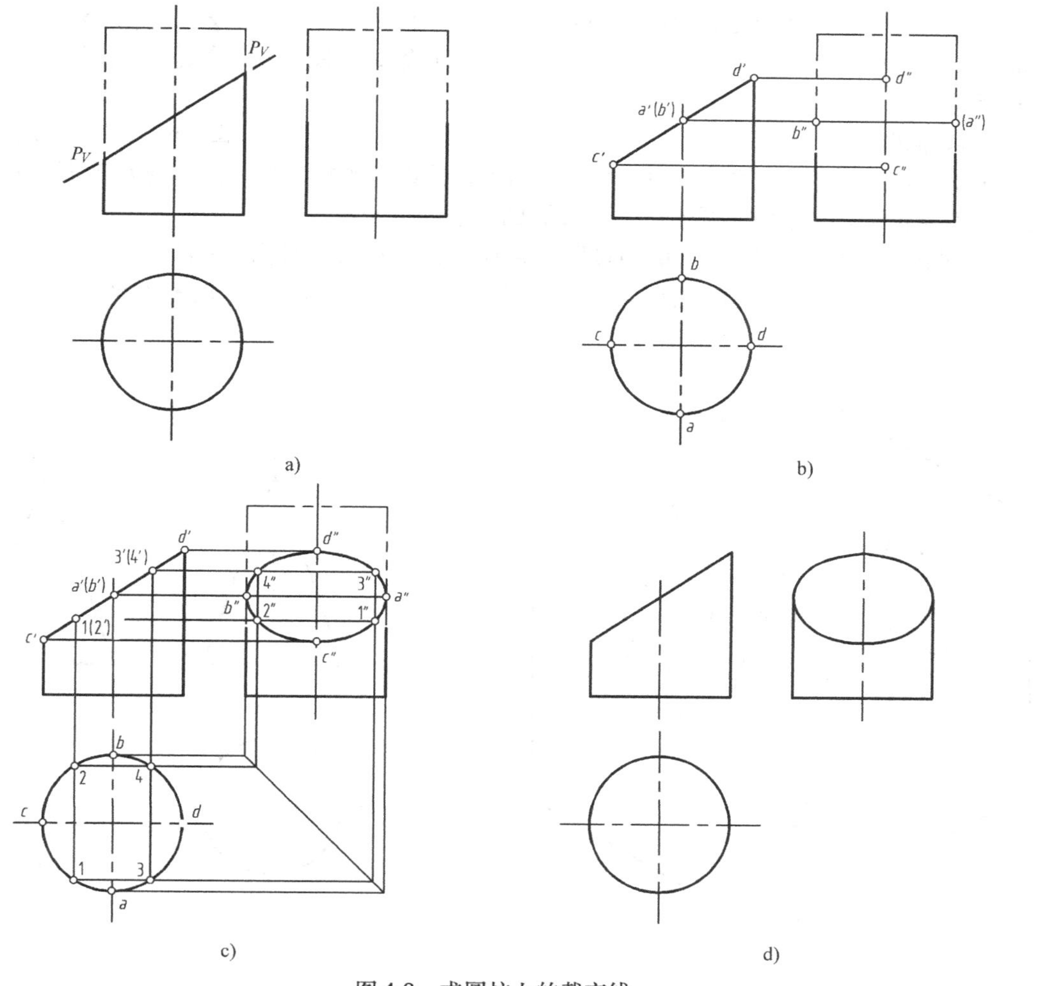

图 4-9　求圆柱上的截交线

a）已知条件　b）求特殊点　c）求截交线　d）完成全图

柱面的 H 面投影圆上，W 面投影为一椭圆。

作图步骤：

1）求特殊点。求截交线上最左、最右点 C、D 的投影，从 V 面投影图上可直接得到点 C、D 的 V 面投影 c'、d'，根据表面取点的方法求出 c、d 及 c''、d''。同理可求出截交线上最前、最后点 A、B 的投影，如图 4-9b 所示。

2）求一般点。在截交线的适当位置处取几个中间点。在本例中取Ⅰ、Ⅱ、Ⅲ、Ⅳ四个点，利用表面取点的方法作出其他两个投影。

3）连线。判断好可见性之后，依次连接各点水平投影和侧面投影，即得截交线的投影，如图 4-9c 所示。

4）整理外形轮廓线。根据截切的情况，擦去多余的图线，完成全图，如图 4-9d 所示。

（二）圆锥

1. 圆锥的形成

以直线为母线，绕与它相交的轴回转一周所形成的面为圆锥面。圆锥面和垂直于轴的底面围成圆锥体，简称圆锥，如图 4-10 所示。

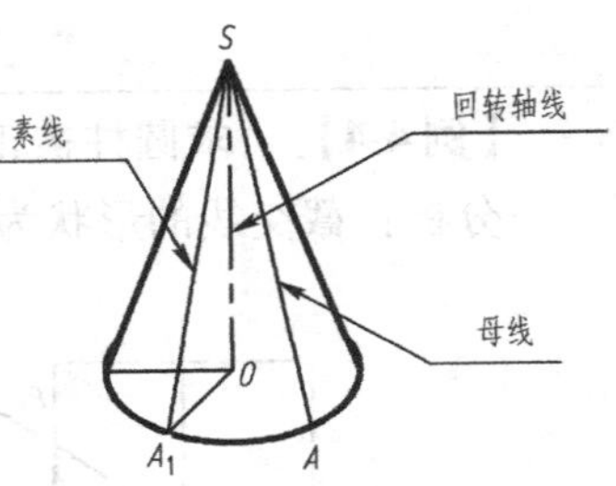

图 4-10　圆锥的形成

2. 圆锥的投影

在图 4-11a 中，圆锥的轴线为铅垂线，因此，圆锥面的每一条素线都与水平面成相同的倾角。圆锥底面为水平面。圆锥的三面投影的画法如下：

1）画出轴线的 V 面投影和 W 面投影，并画出 H 面投影的对称中心线。

2）画出顶点和底面圆的三面投影。先画 H 面投影，再画具有积聚性的 V 面和 W 面投影。

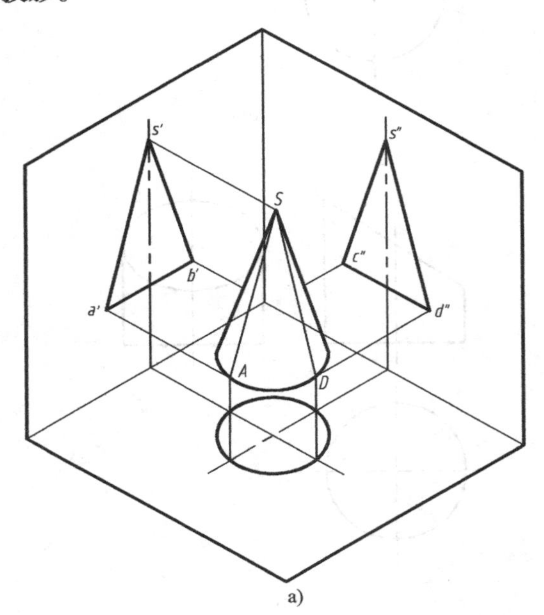

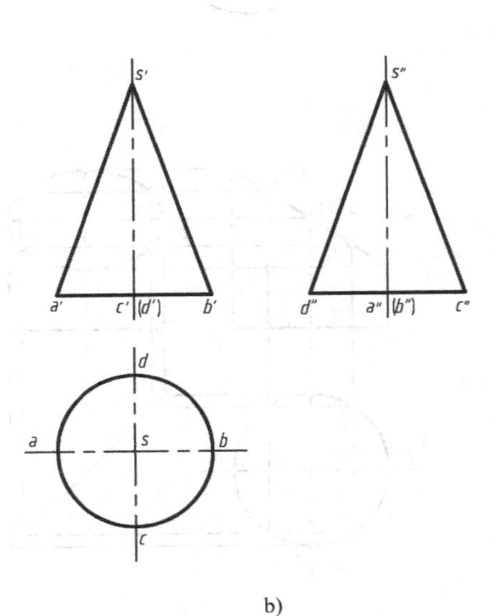

图 4-11　圆锥的三面投影

a）立体图　b）圆锥的投影图

3）画出圆锥面的三面投影。在 V 面投影方向，圆锥面的轮廓线是最左、最右素线 $s'a'$、$s'b'$，它们把圆锥分成两部分，前半圆锥面可见，后半圆锥面不可见。在 W 面投影方向，圆锥面的轮廓线是最前、最后素线 $s''c''$、$s''d''$，它们把圆锥分成两部分，左半圆锥面可见，右半圆锥面不可见，如图 4-11b 所示。

3. 圆锥表面上的点

【例 4-5】 已知圆锥的三面投影及圆锥面上的点 B 的正面投影 b'，求作它的 H 面投影和 W 面投影。

分析：如图 4-12a 所示，求圆锥表面上的点 B 可采用素线法作图，也可用纬圆法。

作图步骤：

1）过 s' 与 b' 点连线至 a' 点，得到 $s'a'$ 素线。

2）作 sa 素线，即得 H 面投影点 b。

3）根据点的投影关系，可求得投影点（b''），如图 4-12b 所示。

图 4-12c 所示为采用纬圆法作图，读者可自行分析作图过程。

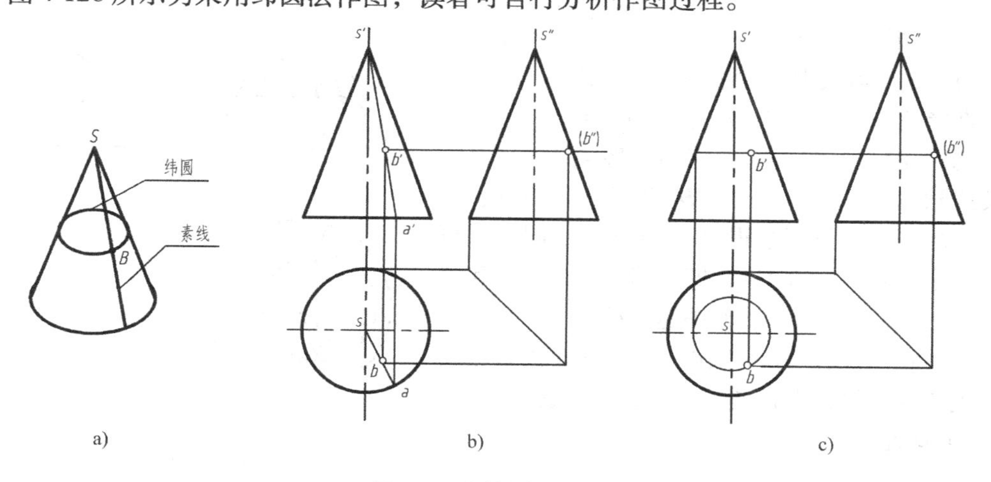

图 4-12 圆锥表面上的点

a）立体图 b）用素线法求点的投影 c）用纬圆法求点的投影

4. 圆锥的截交线

平面截切圆锥时，根据截平面与圆锥轴线的相对位置不同，产生的截交线有五种形式，见表 4-3。

表 4-3 平面与圆锥的交线

截平面 P 位置	过锥顶	垂直于轴线	与所有素线相交	平行于一条素线	平行于两条素线
直观图					

（续）

截交线形状	三角形	圆	椭圆	抛物线	双曲线
投影图	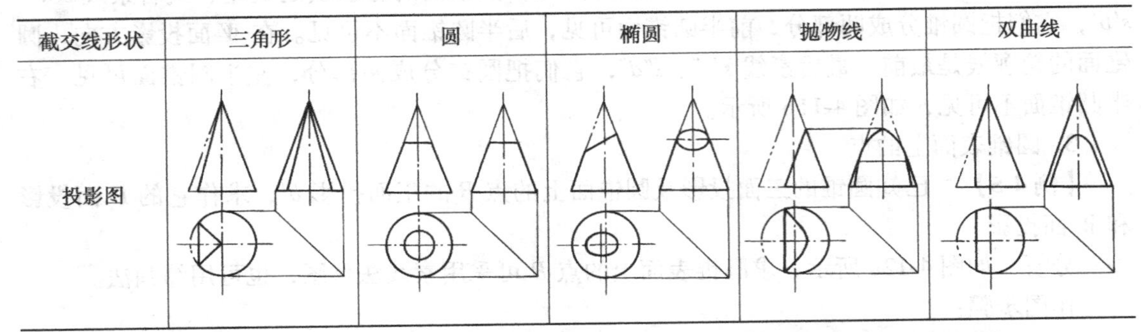				

【例 4-6】 如图4-13 所示，圆锥被正垂面所截断，求圆锥截交线的三面投影。

作图步骤：

1）求特殊点。作点 A、B 的 V 面投影 a'、b'，H 面投影 a、b，W 面投影 a''、b''。点 C、D 的 V 面投影 c'、(d') 在圆锥轴线上；W 面投影 c''、d''为两轮廓线与椭圆的切点，再根据点的投影规律可求得点 c、d。作出可直接投影的点，如特殊点 A、B、C、D。

2）求一般点。在 V 面上定出一般点 $1'$、$(2')$，利用素线法（或纬圆法）在 H 面可求得点 1、2，再根据点的投影规律可求得点 $1''$与点 $2''$。同理，再在 V 面上定出点 $3'$、$(4')$，即可求得点 3、4 和点 $3''$、$4''$。一般点取得越多，作图越准确。

3）判别可见性，并将求出的各点同面投影依次连接成光滑的曲线，即得圆锥截交线的投影。

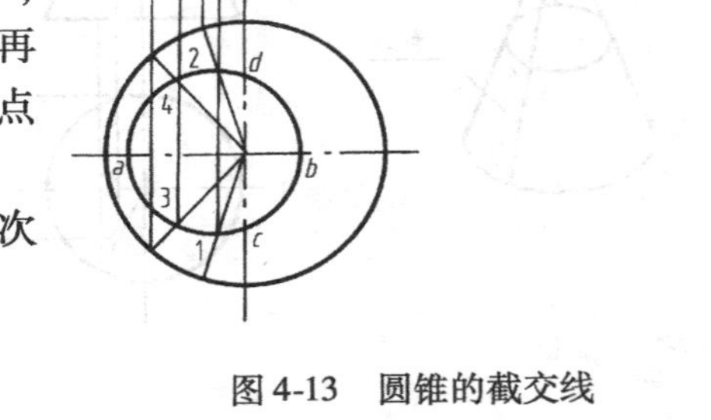

图 4-13 圆锥的截交线

（三）球面

1. 球面的形成

球面是圆母线绕其本身的任一直径为轴旋转一周而成的，如图 4-14a 所示。

2. 球面投影

球面不论从哪个方向进行投影均为直径相等的圆，但各圆所代表的球面轮廓素线是不同的。H 面投影圆为可见的上半个球面和不可见的下半个球面的重合投影，此圆周轮廓的 V 面、W 面投影分别为过球心投影的水平线段（图 4-14 中点画线所示）；V 面投影为可见的前半个球面和后半个球面的重合投影，此圆周轮廓的 H 面、W 面投影分别为过球心投影的直线段（图 4-14 中点画线所示）；同理可分析 W 面投影圆。

3. 球面体表面上定点

【例 4-7】 如图4-14b 所示，已知球面上 M、N 两点的 V 面投影，求作其余两面投影。

作图步骤：

1）由图中（m'）可以看出，点 M 在上半球与下半球的轮廓素线圆上，即平行于水平面的最大圆周上，利用该圆周的投影求得 m、m''，因点 M 位于右后半球上，故 W 面投影不可见，写成（m''）。

2）利用辅助圆法求 n、n''。在 V 面投影上过 n'作水平线交轮廓素线圆于 a'、b'，$a'b'$就

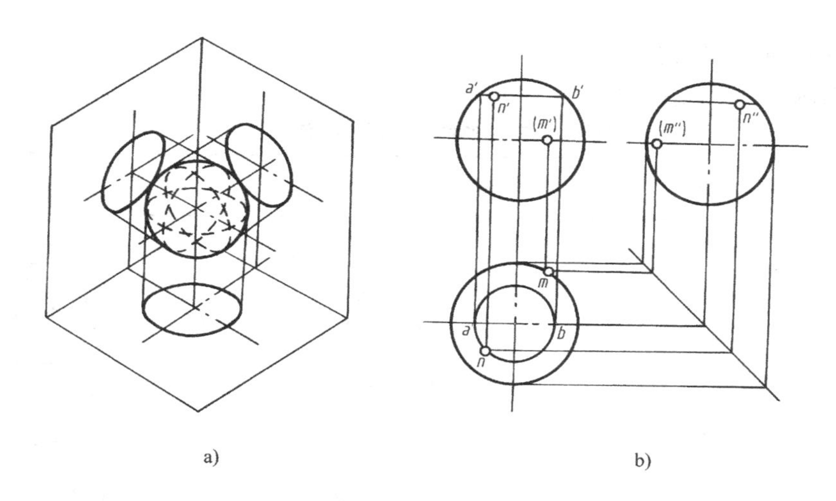

图 4-14　球的投影

a）立体图　b）球面的投影及表面定点

是辅助圆在 V 面上的积聚投影和直径，由 $a'b'$ 求辅助圆的 H 面投影和 W 面投影，在圆上求出 n、n''。

4. 球面体的截交线

球面体被平面截断时，不管截平面的位置如何，其截交线均为圆。但由于截平面对投影面的相对位置不同，截交线圆的投影可能为圆、椭圆或直线段。当截平面平行于投影面时，截交线圆在该投影面上的投影反映圆的实形；当截平面垂直投影面时，截交线圆在该投影面上的投影积聚为等于圆直径的一条直线段；当截面倾斜于投影面时，在该投影面上投影为椭圆。

图 4-15 中，球面体被水平面 P 截断，所得截交线为水平圆，其 H 面投影反映圆的实形，V 面、W 面投影积聚为一条线段，其长度反映该圆的直径。

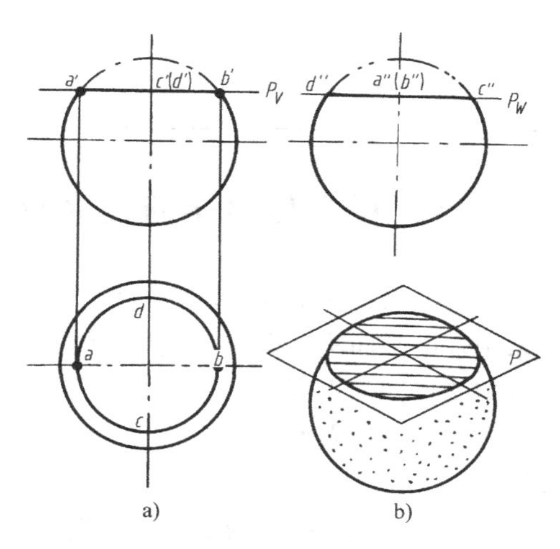

图 4-15　球面体的截交线

a）作图　b）立体图

（四）曲面体的尺寸标注

常见曲面体的尺寸标注示例见表4-4。

表4-4　常见曲面体的尺寸标注示例

回转体	球体	圆锥	圆台
投影图	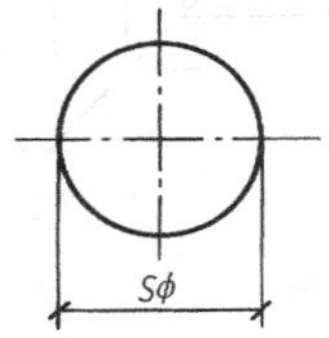 $S\phi$	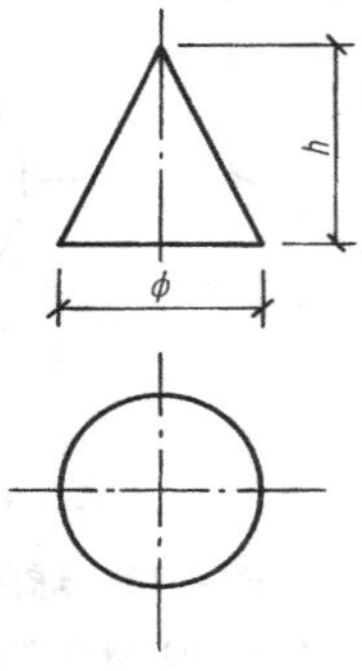 h, ϕ	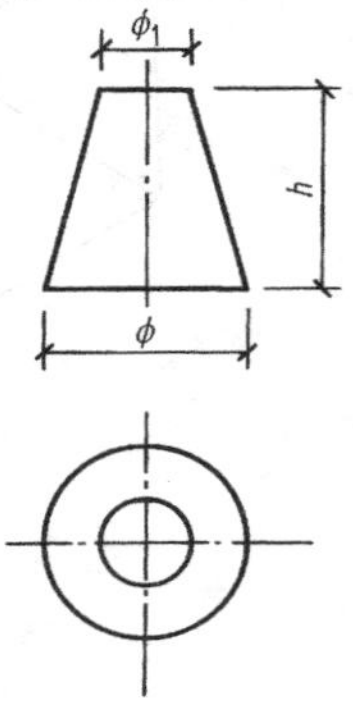 ϕ_1, h, ϕ
尺寸数量	1	2	3
回转体	圆柱	截切圆柱	截切圆柱
投影图	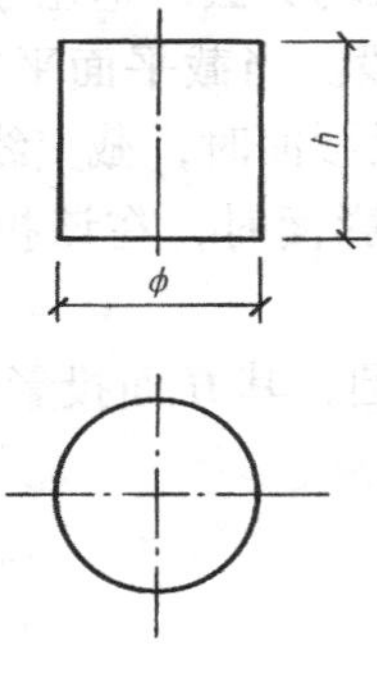 h, ϕ	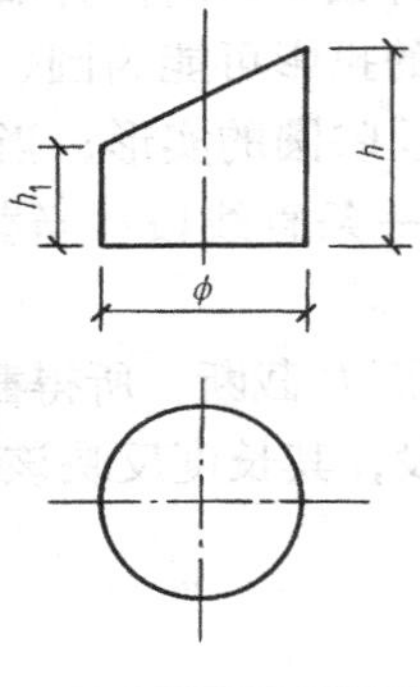 h_1, h, ϕ	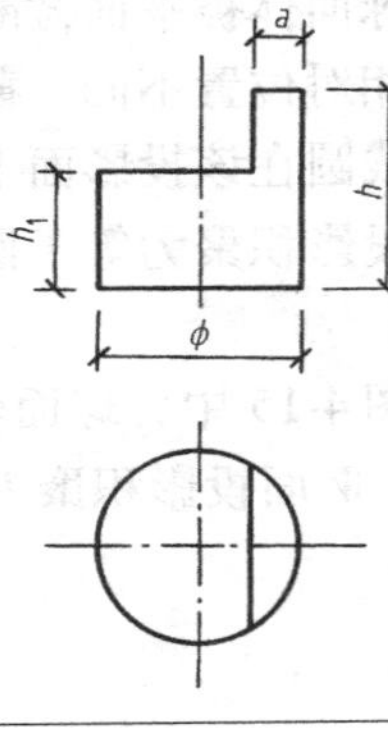 a, h_1, h, ϕ
尺寸数量	2	3	4

第二节　直线与形体的贯穿点

直线与立体表面相交，所得的交点称为贯穿点。它是直线与立体表面的共有点，贯穿点必成对出现。求贯穿点一般采用辅助平面法，即作一包括直线的辅助平面，求出辅助平面与立体的截交线，直线与截交线的交点即为贯穿点。如果立体表面或直线有积聚性，则可利用积聚性的投影直接作图，这种方法称为积聚性法。

一、利用积聚性法求贯穿点

【例4-8】　如图4-16a、b所示，求直线AB与四棱柱的贯穿点，并判断可见性。

分析：从给出的投影可以看出，四棱柱的六个面都具有积聚性，可利用积聚性求直接贯穿点M、N的投影。其作图过程如图4-16c、d所示。

作图步骤：

1）过直线与四棱柱面水平投影的交点 n、k 分别向上引线，求得其正面投影 n' 和 k'，n' 在四棱柱面的正面投影范围之内，是直线与立体表面的共有点，为直线与圆柱体的一贯穿点。而点 K 的正面投影 k' 不在四棱柱面的正面投影范围之内，不是直线与立体表面的共有点，所以不是贯穿点。

2）从正面投影看，$a'b'$ 与四棱柱的顶面积聚投影交于 m'，自 m' 向下引垂线，求得 m 在顶面的水平投影范围之内，所以为一贯穿点，如图 4-16c 所示。

3）判断可见性，直线段的可见性可根据重影点或贯穿点的可见性来判断，即贯穿点可见，则直线段也可见，位于立体之外的可见直线段用粗实线画出，不可见直线段用虚线画出，立体之内的部分可认为是不存在的，不必画出，如图 4-16d 所示。

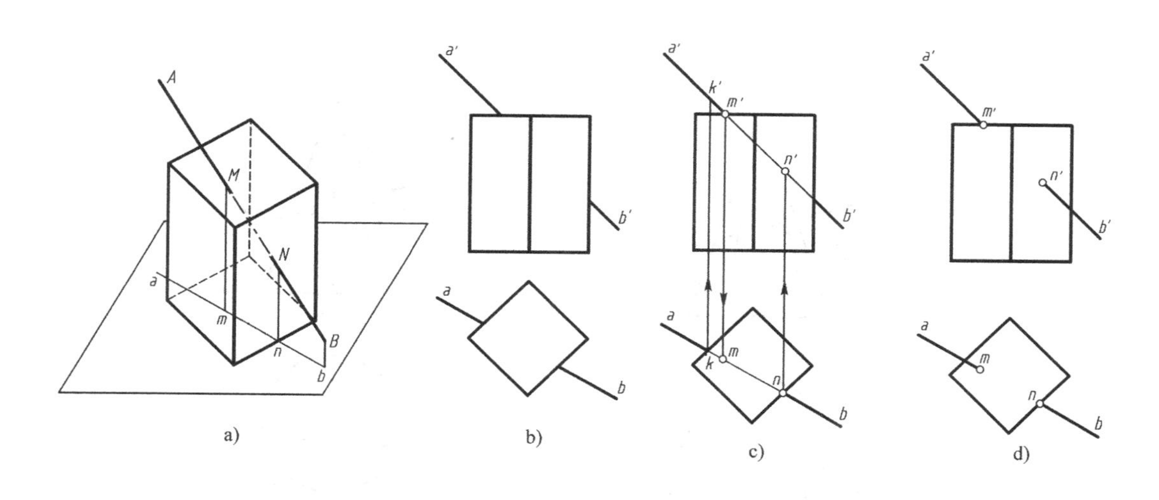

图 4-16　一般位置线与四棱柱相交

a）立体图　b）已知条件　c）作图过程　d）完成全图

二、利用辅助平面法求贯穿点

【例 4-9】　如图4-17a 所示，求直线 AB 与圆锥的贯穿点，并判断可见性。

分析：可过锥顶和直线 AB 作一辅助面 SEF，它与圆锥面交于两条素线，两条素线与直线 AB 的交点即为贯穿点，如图 4-17b 所示。

作图步骤：

1）在 a'、b' 线上任取两点 c'、d'，连接 $s'c'$、$s'd'$，并延长交圆锥底面所在的平面于 e'、f' 两点。

2）求出辅助面 SEF 的 H 面投影 sef，辅助面与圆锥底面圆相交于 g、h 两点，$\triangle sgh$ 即为截交线的 H 面投影，如图 4-17c 所示。

3）ab 与交线 sg、sh 的交点 m、n 即为贯穿点 M、N 的 H 面投影。

4）由 m、n 向上引线作出两贯穿点的 V 面投影 m'、n'，如图 4-17d 所示。

5）判断可见性，完成全图，如图 4-17e 所示。

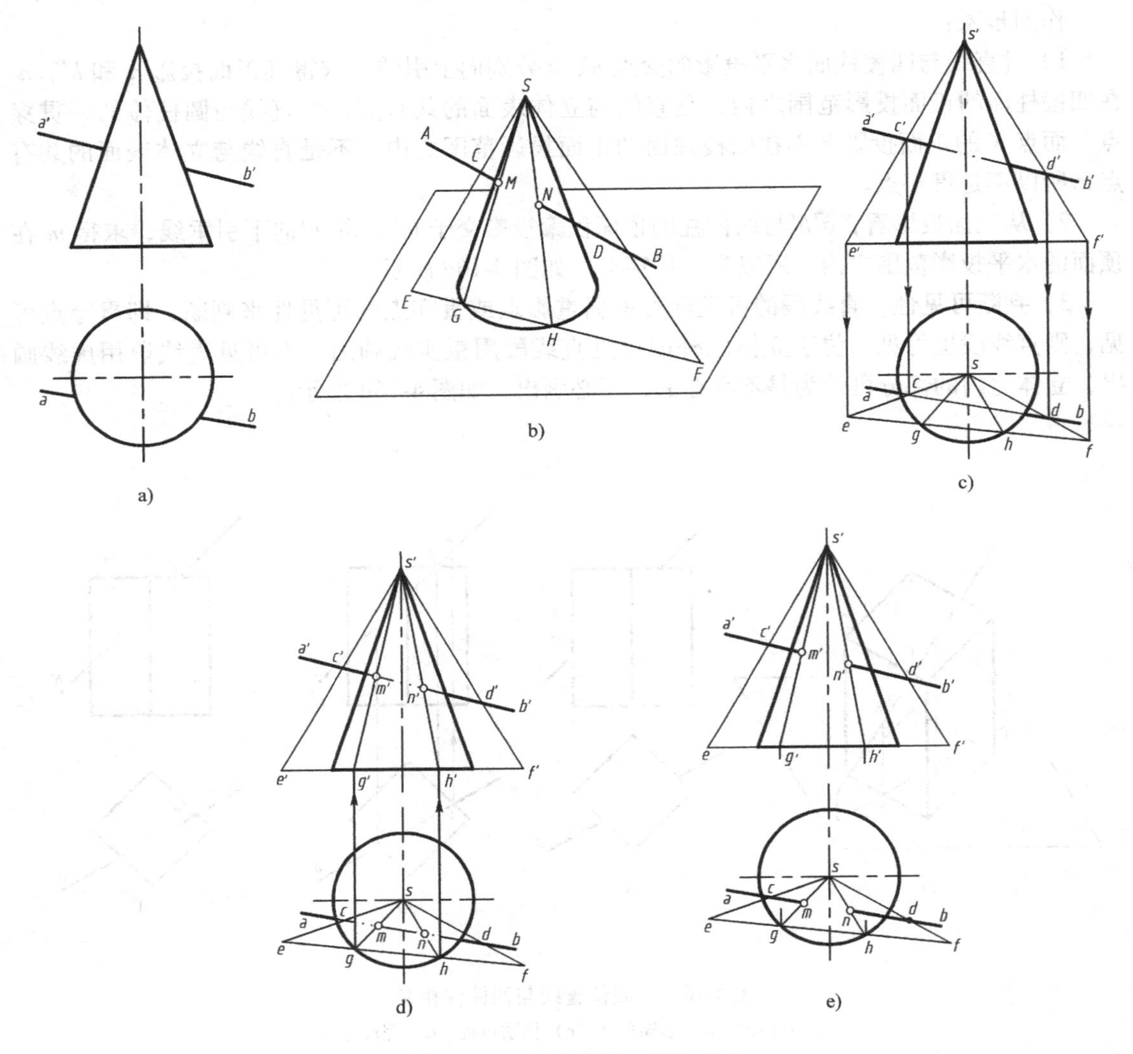

图 4-17　一般位置线与圆锥相交

a）立体图　b）已知条件　c）作辅助平面　d）求交点　e）判断可见性，完成全图

第三节　两形体相贯

两立体相交称为相贯，它们的表面交线称为相贯线。相贯线是两立体表面的共有线。一立体完全穿过另一立体称为全贯，如图 4-18a、b 所示，这时立体表面有两条相贯线；两立体各有一部分参与相贯，如图 4-19a、b 所示，称为互贯，这时立体表面只有一条相贯线。在一般情况下，两立体相贯产生的相贯线是封闭的空间折线。各折线是两立体表面的交线，折线的顶点是两立体上参与相交的棱线与另一立体表面的交点。因此求相贯线也就是求相贯两立体表面的交线和棱线与另一立体表面的交点。

一、平面体与平面体相贯

【例 4-10】　三棱锥与四棱柱相贯，其立体图与投影图如图 4-20a、b所示，求三棱锥与

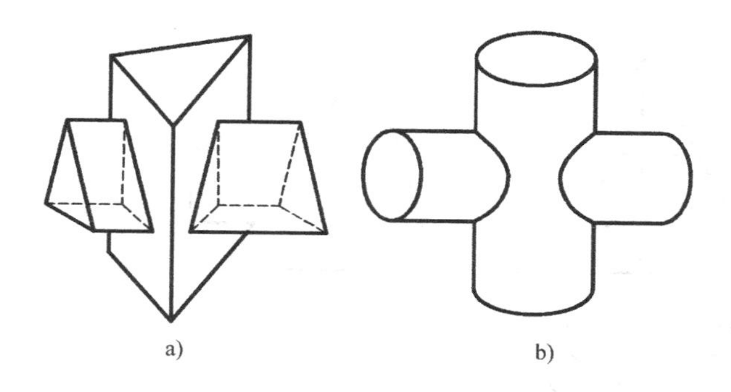

图 4-18　两立体全贯

a）两平面体全贯　b）两曲面体全贯

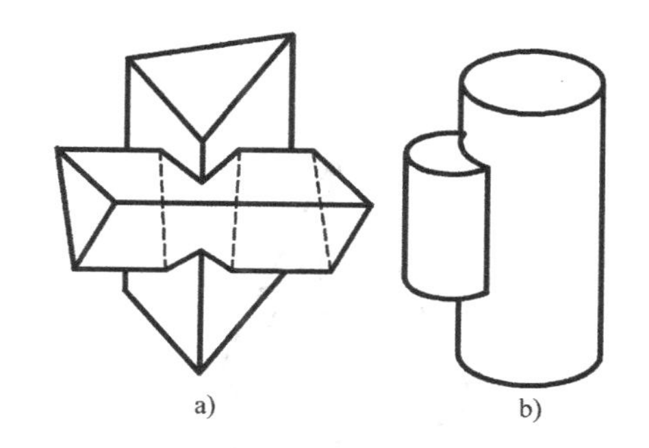

图 4-19　两立体互贯

a）两平面体全贯　b）两曲面体全贯

四棱柱的相贯线。

分析：根据 V 面投影可看出，四棱柱整个贯穿三棱锥，为全贯。四棱柱各棱面的 V 面投影有积聚性，只需作出另两个投影即可。

作图步骤：

1）以过四棱柱的上棱面为辅助面 P_{1V}，平面与三棱锥的交线是一与底面相似的三角形的一部分，它的 H 面投影中的线段 456，便是四棱柱与三棱锥交线的 H 面投影。同理可作出四棱柱下底面与三棱锥相交线的 H 面投影 123，如图 4-20c 所示。

2）四棱柱的左、右两棱面与三棱锥的交线是侧平线，其 H 面投影为 16、34。根据交线的 V 面投影和 H 面投影求出其 W 面投影，如图 4-20c 所示。

3）连线。按照可见性连接相贯线的各部分，如图 4-20c 所示。

4）整理外形轮廓线。把相贯两立体看成一个整体，擦去不要的图线，完成全图，如图 4-20d 所示。

二、曲面体与曲面体相贯

两曲面体相贯的相贯线，在一般情况下为封闭的空间曲线，特殊情况下也可以是平面曲线或直线，相贯线上的点为两曲面体的共有点，所以求相贯线实际上是求两曲面体表面的一系列共有点的问题。求两曲面体表面的一系列共有点的方法一般有两种：表面取点法、辅助平面法。

1. 表面取点法

如果相贯的两曲面体中，有一曲面体的某一个投影具有积聚性，相贯线的一个投影就可积聚在该投影上，于是，求两曲面体相贯线的投影可看成是已知另一曲面体表面上线的一个投影，求其他投影的问题。这样就可以在相贯线上取一些点，按已知曲面体表面上点的一个投影求其他投影的方法来求出相贯线。这种方法称为表面取点法。

【例 4-11】　求如图 4-21a 所示两圆柱的相贯线。

作图步骤：

1）求特殊点。先在 H 面投影上定出最左、最右、最前、最后点 A、B、C、D 的 H 面投影 a、b、c、d，把这四个点看成是直径较大圆柱面上的点，根据宽相等作出它的 W 面投影 a''、b''、c''、d''，然后求出 V 面投影 a'、b'、c'、d'，如图 4-21b 所示。

2）求一般点。为作图精确，可取适当数量的一般点。如求一般点 E，先在 H 面投影上

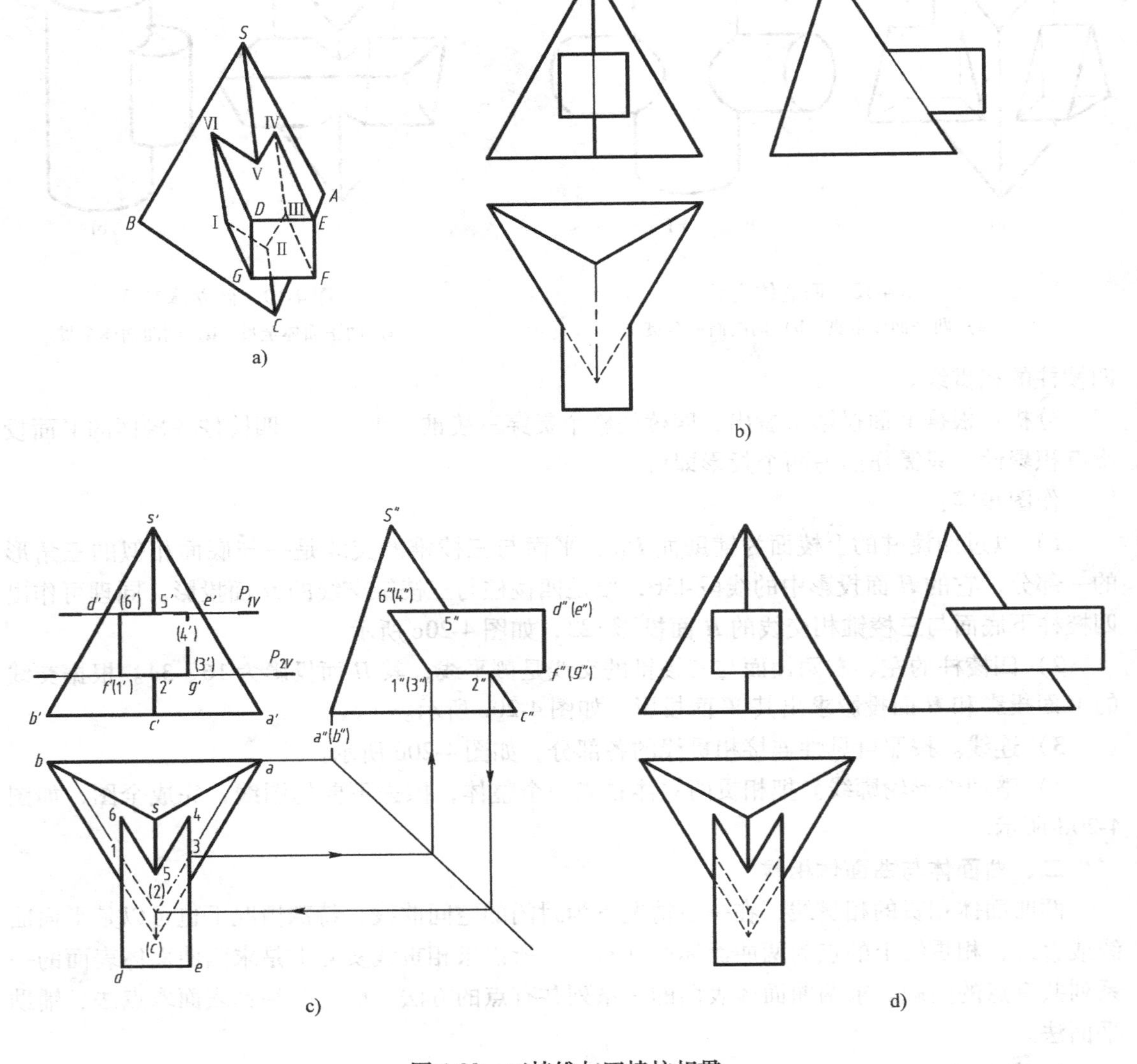

图 4-20　三棱锥与四棱柱相贯

a）立体图　b）投影图　c）辅助平面法求相贯点　d）连相贯点

定出点 E 的水平投影 e，把点 E 看成是直径较大圆柱面上的点，根据宽相等作出它的 W 面投影 e''，然后求出 V 面投影 e'，如图 4-21b 所示。

3）连线。根据相贯线可见性将其连接起来，如图 4-21b 所示。

4）画好外形轮廓线。把相贯两立体看成一个整体，擦去多余的图线即得两圆柱的相贯线，如图 4-21c 所示。

2. 辅助平面法

求作两曲面体的相贯线时，以与两曲面体都相交的辅助平面切割两立体，得到两组截交线，这两组截交线的交点是辅助平面和两立体表面的三面共有点，即为相贯线上的点，求出若干个共有点，然后光滑连接，即可得到相贯线，这种求相贯线的方法称为辅助平面法。为

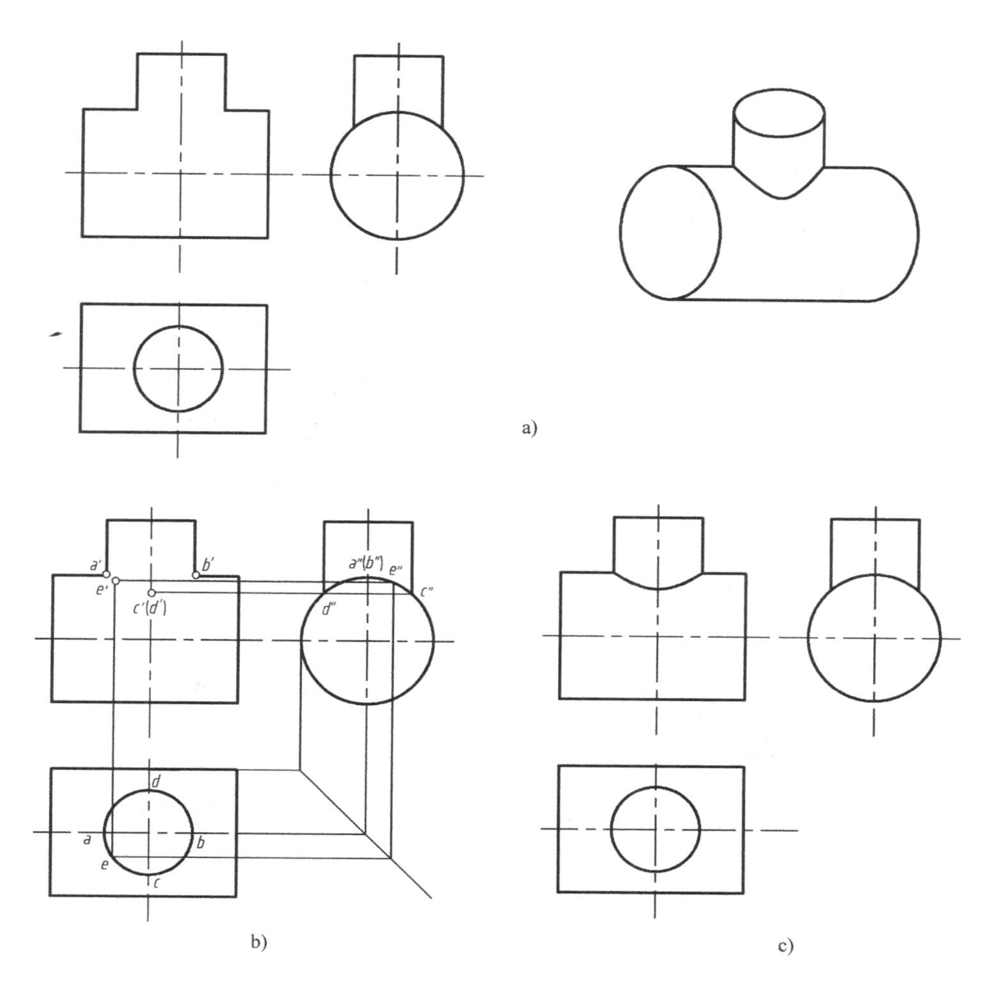

图 4-21　两圆柱相贯

a）两相贯圆柱的投影图和立体图　b）求相贯线　c）完成全图

便于作图，选取辅助平面的原则是：所得辅助截交线的投影为简单易画的圆或直线。

【例 4-12】　求如图 4-22a 所示圆球和圆锥的相贯线。

分析：如图 4-22b 所示，圆锥和圆球的两面投影均无积聚性，因此可用作辅助平面的方法来求相贯线。根据两立体的形状特征及相对位置，选择水平面作为辅助面。

作图步骤：

1）求特殊点。主要是两立体的转向轮廓线上的点。由于两立体有公共的前后对称面，所以圆锥和圆球的正视转向轮廓线的交点 A、B 为相贯线上的点，可直接求出。用辅助平面法作出圆球俯视转向轮廓线上的点 C、D 的投影，作辅助面 P_{V1}，分别作出它与圆锥面、圆球面的交线圆的水平投影，它们的交点即为点 C、点 D 的 H 面投影，从而作出 V 面投影。

2）求一般点。在以上特殊点之间作一些必要的辅助面，如 P_{V2}、P_{V3}，用以上作图步骤求得一些一般位置点，如点 E、F。

3）连线。根据相贯线可见性，依次将共有点连接起来，如图 4-22c 所示。

4）画外形轮廓线。把相贯两立体看成一个整体，擦去多余的图线，完成全图，如图 4-

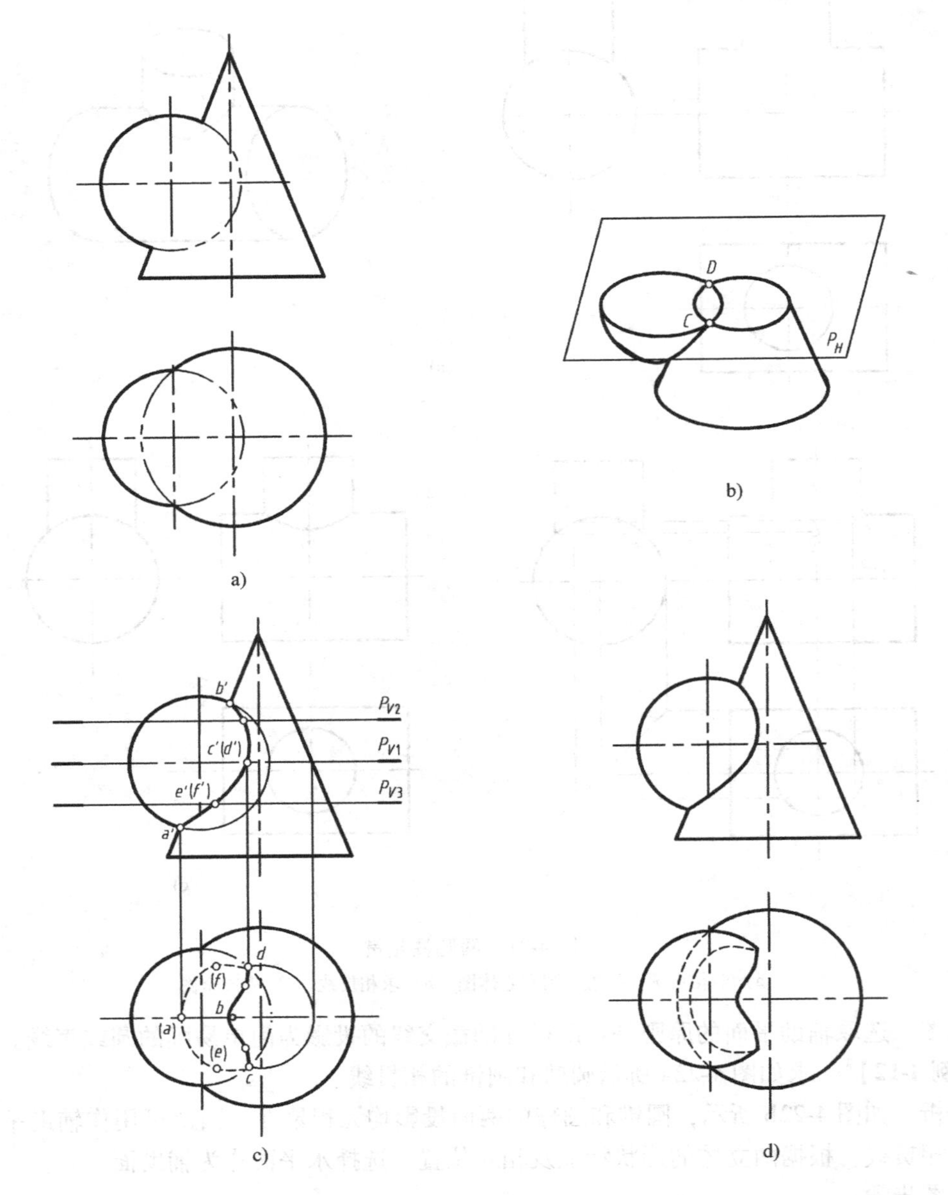

a)

b)

c)

d)

图 4-22 圆球与圆锥相贯

a）已知条件 b）立体图 c）求相贯线 d）完成全图

22d 所示。

3. 两曲面体相贯的特殊情况

1）当两相贯的曲面体共轴（具有公共的回转轴）时，其相贯线为垂直于轴线的圆，如图 4-23a、b 所示。

2）当相贯的两圆柱的轴线平行或两个相贯的圆锥共顶点时，其相贯线为直线，如图 4-24a、b 所示。

3）当两相交的曲面体同时外切于同一球面时，其相贯线为平面曲线，如图 4-25 所示。

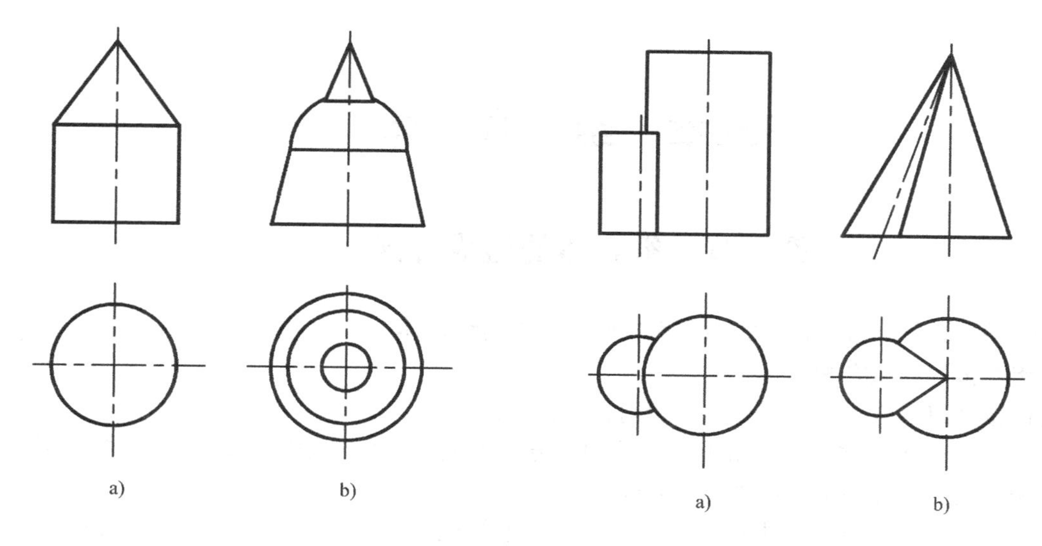

图 4-23　相贯线为圆的情况

a）两曲面体共轴线　b）三曲面体共轴线

图 4-24　相贯线为直线的情况

a）两轴线平行的两圆柱相贯　b）共顶点的两圆锥相贯

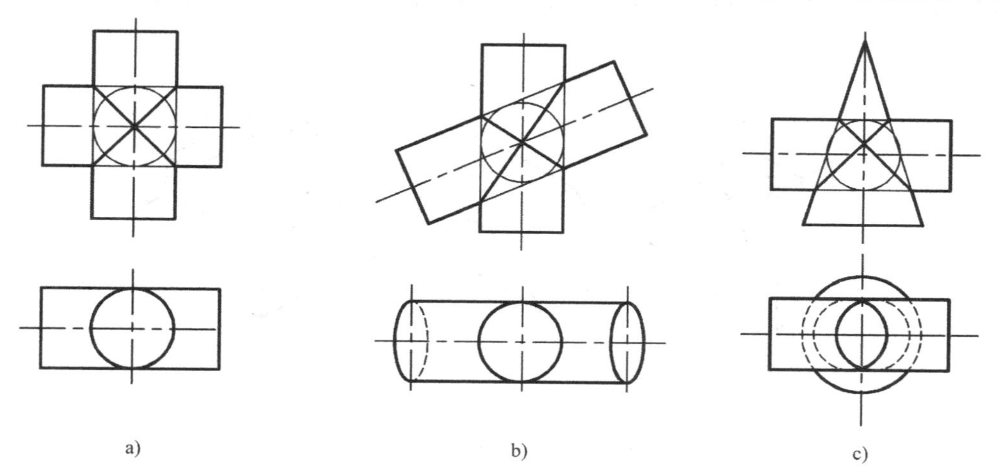

图 4-25　相贯线为平面曲线的情况

a）同直径两圆柱正交　b）同直径两圆柱斜交　c）圆柱与圆锥公切于球面

思考题与习题

4-1　常见的基本形体有哪几种？它们的投影各有什么特性？

4-2　圆柱的截交线有哪几种？

4-3　圆锥的截交线有哪几种？

4-4　什么是贯穿点？怎么求贯穿点？

4-5　什么是相贯线？相贯线有什么特性？怎么求相贯线？

第五章　组　合　体

第一节　组合体的组成方式

由若干基本几何体按一定方式组合而成的形体称为组合体。

一、组合体的组成方式

组合体按其组成方式可分为叠加、切割、混合三种类型。

（1）叠加型　各基本体之间由堆积、叠加的方式构成组合体，如图 5-1a 所示，物体可看成是由两个长方体和一个三棱柱叠加而成的。

（2）切割型　从一基本体中挖出或切出另一基本体或其一部分构成的组合体，如图 5-1b 所示，物体可看成是由一四棱柱切去一圆柱和三棱柱形成的。

（3）混合型　组合体的构成方式中，既有叠加、又有切割，称为混合型，如图 5-1c 所示。

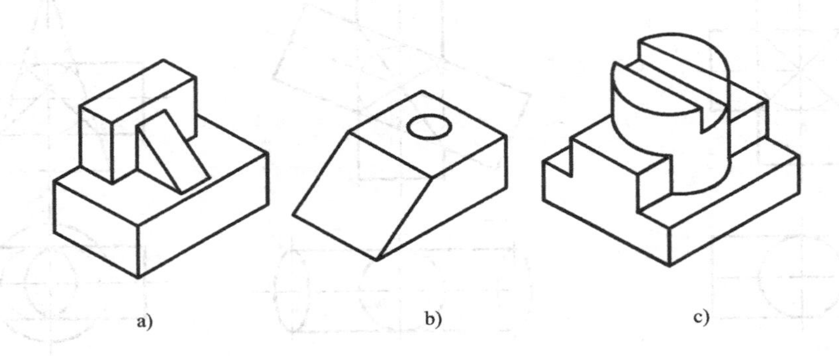

图 5-1　组合体的组成方式
a）叠加　b）切割　c）混合

二、组合体表面间的相对位置

组合体表面间的相对位置有以下几种情况：

1. 平齐与不平齐

1）当组合体上两基本形体的表面不平齐时，在图内应该用线隔开。如图 5-2a 所示的机座模型，它是由带圆孔的长方体和长方体底板叠加而成的，其分界处画图时应用线隔开成两个线框，如图 5-2c 所示。若中间漏线（图 5-2b），就成为一个连续表面，因此是错误的。

2）当组合体两基本形体的表面平齐时，中间不应有线隔开，图 5-3a 所示两个基本形体的前、后表面是平齐的，为一个完整的平面，这样就不存在分界线。因此，图 5-3b 中 V 面投影（主视图）多画了图线，是错误的。

2. 相切

当组合体上两基本体之间为表面相切时，在相切处为光滑过渡，无分界线，故不画线，如图 5-4 所示。

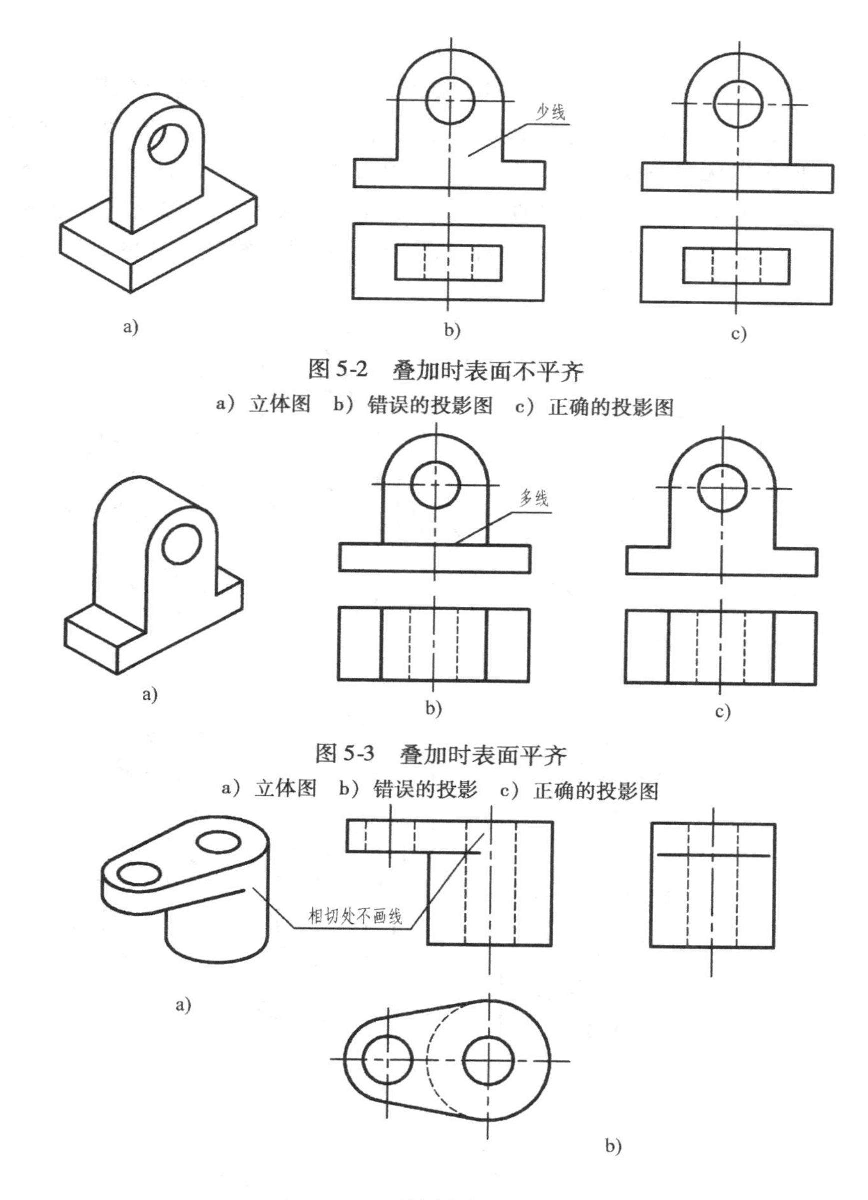

图 5-2　叠加时表面不平齐

a）立体图　b）错误的投影图　c）正确的投影图

图 5-3　叠加时表面平齐

a）立体图　b）错误的投影　c）正确的投影图

图 5-4　立体图相切时的画法

a）立体图　b）投影图

第二节　组合体投影图的画法

在画组合体的投影图时，一般按以下步骤进行：

1）进行形体分析。

2）确定组合体安放位置。

3）确定投影数量。

4）画投影图。

一、形体分析

组合体可以看成是由基本体组合而成的，假想将组合体分解成若干个基本体，然后分析它们之间的组合方式，以及各组合体相邻表面之间的连接关系，从而产生对整个形体的完整概念，这种方法称为形体分析法。图 5-5a 所示的组合体，可看成是在一个四棱柱形的底板上面放有三个三棱柱和一个由半圆柱和四棱柱形成的 U 形块，这几部分之间是叠加而成的，其中 U 形块位于底板的中间靠后，如图 5-5b、c 所示。形体分析法是作图、读图和尺寸标注的主要方法。

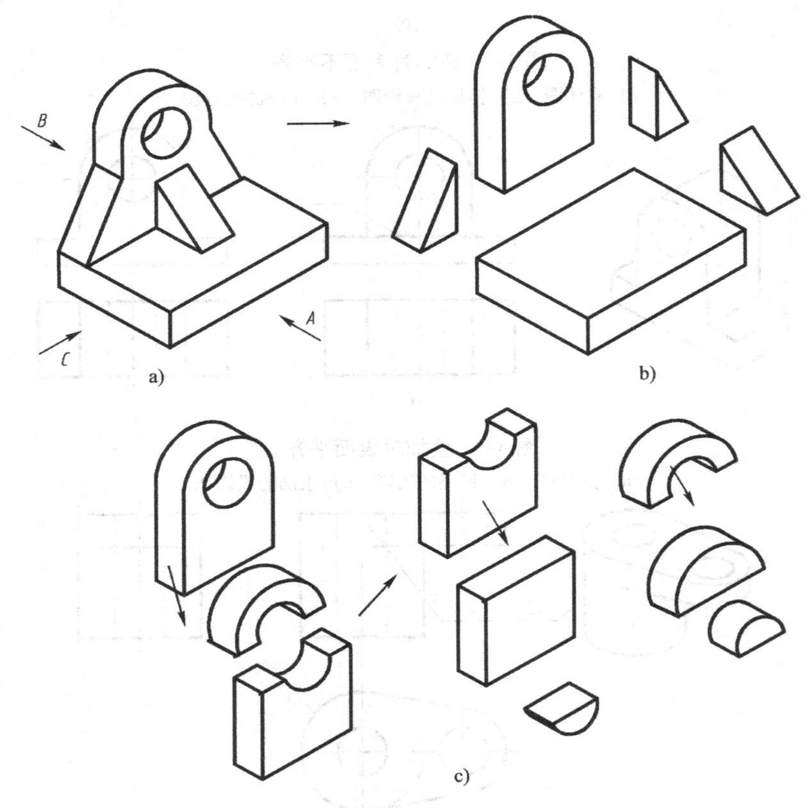

图 5-5　组合体的形体分析

a）立体图　b）组合体形体分析　c）基本形体分析

二、确定组合体安放位置

确定组合体安放位置，就是要考虑组合体对三个投影面处于怎样的位置。由于 *V* 面投影是三个投影中最主要的投影，因此在确定 *V* 面投影时，要以反映物体形状特征最多的方向作为 *V* 面投影的投影方向。为了看图和作图方便，在放置物体时，应将物体放置成正常位置，且使它的主要面与投影面平行或垂直。同时，应尽可能减少各投影中的不可见轮廓线。以图 5-5 所示的组合体为例，经对比分析后，应以 *A* 方向作为 *V* 面投影的投影方向。

三、确定投影数量

确定投影数量，就是要确定画几个投影图就可把形体各部分特征反映清楚。在保证能完整清晰地表达出形体各部分形状和位置的前提下，投影图的数量应尽可能减少。图 5-5 所示的组合体，只需三个投影就能把形体反映清楚。

四、画图步骤

（1）选比例、定图幅　按选定的比例，根据组合体的长、宽、高计算出三个投影图所占的面积，并在投影图之间留出标注尺寸的位置和适当的间距，据此选用合适的标准图幅。

（2）布图、画基准线　先固定好图纸，然后根据各投影图的大小，合理布置各投影图的位置，画出基准线。这里的基准线是指画图的基准线，即画图时测量尺寸的基准，每个投影有两条基准线，一般以物体的对称中心线、轴线、较大的平面等作为基准线（图 5-6a）。

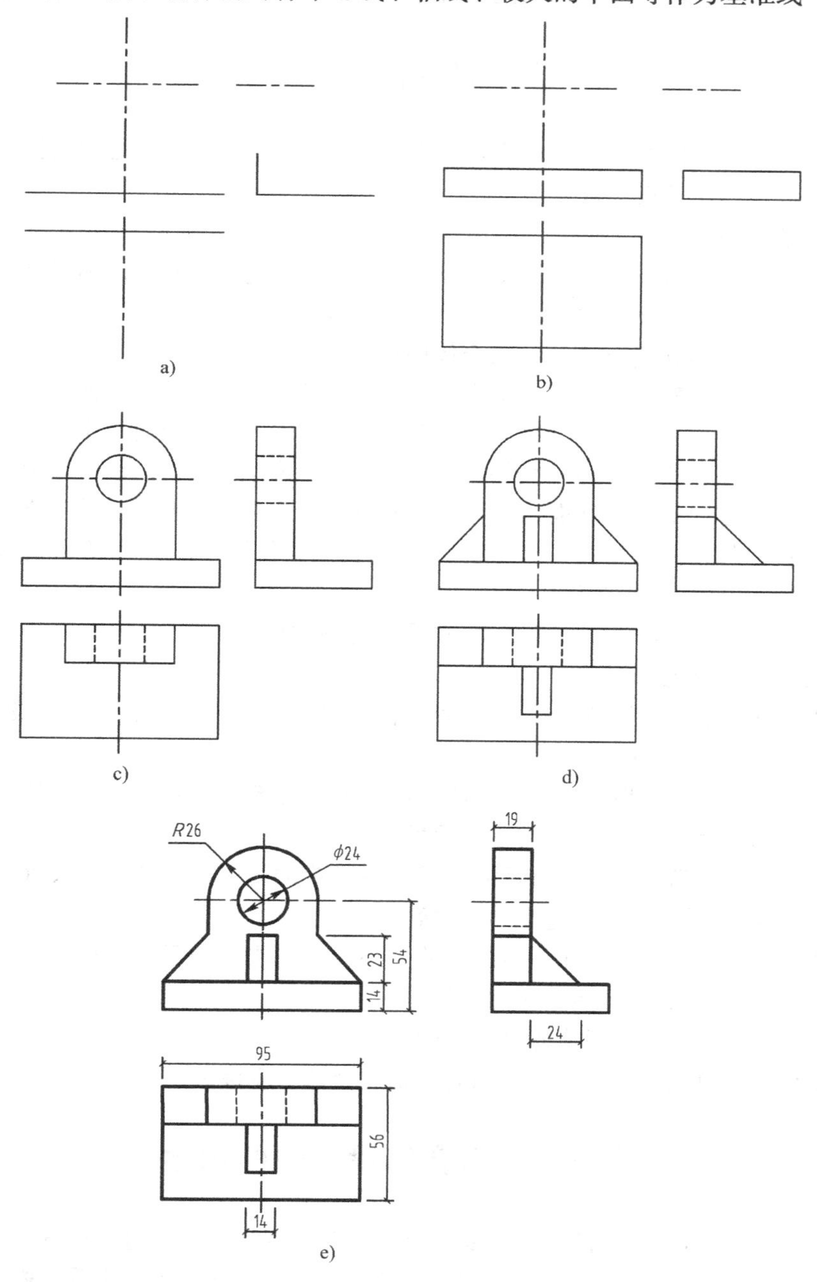

图 5-6　组合体投影的画图步骤

(3) 逐个画出各基本体的投影图，完成底稿　对于各基本体，一般先从反映实形的投影图开始画。画形体的顺序为：一般先大（大形体）后小（小形体）；先实（实形体）后空（挖去的形体）；先轮廓后细节，三个投影图应联系起来画（图5-6b、d）。

(4) 检查、描深　底稿画完后，逐个检查基本体，按标准图线描深（图5-6e）。

(5) 标注尺寸　图样上必须标注尺寸。

(6) 全面检查　最后再进行一次全面检查。

第三节　组合体的尺寸标注

投影图只能表达物体的形状，它的大小和各部分之间的相对位置必须由标注的尺寸来确定。因此，正确标注尺寸极为重要。

一、尺寸的种类

从形体分析出发，可将组合体的尺寸分为定形尺寸、定位尺寸、总体尺寸。

(1) 定形尺寸　确定各基本体大小、形状的尺寸。

(2) 定位尺寸　确定各基本体在组合体中相对位置的尺寸。

标注定位尺寸时，应首先选择好尺寸基准。尺寸基准就是标注尺寸的起点。组合体是一具有长、宽、高三个方向尺寸的空间形体，因此每个方向上至少要有一个尺寸基准，一般选较大的平面、对称面、曲面体的轴线等作为尺寸基准，标注其定位尺寸。如图5-6e中以底板的下端面为高度方向的尺寸基准，以组合体的对称面为长度方向的尺寸基准，以底板的后端面为宽度方向的尺寸基准，其中的尺寸54为圆孔的定位尺寸，$\phi 24$、$R26$为立板孔、倒圆的定形尺寸，56、95为底板的定形尺寸。

(3) 总体尺寸　表示组合体的总长、总宽、总高的尺寸。

二、标注尺寸的注意事项

在标注尺寸时，除了完整之外，还要使所标的尺寸清晰、排列整齐、方便看图。因此，标注尺寸时应注意以下几点：

1) 为方便看图，一般将尺寸集中标注在最能反映各部分形状特征的投影上；圆柱和圆锥的定形尺寸和定位尺寸应集中标注在非圆投影上。

2) 为使投影图清晰，一般应将尺寸注写在图形轮廓线之外，若所引尺寸界线太长或多次与图线交叉，可注写在图形内适当的空白处。

3) 为使尺寸排列整齐，互相平行的尺寸应小尺寸在内，大尺寸在外，以免尺寸线与尺寸界线相交，各尺寸线之间的间隔应大致相等。

4) 确定回转体的位置一般应先确定它的轴线。

5) 截交线与相贯线以及两表面相切时的切点处都不应该标注尺寸。

第四节　组合体投影图的识读

读图和画图是学习本课程的两个重要环节，画图是将空间形体运用正投影原理画在图纸上，读图是根据给出的投影图想象形体的空间形状和大小，这是密切联系、相互提高的两个过程。要做到迅速、准确地读懂图样，需要在掌握读图基本方法的基础上，多进行读图训练，不断提高读图能力。

一、读图的基本知识

1. 明确投影图中的线条、线框的含义

看图时应根据正投影法原理，正确分析投影图中的各种图线、线框的含义，这里的线框指的是投影图中由图线围成的封闭图形。

1）投影图中的点，可能是一个点的投影，也可能是一条直线的投影。

2）投影图中的线（包括直线和曲线），可能是一条线的投影，也可能是一个具有积聚性投影的面的投影。如图5-7a中的2表示的是半圆柱面和四边形平面的交线，1表示的是半圆孔的积聚性投影，3表示的是正平面图形，5表示的是一个半圆孔面。

3）投影图中的封闭线框，可能是一个平面或者曲面的投影，也可能是一个平面和一个曲面构成的光滑过渡面，如图5-7b中4表示的是一个四边形水平面，6表示的是圆弧面和四边形构成的光滑过渡面。

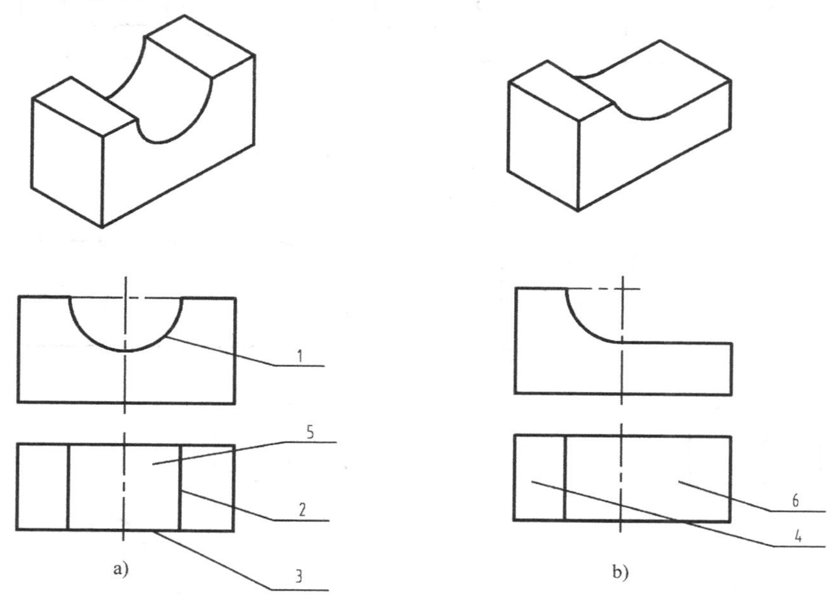

图5-7 组合体中的图线和线框

4）封闭线框中的封闭线框，可能是凸出来或凹进去的一个平面，或是穿了一个通孔，要区分清楚它们之间前后高低或相交等相互位置关系。如图5-8中小的封闭线框，在图5-8a中表示的是凹进去的一个平面，在图5-8b表示的是凸出来的一个平面，在图5-8c中表示的是穿了一个通孔。

2. 读图的注意点

（1）要把几个投影图联系起来看　通常一个投影图不能确定形体的形状和相邻表面之间的相互位置关系，如图5-8中物体的H面投影均相同，但表示的不是同一个形体。有时，两个投影图也不能确定唯一一个形体，如图5-9中物体的H面投影和V面投影均相同，但W面投影不同，则表达的形体不相同。由此可见，必须把几个投影图联系起来看，反复对照，切忌只看了一个投影图就下结论。

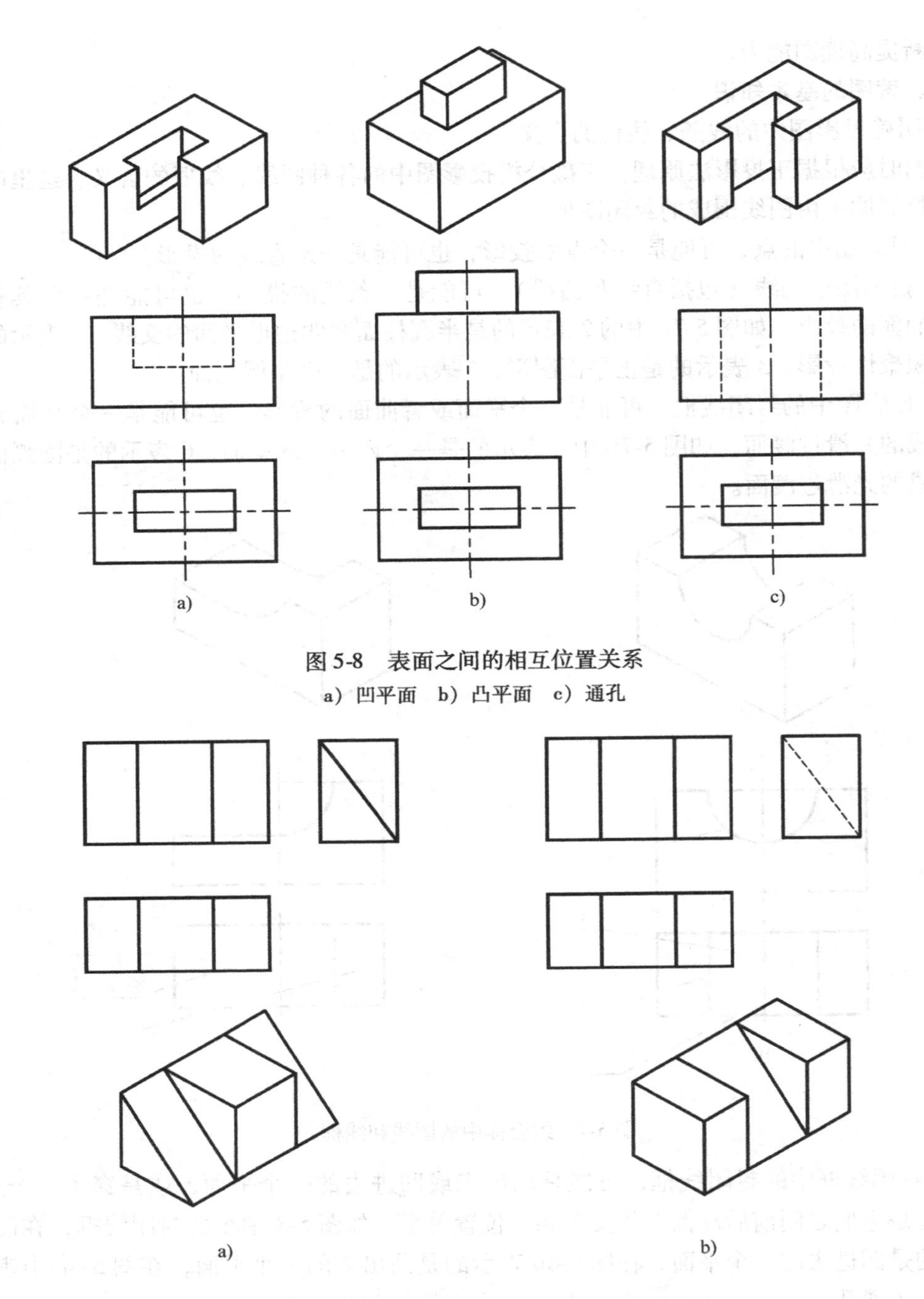

图 5-8　表面之间的相互位置关系

a）凹平面　b）凸平面　c）通孔

图 5-9　两个投影图不能确定唯一一个形体

（2）要从反映形状特征的投影图开始看起　读图时一般从 V 面投影看起，了解形体的大部分特征，这样识别形体就容易了。根据正投影规律，弄清楚各投影之间的投影关系，将几个投影图结合起来，识别形体的具体形状。

二、读图的方法和步骤

（一）形体分析法

画图时运用形体分析法画出组合体的投影图，读图时也要应用形体分析法，按照三面投影的投影规律，从图上逐个识别出构成组合体的每一部分，进而确定它们之间的组合方式和相邻表面之间的相互位置，最后综合想象出组合体的完整形状。

下面以图 5-6 所示的组合体为例，说明运用形体分析法看图的具体步骤。

1. 认识投影、抓特征

根据给出的投影图，分析清楚每个投影图的投射方向，找出反映形体特征最多的投影图，一般情况下，*V* 面投影即为特征投影图。如图 5-6 中，*V* 面投影反映形体的形状和相互位置比较多，为特征投影图。

2. 分出线框、对投影

利用形体分析法，从 *V* 面投影看起，将形体按线框分解成几个部分，把每一部分的其他投影，根据“长对正、宽相等、高平齐”的正投影规律，借助直尺、三角板、分规等绘图工具找出来。

3. 认识形体、定位置

根据区分出的每一部分的投影，确定各部分的形状、大小以及它们之间的相互位置。

4. 综合起来、想整体

经过以上几个步骤，形体每一部分的形状、大小及相互位置均清楚了，按照它们之间的相互位置，最终想象出整个形体，如图 5-5a 所示。

（二）线面分析法

对于一些比较复杂的形体，尤其是切割型的形体，在形体分析的基础上，还要借助线、面的投影特点进行投影分析，如分析组合体的表面形状、表面交线，以及它们之间的相对位置，最后确定组合体的具体形状，这种方法称为线面分析法。

在进行线面分析时，要善于利用线面的真实性、积聚性、类似性的投影特性读图。一个线框一般情况下表示一个面，如果它表示一个平面，那么在其他投影图中就能找到该平面的类似形投影；若找不到，则它一定是积聚成一直线。图 5-10a 中的平面 P、Q、R 就反映了这种投影特性，图 5-10b 中有一线框 p'，在 W 面投影中能找到对应的类似形 p''，在 H 面投影中找不到对应的类似形，则它在 H 面投影中积聚为一直线 p，平面 P 为铅垂面。在 H 面投

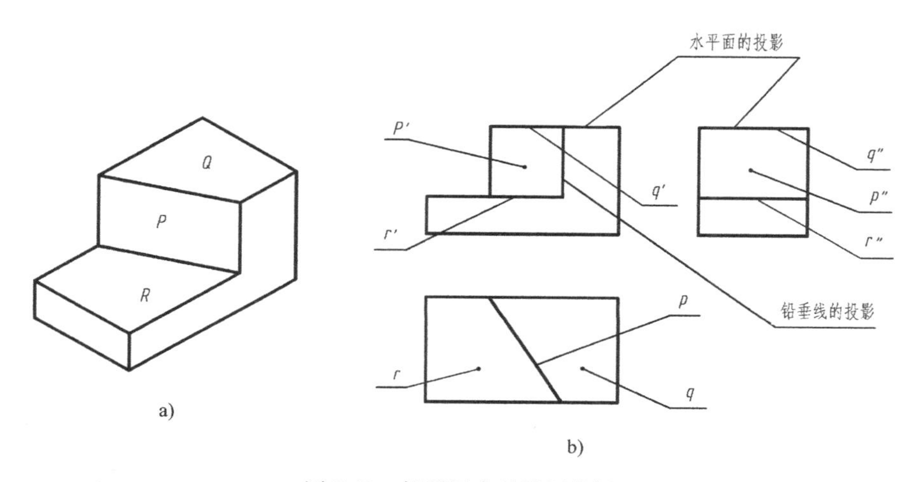

图 5-10 投影图中的线框分析

a）立体图 b）投影图

影中有两线框 q、r，在 V 面投影和 W 面投影中都找不到对应的类似形，这两个平面在 V 面投影和 W 面投影中分别积聚为一直线 q'、r' 和 q''、r''，很明显，这两个平面为水平面。

在分析投影图中的直线时，要联系其他投影图中的对应投影来确定。如图 5-10 中，V 面投影中的直线对应不同的 H 面投影和 W 面投影就表示不同的含义。

思考题与习题

5-1　什么是组合体？组合体的组成方式有哪几种？

5-2　什么是形体分析法？如何利用形体分析法画组合体的三面投影？

5-3　什么是线面分析法？它用在什么地方？

5-4　如何利用形体分析法识读组合体？

第六章　展　开　图

把围成形体的表面按实际尺寸依次展开，画在一个平面上，立体表面展开后所得到的平面图形称为展开图（图6-1）。在施工生产中，常会遇到一些由薄板材料制成的设备和管件要求画出展开图。正确合理地画出形体的展开图，对提高产品的质量、节约材料、缩小焊缝都有很大意义。

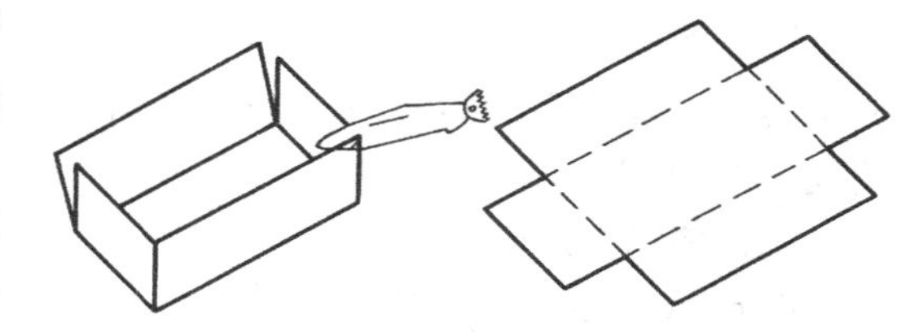

图6-1　方箱形体的展开

这里所讲的板材制品的展开图作法，既不计算板材的厚度，也不含接缝处需增加的余量，如需考虑厚度及焊缝余量可查阅有关资料。较简单的形体可以直接量取形体的表面尺寸，画出展开图（下料图）。对于复杂的形体，必须用展开作图法。常用的展开作图法有：平行线法、放射线法、三角形法等。使用哪种方法作图，要视形体表面形状而定。

形体的表面可分为可展开面和不可展开面。

第一节　平面体表面的展开

平面体为可展开面。平面体的各个表面都是平面多边形，这些平面多边形在展开图上应当是实形。所以，作平面体的展开图，也就是求该平面体各表面的实形。

一、棱柱管的展开

图6-2a 所示为三棱柱管投影图。三棱柱管的各个棱面都是矩形，而且三棱柱棱面垂直于 H 面。所以，各棱面都是铅垂面，各棱线都是铅垂线，在 V 面投影中都反映实长，三棱柱管上下底是水平面，三个边在 H 面上的投影都反映实长，其展开图（图6-2b）的作法如下：

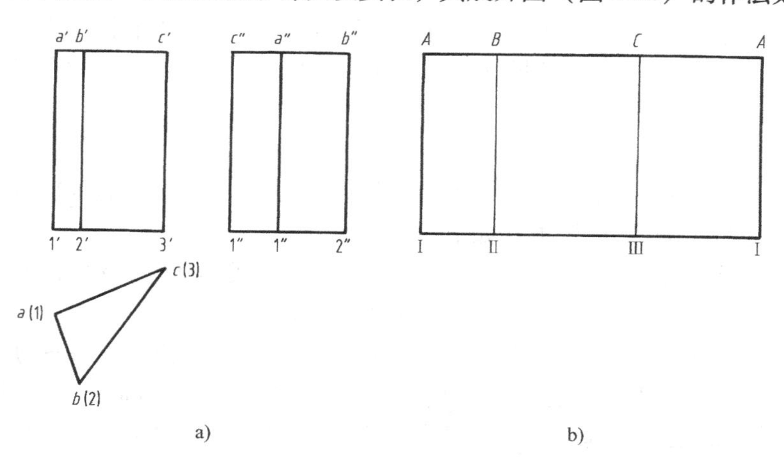

图6-2　三棱柱管的展开

a）投影图　b）展开图

1）在作图平面上找一恰当的点Ⅰ，将棱柱管底面三角形的三条边展成一条直线。

2）过Ⅰ、Ⅱ、Ⅲ、Ⅰ各点作垂线并截取与棱柱管高度相等的线段，得到A、B、C、A各点。连接A、B、C、A各点。所得到的封闭图形即为三棱柱管的展开图。

展开图的四周轮廓线一般画成粗实线，各棱面的转折线（即棱线）画成细实线。

二、斜口矩形管接头的展开

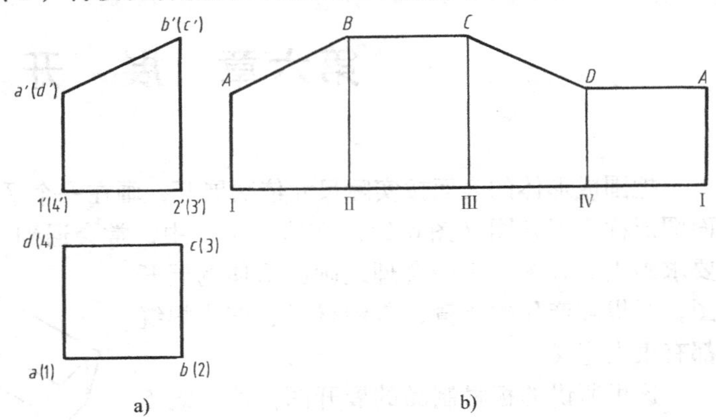

图6-3　斜口矩形管接头的展开
a）投影图　b）展开图

图6-3a所示为正四棱柱管被一倾斜的截平面所截断（斜口矩形管）的投影图，它的棱面形状有长方形和梯形的，其表面展开图（图6-3b）的作法如下：

1）将斜口矩形管四条底边展开成一条直线Ⅰ、Ⅱ、Ⅲ、Ⅳ、Ⅰ。

2）在Ⅰ、Ⅱ、Ⅲ、Ⅳ、Ⅰ各点作垂线，并量取各棱线被截断后的高度，使AⅠ$=a'1'$、BⅡ$=b'2'$、CⅢ$=c'3'$、DⅣ$=d'4'$，将A、B、C、D、A相邻点用直线连接起来构成封闭的多边形即为展开图。

第二节　可展曲面体表面的展开

曲面体中属于可展开面的有圆柱体和圆锥体等。

一、圆管的展开

1. 平口圆管的展开

图6-4a所示为平口圆管投影图，即不含上下底的圆柱外表面。展开图为一矩形。其展开图（图6-4b）的作法为：分别以圆的周长及圆柱高为矩形的两个相邻边作图，得到的图形就是展开图。在实际生产中，下料时应考虑圆柱展开时的起始位置，以便节省材料达到工艺要求。

2. 斜口圆管的展开

图6-5a所示为斜口圆管的投影图，即圆管被倾斜的平面（即正垂面）截断后形体的投影。其展开图（图6-5b）的作图方法如下：

1）在水平投影的圆上作十二等分点1、2、…、12（或其他等分数），并过各点向上作垂线，在圆管的V面投影上作出相应的素线（图6-5a）。

2）将圆周展开成一直线，其长度为$2\pi R$，并十二等分该线段，过各等分点作垂线（即圆管表面素线），再在各垂线上量取圆周等分点上的素线被截断的高度，如AⅠ$=a'1'$，BⅡ$=b'2'$,…。由于截平面是V面垂直面，所以圆管表面各素线前后对称，故斜口圆管的展开图左右对称。

3）用曲线板光滑地连接A、B、C、…、A各点，即得到斜口圆管的展开图。

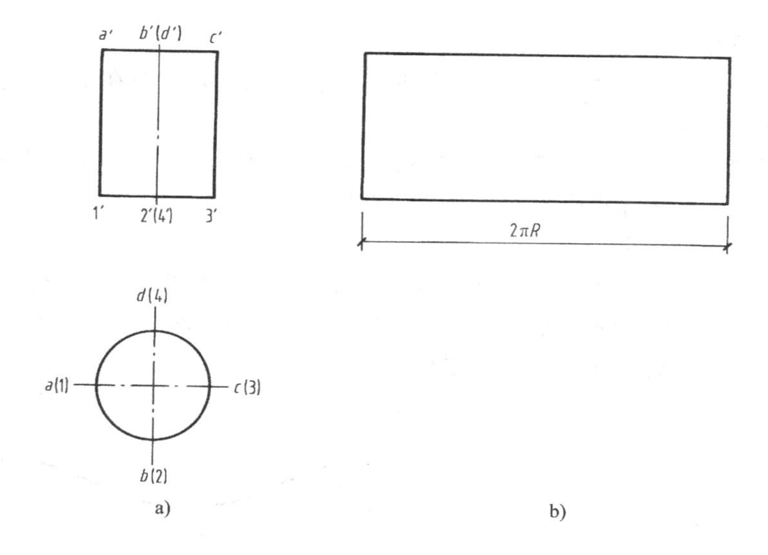

图 6-4　平口圆管的展开

a）投影图　b）展开图

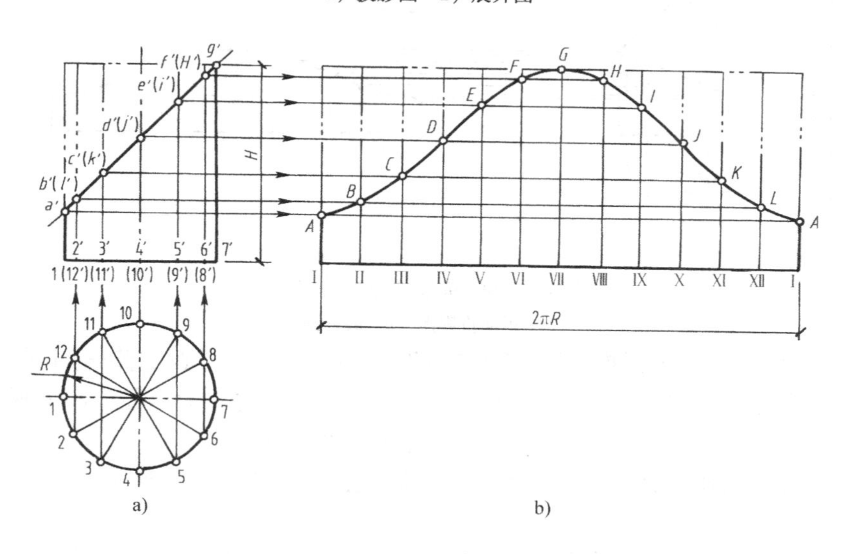

图 6-5　斜口圆管的展开

a）投影图　b）展开图

3. 90°单节虾壳弯的展开

在施工安装中，有些管道由于压力低、温度不高、管壁薄，转弯时的弯曲半径又比较小，常采用虾壳弯。虾壳弯是由若干个带有斜截面的直圆柱管段构成。组成的节一般为两个端节和若干个中节，端节为中节的一半，虾壳弯一般采用单节、两节或三节以上的节数组成（这里指的是中节数）。节数越多，弯头越顺，对介质的阻力越小。虾壳弯的弯曲半径 R 同煨弯而成的弯管中心线的半径相仿，其计算公式为

$$R = mD$$

式中　R——弯曲半径；

D——管外径；

m——所需的倍数。由于虾壳弯的弯曲半径小，所以 m 一般在 1～3 的范围内，最常用的是 1.5～2。

（1）投影图的画法　在实际施工中，是根据施工图来画展开图的。由于施工图尺寸小，也不可能很精确，所以应先作投影图。90°单节虾壳弯正面投影图（图 6-6a）的画法步骤如下：

1）在左侧作 $\angle xOz=90°$ 坐标系。

2）因为整个弯管由一个中节和两个端节组成，因此，端节的中心角为 90°/4＝22.5°，作图时先将 90°的 $\angle xOz$ 平分成两个 45°角，再将 45°角平分成两个 22.5°角。

3）作出到 O 点距离为 R 的轴线（图 6-6a 中的单点长画线）。

4）作出以轴线对称、直径为 D 的虾壳弯的正面投影图（图 6-6a 中粗实线所示部分）。

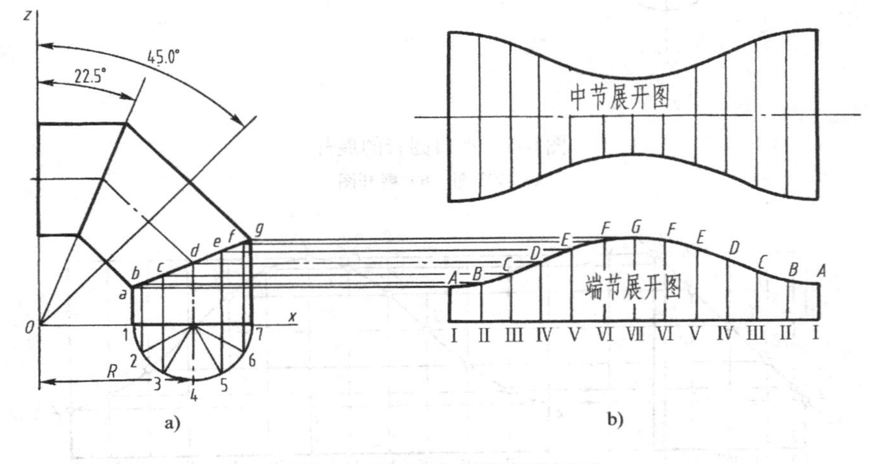

图 6-6　90°单节虾壳弯的展开

a）正面投影图　b）展开图

（2）展开图的画法　根据投影图，90°单节虾壳弯的展开图的画法步骤如下：

1）以弯管中心线与 Ox 的交点为圆心，以管外径的二分之一为半径，向下画半圆并六等分这半个圆周，各等分点为 1、2、3、4、5、6、7（图 6-6a）。

2）通过各等分点作垂直于 Ox 的直线，与端节上部投影线相交于 a、b、c、d、e、f、g 各点。

3）展开端节，在图右 Ox 延长线上画直线Ⅰ-Ⅰ，使Ⅰ-Ⅰ长等于弯管外径的周长，并十二等分，自左至右等分点的顺序标号是Ⅰ、Ⅱ、Ⅲ、Ⅳ、Ⅴ、Ⅵ、Ⅶ、Ⅵ、Ⅴ、Ⅳ、Ⅲ、Ⅱ、Ⅰ，通过各等分点作Ⅰ-Ⅰ的垂线（图 6-6b）。

4）分别以 a、b、c、d、e、f、g 为起点向右（平行于 Ox）连线交各垂线于点 A、B、C、D、E、F、G、F、E、D、C、B、A，将所得的各交点用光滑曲线连接起来，所得到的封闭图形就是端节的展开图（图 6-6b）。

中节展开图上半部分与端节展开图形状相同，下半部分与上半部分对称（图 6-6b）。

二、圆锥体表面的展开

1. 圆锥面的展开

图 6-7a 所示为正圆锥投影图。正圆锥面的展开图（图 6-7b）为扇形。它是以圆锥素线的实长 L 为半径作一圆弧，弧长等于圆锥底圆的周长 $2\pi R$，其圆心角 $\alpha=360°R/L$（R 为圆

锥底圆半径）。

也可采用计算的方法计算出圆心角 α，在以素线实长 L 为半径所作的圆弧上量出圆心角 α，此扇形即为展开图。由于计算法较为方便，所以首选用计算的方法计算出圆心角 α。

2. 斜口正圆锥管的展开

图6-8a所示为斜口正圆锥管的投影图，是由正圆锥被一倾斜平面截断形成的。其锥面展开图（图6-8b）的作法步骤如下：

1）十二等分（或其他等分数）圆锥底面的圆周，定出十二等分点1、2、…、12，并在其 V 面投影中作出相应的锥面素线（图6-8a）。

2）作出正圆锥面的展开图，画出各等分点的素线。

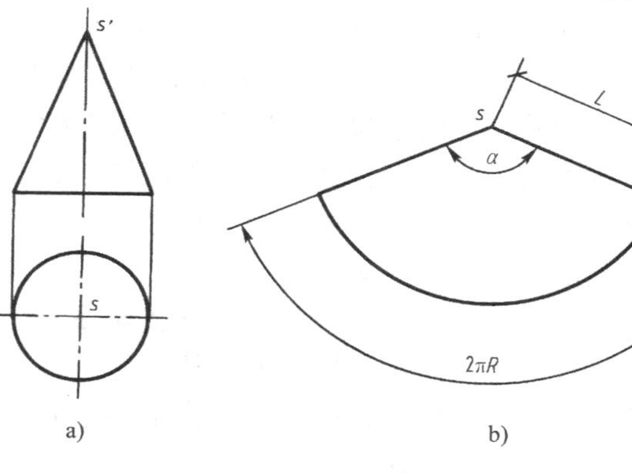

图6-7　圆锥面的展开
a）投影图　b）展开图

3）量取锥面各素线被截去部分的长度，由于正圆锥的最左和最右两条素线的 V 面投影反映实长，SA 和 SG 可直接从圆锥的 V 面投影中量得，其余各条素线被截去部分的真长可用旋转法求作（图中未将截面的 H 面投影画出），例如 SB，可在其 V 面投影中过 b' 点作水平线，与 $s'1'$ 相交得 b_1，此 $s'b_1$ 即为素线 SⅡ被截去部分的真长，在展开图中量取 $SB=s'b_1$，得点 B，又由于图6-8中的截平面是 V 面垂直面，锥面各素线前后对称，SL 与 SB 相等，又可得到点 L，用同样的方法再求出其余各点 C、D、E、F 和 H、I、J、K。

4）用曲线板光滑地连接上述各点，即得斜口正圆锥管的展开图（图6-8b）。

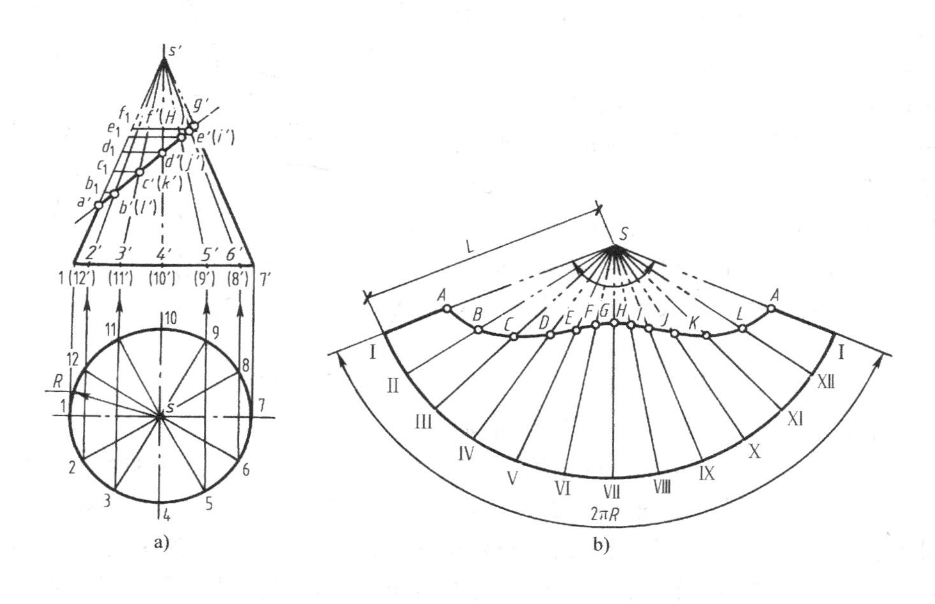

图6-8　斜口正圆锥管的展开
a）投影图　b）展开图

第三节　球面的近似展开

当需要展开不可展曲面时，可假想将其划分成若干小块，每个小块用与其相近似的可展曲面代替，然后连续展开这些可展曲面，便可画出不可展曲面的近似展开图；也可假想将其划分成若干与其接近的小块平面图形，顺次连续拼接这些平面图形的实形，从而作出不可展曲面的近似展开图。现以近似展开球面为例，说明不可展开曲面的近似展开图画法。

如图6-9a所示，过球心的铅垂轴线将球面分割成若干等份，球面为不可展曲面，从理论上和实际上都是不可展开的，因而只能在作了某些假设的前提下进行近似展开。

例如，用图6-9b所示的外切于球面的一块圆柱面来近似地代替这块等分球面，这块圆柱面可展开成一个柳叶形的平面图形，近似地作为一块等分球面的展开图。显然可见，两者之间是有差异的，但若分块较多，就可近似。

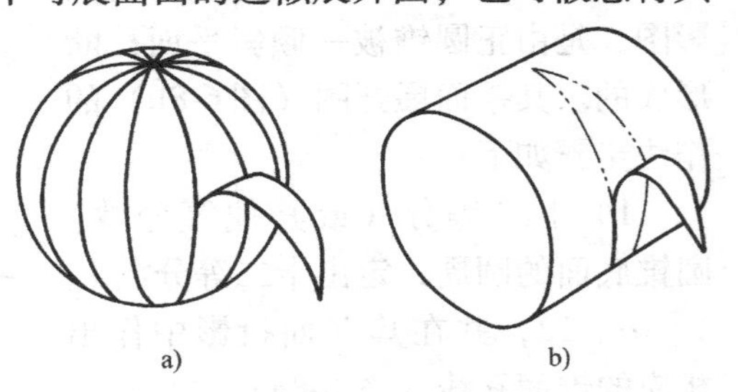

图6-9　球面的近似展开的示意图

a）假想将球面的等分展开成柳叶形片面图形

b）用外切柱面近似地代替这块等分球面

图6-10a所示为直径为D的球面的两面投影，其近似展开图的作法步骤如下：

假想通过球面的铅垂轴作一些截平面，把球面截割成若干相等的分块，如图中分成八个分块，只要展开其中一个分块，就能作出球面的近似展开图。以正右侧分块为例，这个分块是用通过铅垂轴MN且球面的前后对称面分别成夹角22.5°的两个铅垂面切割所获得的。作与球面相切于正平大圆的正垂圆柱面，仍用上述两个铅垂面截切圆柱面，用截到的一块圆柱面来代替这块球面，作出这块圆柱面的展开图，如图6-10b所示。同样下料八块，都同样弯曲成直径为D的八块圆柱面，就可焊接成近似球面。显然可见，如等分的分块越多，则焊接成的曲面越接近球面。

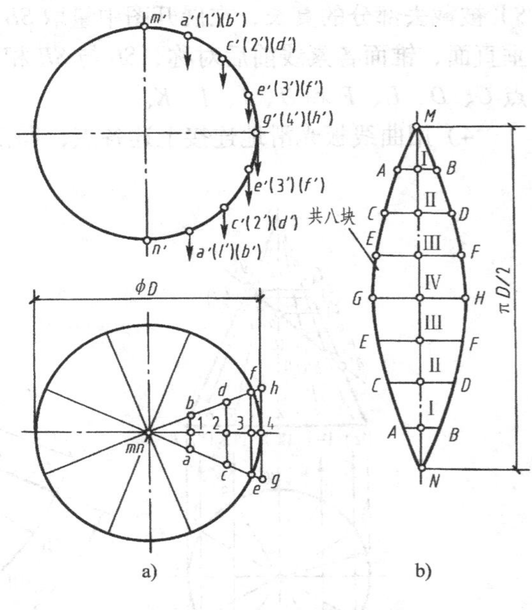

图6-10　作球面的近似展开图

a）两面投影和作图过程　b）近似展开图

这块球面的近似展开图的作图过程为：

1）如图6-10a所示，将球面用过铅垂轴MN的铅垂面等分成八块，取出正右边的一块，作外切于球面的正平大圆的正垂圆柱面，也取出用与球面分块相同的截平面所截出的一块外切柱面，近似地将它作为这块球面。将球面与柱面相切的正平大圆的右半圆从M到N进行八等分，定出分点Ⅰ、Ⅱ、Ⅲ、Ⅳ、Ⅲ、Ⅱ、Ⅰ，在这块柱面上画出过各分点的素线AB、CD、EF、GH、EF、CD、AB，它们都是正垂线，V面投影积聚成一点，H面投影反映实长。

2）如图 6-10b 所示，任作一铅垂线，从上向下顺序量取图 6-10a 中正平大圆上各分点之间的弦长，得 M、Ⅰ、Ⅱ、Ⅲ、Ⅳ、Ⅲ、Ⅱ、Ⅰ、N 各点，过Ⅰ、Ⅱ、Ⅲ、Ⅳ各点作水平线，向两侧得 A、B、C、D、E、F、G、H 各点（$AB=ab$、$CD=cd$、$\cdots GH=gh$），用曲线分别光滑连接 M、A、C、E、G、E、C、A、N 以及 M、B、D、F、H、F、D、B、N 各点，便得到一块球面的近似展开图。

思考题与习题

6-1　什么是立体表面的展开？画展开图的实质是什么？画图时应注意哪些问题？

6-2　怎样求作平面立体及其截断后表面的展开图？

6-3　怎样求作曲面立体及其截断后表面的展开图？

6-4　怎样求作不可展曲面的近似展开图？

6-5　试画出直径 $D=50$mm、弯曲半径 $R=1.2D$ 的 90°两节虾壳弯的展开图。

第七章 轴测投影图

三面投影图能完整准确地表示形体的形状和大小，而且作图简便、度量性好，所以在工程中被广泛采用，但这种图不直观，要有一定的读图能力才能看懂。如图 7-1a 所示为一台阶的投影图，由于每个投影只反映出长、宽、高三个方向中的两个方向的尺寸，所以缺乏立体感，不容易看懂，如果画出它的轴测投影图（图 7-1b），就可以看出轴测投影图能同时反映出物体的长、宽、高三个方向的尺寸，富有一定的立体感，容易看懂，但是轴测投影图存在变形，不能确切地反映物体的形状，作图也比较麻烦。因此，轴测投影图常作为辅助图样，用以帮助阅读正投影图。一些简单的形体，也可以用轴测投影图来代替部分正投影图。

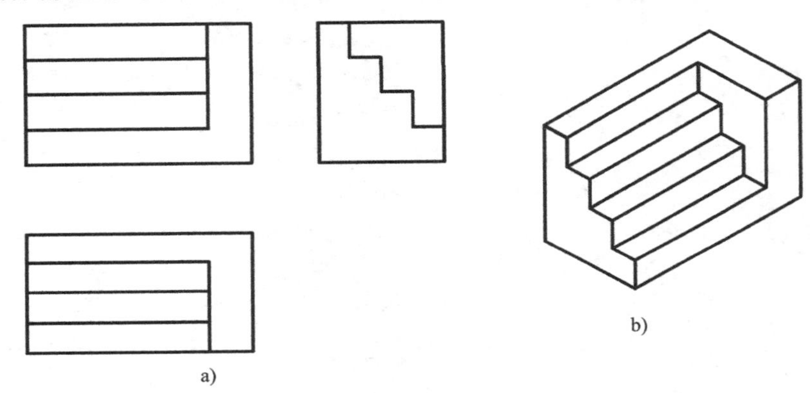

图 7-1 三面投影图与轴测投影图

a）投影图 b）轴测投影图

第一节 轴测投影的基本知识

一、轴测投影图的形成

如图 7-2 所示，将物体（如正方体）和确定它的空间位置的坐标系，用平行投影法沿不平行于任一坐标轴的方向 S 投影到平面 P 上，得到的投影图称为轴测投影图，简称轴测图。平面 P 称为轴测投影面，各坐标轴 OX、OY、OZ 在 P 面上的投影轴称为轴测投影轴，简称轴测轴，用 O_1X_1、O_1Y_1、O_1Z_1 表示，空间 A 点在轴测投影面上的投影称为轴测投影，用 A_1 表示。

二、轴间角和轴向伸缩系数

1. 轴间角

在轴测投影面 P 上，各轴测轴 O_1X_1、O_1Y_1、O_1Z_1 之间的夹角 $\angle X_1O_1Y_1$、$\angle Y_1O_1Z_1$、$\angle X_1O_1Z_1$ 称为轴间角，用轴间角来控制物体轴测投影的形状变化。

2. 轴向伸缩系数

由于坐标轴与轴测投影面成一定的角度，所以在坐标轴上的线段长度投影以后会发生变化。轴测轴方向线段的长度与该线段的实际长度之比称为轴向伸缩系数。用 p、q、r 分别表示 OX、OY、OZ 轴的轴向伸缩系数，则

$$p = O_1X_1/OX,\quad q = O_1Y_1/OY,\quad r = O_1Z_1/OZ$$

可用轴向伸缩系数来控制物体轴测投影的大小变化。

三、轴测投影的基本性质

由于轴测投影所用的是平行投影，所以轴测投影具有平行投影的投影特性，应用这些性质，可使作图简便、迅速。轴测投影的基本性质如下：

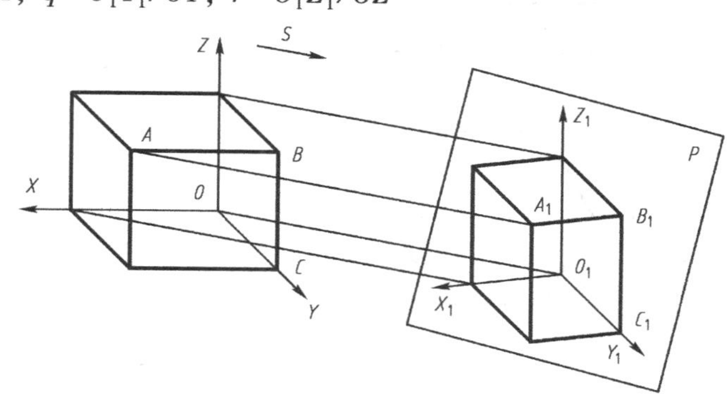

图 7-2　轴测投影图的形成

1）平行于某一坐标轴的空间直线，投影以后平行于相应的轴测轴。如图 7-2 中 BC 平行于 OZ 轴，轴测投影 B_1C_1 平行于 O_1Z_1，线段的轴测投影与线段实长之比等于相应的轴向伸缩系数。

2）空间互相平行的两直线，投影以后仍互相平行。

3）点在直线上，点的轴测投影在直线的轴测投影上。

第二节　正等轴测投影图

一、正等轴测投影的轴向伸缩系数和轴间角

在正等轴测投影中，当把空间三个坐标轴放置成与轴测投影面成相等倾角时，通过几何计算，可以得到各轴的轴向伸缩系数均为 0.82，即 $p = q = r = 0.82$，这时得到的投影就为正等轴测投影。正等轴测投影的三个轴间角相等，都等于 120°。为了作图方便，常将轴向伸缩系数进行简化，取 $p = q = r = 1$，称为轴向简化系数，如图 7-3 所示。采用简化系数画出的图称为正等轴测投影图，简称正等测图。在轴向尺寸上，正等测图较形体原来的真实轴测投影放大 1.22 倍，但不影响物体的形状。

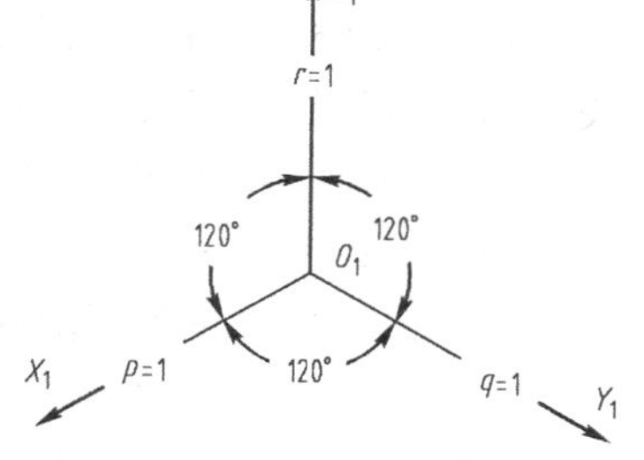

图 7-3　正等轴测图的轴测轴和轴向变形系数

二、平面立体正等测图的画法

给定物体的三面投影画其轴测图时，应先根据形体的具体形状，在投影图中设定好直角坐标系，即选好 X 轴、Y 轴、Z 轴，然后量出各点的坐标，作出轴测轴，根据轴向伸缩系数画出各点的轴测图，从而作出轴测图，这种方法称为坐标法，是画平面立体轴测图的基本方法。一般选择物体的对称面作为一坐标轴，对称中心点作为坐标轴的原点。

【例 7-1】　如图 7-4a 所示，已知正六棱柱的正面投影和水平投影，试作其正等测图。

作图步骤：

1）在投影图中选择坐标轴 OX、OY、OZ（图 7-4a）。

2）作轴测轴 O_1X_1、O_1Y_1、O_1Z_1（图 7-4b）。

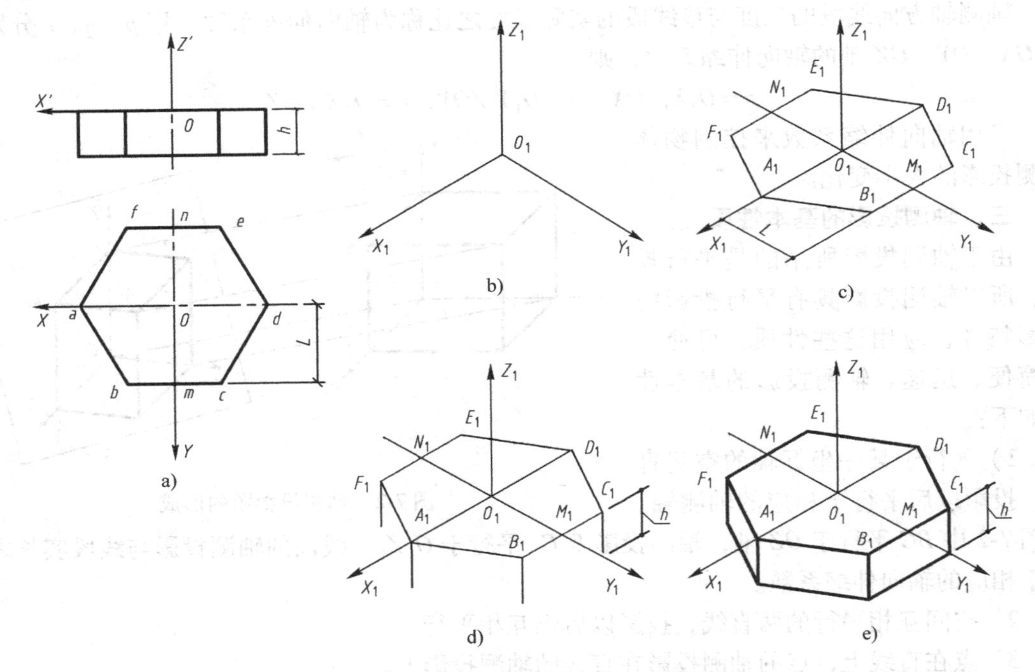

图 7-4　正六棱柱的正等测图的画图步骤

a）已知投影图　b）作轴测轴　c）画上底面　d）画侧棱（竖高度）　e）完成全图

3）作上底面。在 O_1X_1 上量取 $O_1A_1=O_1D_1=oa$，得 A_1、D_1，在 O_1Y_1 上量取 $O_1M_1=O_1N_1=Om=L$，得 M_1、N_1，过 M_1、N_1 两点作 O_1X_1 的平行线 B_1C_1、E_1F_1，并量取 $M_1B_1=M_1C_1=mb$、$N_1E_1=N_1F_1=nf$，得 B_1、C_1、E_1、F_1，顺次连接 A_1、B_1、C_1、D_1、E_1、F_1，得上底面的轴测图（图 7-4c）。

4）作侧棱。过上底面各顶点作平行于 O_1Z_1 的直线，并向下量取六棱柱高 h，得各侧棱，画出可见的侧棱（图 7-4d）。

5）作下底面。作出可见的下底面各边。

6）描深，完成全图（图 7-4e）。

三、曲面立体正等测图的画法

（一）坐标面或平行于坐标面的平面上的圆的投影

坐标面或平行于坐标面的平面上的圆，其正等轴测投影为椭圆，通过几何分析证明可以得出：投影椭圆的长轴方向垂直于不属于此坐标面的第三根轴的轴测投影，长轴的长度等于圆的直径 d，短轴方向平行于不属于此坐标面的第三根轴，其长度等于 $0.58d$。按简化的轴向伸缩系数作图，椭圆的长轴长度为 $1.22d$，短轴为 $0.7d$，如图 7-5 所示。知道了长短轴的长度和方向以后，就可以采用四心近似法或菱形法画椭圆。

下面以菱形法为例说明水平圆的正等测图的画法。

1）过圆心 O 作坐标轴 OX、OY，交圆于 a、b、c、d，如图 7-6a 所示。

2）以 a、b、c、d 为切点，作圆的外切正方形。

3）画轴测轴 O_1X_1、O_1Y_1，并画切点及外切正方形的轴测图——菱形，如图 7-6b 所示。

4）过切点分别作菱形各边的垂线，得四个交点 O_2、O_3、O_4、O_5 如图 7-6c 所示。

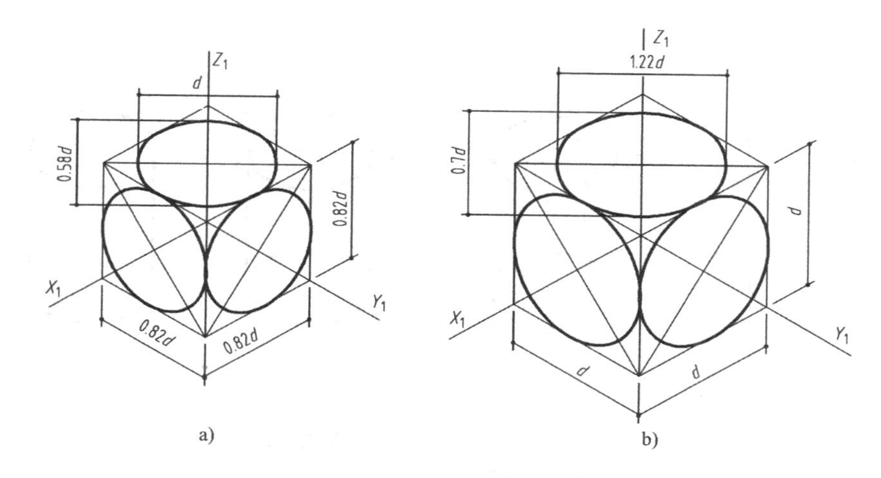

图 7-5　平行于各坐标面圆的正等测投影和正等测图

a）圆的正等测投影图　b）采用简化系数后圆的正等测图

5）分别以交点 O_2、O_3 为圆心作圆弧$\overset{\frown}{C_1D_1}$、$\overset{\frown}{A_1B_1}$，以 O_4、O_5 为圆心作圆弧$\overset{\frown}{A_1D_1}$、$\overset{\frown}{B_1C_1}$，如图 7-6d 所示。

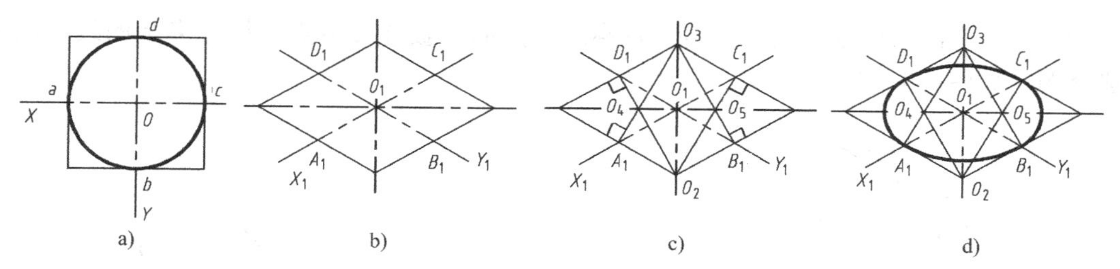

图 7-6　正等测椭圆的近似画法（菱形法）

a）作圆的外切正方形　b）画菱形　c）找圆心　d）画近似椭圆

同理可作出正平圆和侧平圆的正等测图。

（二）几种曲面立体正等测图的画法

1. 圆柱正等测图的画法

根据图 7-7 所示圆柱的两面投影作其正等测图。作图步骤如下：

1）在投影图上作坐标轴 OX、OY、OZ，如图 7-7a 所示。

2）作轴测轴，用菱形法画上底面的轴测图。

3）将上底面四段连接圆弧的圆心向下平移圆柱的高度，作出四段圆弧，即为下底面的轴测图，如图 7-7b 所示。

4）作两椭圆的外公切线或连接长轴端点，擦去多余的线和不可见的线，加深、完成全图，如图 7-7c、d 所示。

圆锥和圆台的画法类似于圆柱，读者可自行分析其画法。

2. 截切圆柱的正等测图

如图 7-8a 所示，已知截切圆柱的投影图，试作它的正等测图。

作图步骤：

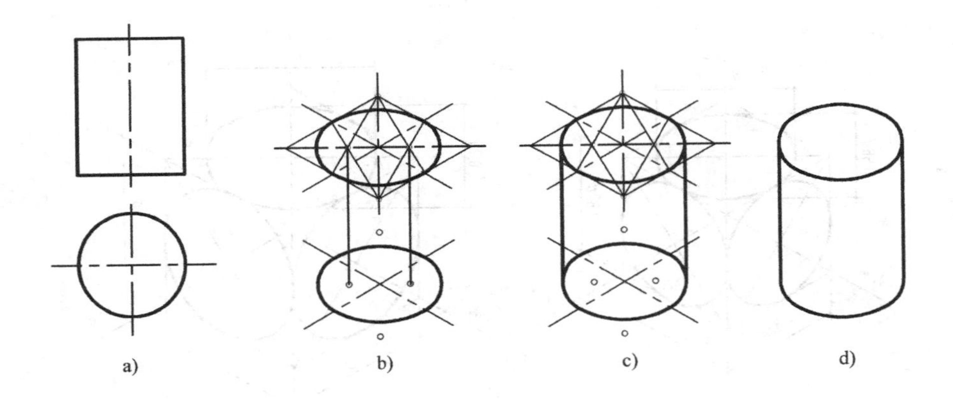

图 7-7　圆柱正等测图的画法

a）投影图　b）画上下底圆的正等测图　c）画两椭圆的外公切线　d）完成全图

（1）画圆柱的下底面　确定圆心后，作中心线分别平行于轴测轴，画外切菱形，如图7-8b 所示。

（2）画截平面　根据截交线上点的 X 轴坐标、Y 轴坐标作出各点的轴测图，如图 7-8b、c 所示。

（3）完成全图　画轴测图上的转向轮廓线，用曲线板连接各点，擦去多余的线，加深、完成全图，如图 7-8d 所示。

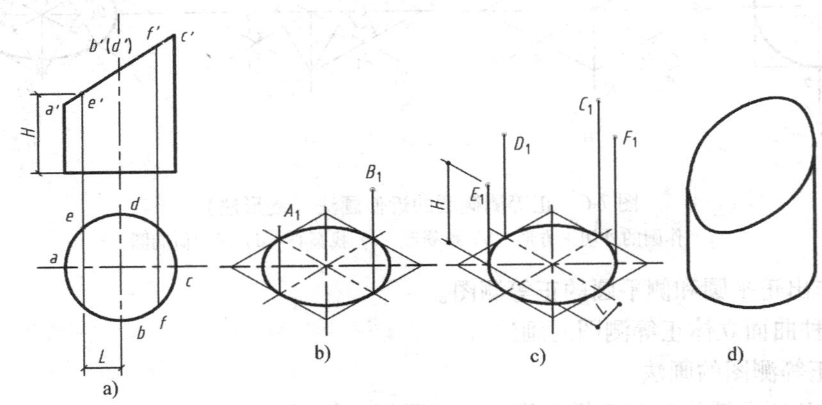

图 7-8　截切圆柱的正等测图作图步骤

a）投影图　b）画底面的轴测图　c）定顶面椭圆上各点

d）画顶面、完成全图

四、组合体正等测图的画法

画组合体的投影图，常用的方法为切割法、叠加法、综合法。对于切割型的物体，先画出未切割的完整形体的轴测图，然后用切割的方法画出其切割的部分，这种方法称为切割法；对于叠加型的物体，逐个形体画出其轴测图，这种方法称为叠加法；对于混合型的物体，可采用以上两种方法画出其轴测图，这种方法称为综合法。

【例 7-2】　根据给出的三面投影，画出其轴测图。

作图步骤：

1）在投影图上作坐标轴 OX、OY、OZ（图 7-9a）。

2）作轴测轴及完整长方体的轴测图（图 7-9b）。

3）根据尺寸 h、g 切去前上角的一块长方体（图 7-9c）。

4）根据尺寸 c、d、e 切去中间的一块长方体（图 7-9d）。

5）擦去多余的图线，加深，完成全图（图 7-9e）。

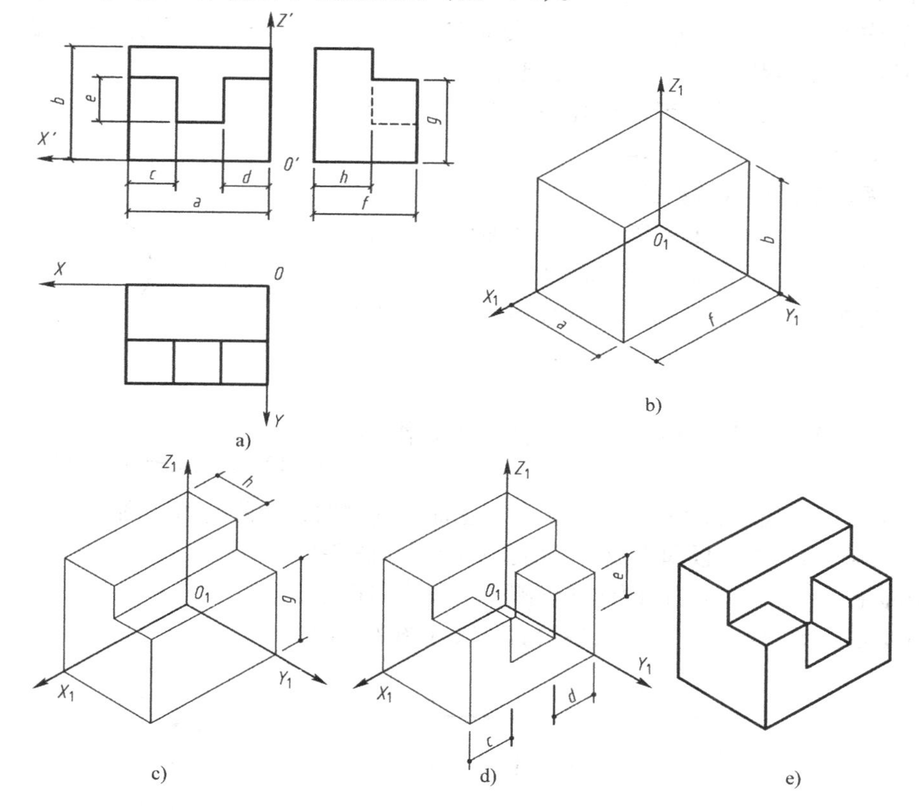

图 7-9　用切割法画组合体的正等测图

a）投影图　b）画未切外形长方体　c）切去前上角长方体

d）画切前中部正方体　e）完成全图

第三节　正面斜轴测投影图

当投影方向倾斜于轴测投影面时，得到斜轴测投影。以正投影面或其平行面作为轴测投影面得到的轴测投影称为正面斜轴测投影。以水平投影面或其平行面作为轴测投影面得到的轴测投影称为水平面斜轴测投影。根据轴向伸缩系数的不同，分别将上述两类轴测投影称为正面斜等轴测投影和水平斜等轴测投影。以下主要介绍正面斜轴测投影。

一、正面斜轴测轴的画法和轴向伸缩系数

1. 轴间角

由于确定物体位置的坐标面 XOZ 平行于轴测投影面，所以，坐标轴 OX、OZ 投影成的轴测轴 O_1X_1 和 O_1Z_1 之间的夹角反映真实夹角，即 $\angle X_1O_1Z_1=90°$。变换投影方向，可使轴

间角$\angle X_1O_1Y_1=135°$或$\angle X_1O_1Y_1=45°$，图7-10所示即为斜轴测轴间角的画法。

2. 轴向伸缩系数

确定形体位置的坐标面XOZ平行于轴测投影面，因此，坐标面上的坐标轴OX、OZ也平行于轴测投影面，坐标轴OX、OZ投影成的轴测轴O_1X_1和O_1Z_1的伸缩系数都为1，即$p=r=1$，也就是说，物体上平行于坐标面XOZ的平面，其轴测投影反映实形，这个特性使斜轴测图的作图较为方便，尤其对于有较复杂侧面的形体，这个特点更为显著。变换投影方向，可使轴向伸缩系数$q=0.5$，可以证明，正面斜轴测的轴间角和轴向伸缩系数可以单独随意选择，一般选$\angle X_1O_1Y_1=135°$或$\angle X_1O_1Y_1=45°$，$q=0.5$。

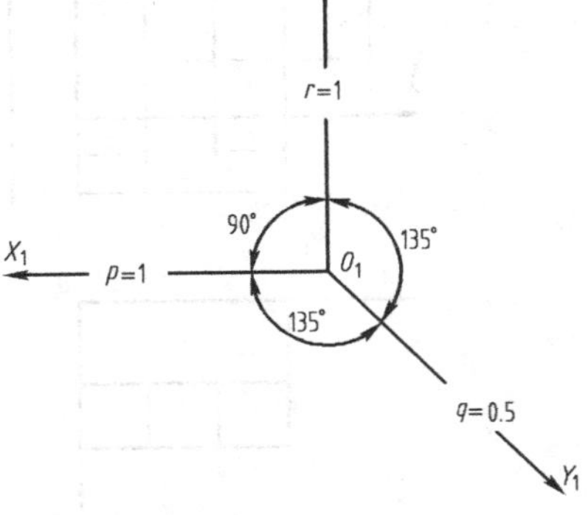

图7-10 正面斜轴测轴和轴向伸缩系数

二、平面体正面斜轴测图的画法

【例7-3】 根据图7-11a所给出的平面体的正面投影和侧面投影图，画出其正面斜轴测图。

分析：根据形体分析可知，该组合体由底板、竖板、肋板组成。

作图步骤：

1）在三面投影图上作物体的坐标轴，然后作轴测轴。

2）作组合体的底板和竖板的反映实形的正面斜轴测图，即前端面（图7-11b）。

3）根据宽度f，作底板和竖板的正面斜轴测图（图7-11c）。

4）作肋板的反映实形的正面的斜轴测图（图7-11d）。

5）完成肋板的斜轴测图，擦去多余的图线（图7-11e）。

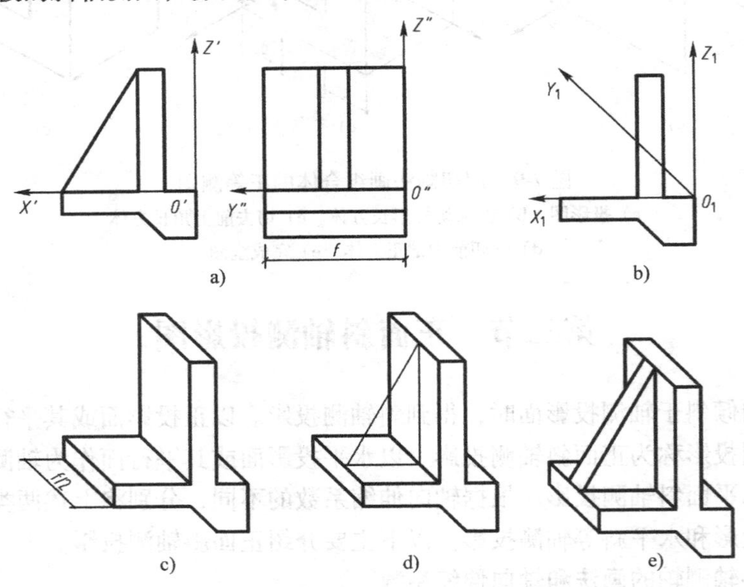

图7-11 画平面体的正面斜轴测图

三、曲面体正面斜轴测图的画法

【例7-4】 根据图7-12a所给出的钢箍的投影图，画出其正面斜轴测图。

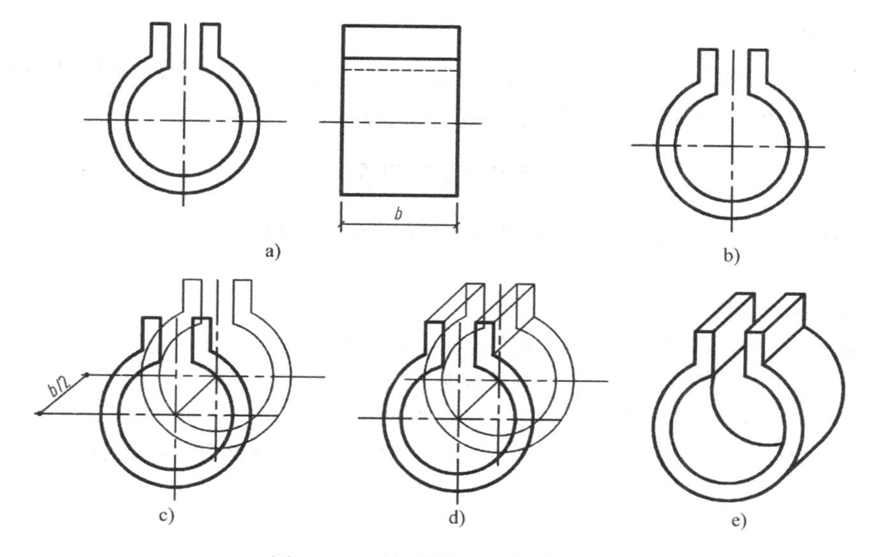

图 7-12　画钢箍的正面斜轴测图

a）投影图　b）画前端面　c）画后端面　d）连线　e）完成全图

作图过程如图 7-12 所示，具体作图步骤同上例所述。

四、管道正面斜等轴测图的画法

在画管道的正面斜等轴测图时，习惯上把 OX_1 轴选定为左右走向的轴，OZ_1 轴选定为上下走向的轴，OY_1 轴放置在与 OZ_1 轴成 135°的另一侧位置上，三个坐标轴上的轴向伸缩系数都相等，常取 1，如图 7-13 所示。

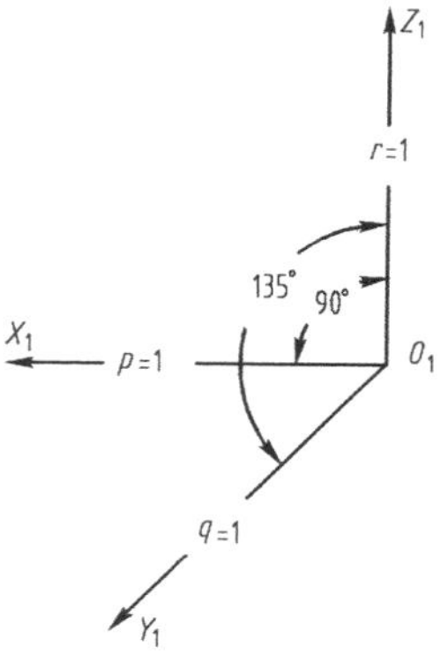

图 7-13　正面斜等测轴的选定

【例 7-5】　根据图 7-14a 所示的管道平面图和立面图，画出其正面斜等轴测图。

分析：在画管道的轴测图时，首先应分析图形，弄清楚每根管子在空间的实际走向和具体位置。对于交叉管线，高的或前面的管线应显示完整，标高低的或后面的管线应用断开的形式表示。

作图步骤：

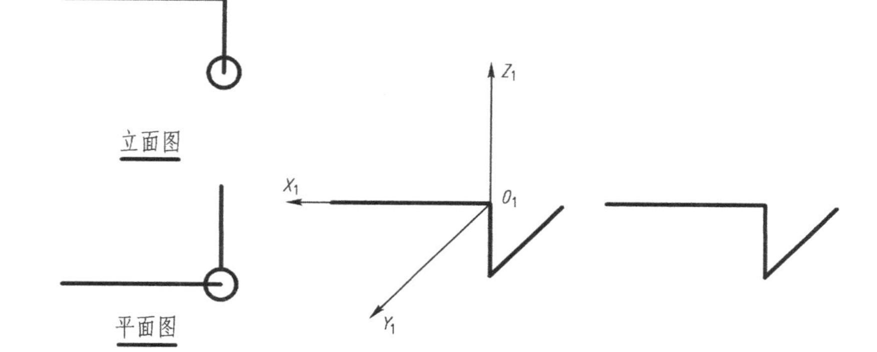

图 7-14　画已知管道的轴测图

a）投影图　b）画轴测轴和管道　c）完成全图

1）画轴测轴。

2）根据平、立面图的实际长度和走向按比例沿轴量尺寸并连线段（图 7-14b）。

3）擦去多余的线，即得正面斜等轴测图（图 7-14c）。

思考题与习题

7-1 轴测投影是如何形成的？轴测轴和投影轴之间的对应关系如何？

7-2 试述轴测投影的分类。

7-3 什么是轴向伸缩系数？什么是轴间角？

7-4 在画曲面体的正等测图时，如何确定各坐标面上椭圆长、短轴的方向？

7-5 正等测图的轴向伸缩系数和轴间角各是多少？

7-6 正面斜轴测图的轴间角和轴向伸缩系数各为多少？

7-7 什么是简化系数？采用简化系数后，坐标面上的圆的投影——椭圆如何变化？

第八章　形体的剖切投影

工程上常把用正投影原理表达形体的图形称为视图，三面投影图称为三面视图。用三面视图有时难以表达清楚形体的内外部结构，为此，制图标准规定了多种图样画法，绘图时可根据具体情况适当选用。本章主要介绍剖面图、断面图的画法和简化画法。

第一节　剖　面　图

一、剖面图的形成

前面画形体的投影时，物体上不可见的轮廓线用虚线来表示，形体的内部结构越复杂，虚线就越多，必然会使虚、实线交错，混淆不清，既不便于标注尺寸，又容易产生差错，给画图、读图带来许多不便。如果假想用一个平面将形体切开，让它的内部结构显露出来，使形体看不见的部分变成可见的部分，这样就可以解决上述问题。

如图 8-1a 所示，用平面 P 将高颈法兰剖开，把处于观察者和平面 P 之间的部分移走，将形体的剩余部分向平行于平面 P 的投影面投影，所得的投影称为剖面图，如图 8-1b 所示。用来剖切的平面 P 称为剖切面。剖切面和形体接触部分，即截交线围成的平面图形称为断面。

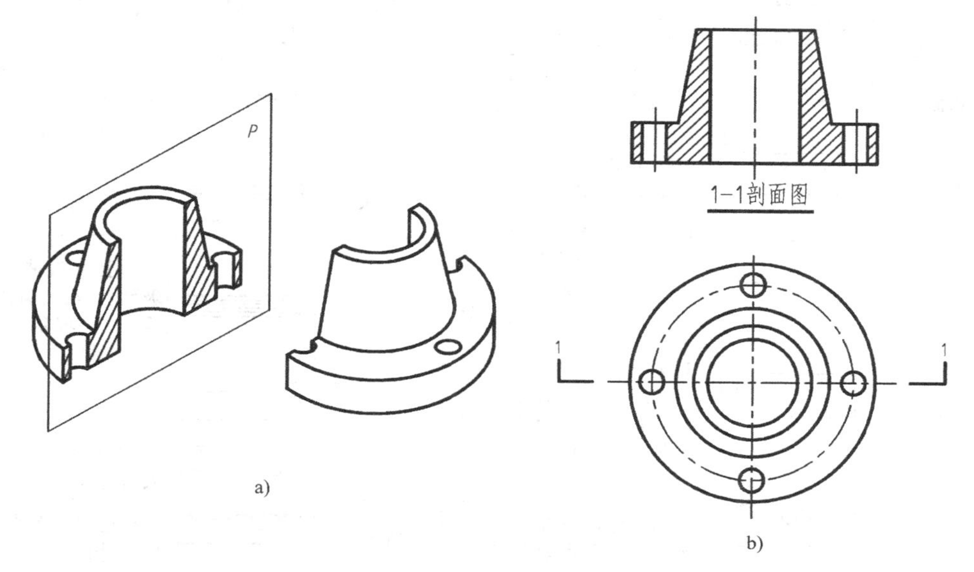

图 8-1　剖面图的形成及画法

a）直观图　b）剖面图

二、剖面图画法及标注的有关规定

画剖面图时，除了要画出剖切面切到的部分外，还要画出沿投射方向看到的部分，被剖切面切到部分的轮廓线用粗实线来绘制，没有切到但沿投射方向可以看到的用中粗实线绘制。

形体剖切后，在剖面图中被剖切面剖到的实体部分即断面上，要画出相应实体材料的图例，以区分断面（剖到的）和非断面（没有剖到但能看到）部分。各种常用建筑材料图例应按照国家标准 GB/T 50001—2010《房屋建筑制图统一标准》规定的图例画法画出。表 8-1 给出了国标中常用建筑材料的图例画法。

表 8-1 常用建筑材料图例

序号	名称	图例	备注
1	自然土壤		包括各种自然土壤
2	夯实土壤		
3	砂、灰土		靠近轮廓线绘制较密的点
4	砂砾石、碎砖三合土		
5	石材		
6	毛石		
7	普通砖		包括实心砖、多孔砖、砌块等砌体。断面较窄不易绘出图例线时，可涂红
8	耐火砖		包括耐酸砖等砌体
9	空心砖		指非承重砖砌体
10	饰面砖		包括铺地砖、玻璃锦砖、陶瓷锦砖、人造大理石等
11	焦渣、矿渣		包括与水泥、石灰等混合而成的材料
12	混凝土		1. 本图例指能承重的混凝土及钢筋混凝土 2. 包括各种强度等级、骨料、添加剂的混凝土 3. 在剖面图上画出钢筋时，不画出图例线 4. 断面图形小，不易画出图例线时，可涂黑
13	钢筋混凝土		
14	多孔材料		包括水泥珍珠岩、沥青珍珠岩、泡沫混凝土、非承重加气混凝土、软木、蛭石制品等
15	纤维材料		包括矿棉、岩棉、玻璃棉、麻丝、木丝板、纤维板等
16	泡沫塑料材料		包括聚苯乙烯、聚乙烯、聚氨酯等多孔聚合物类材料
17	木材		1. 上图为横断面，上左图为垫木、木砖或木龙骨 2. 下图为纵断面
18	胶合板		应注明为×层胶合板
19	石膏板		包括圆孔或方孔石膏板、防水石膏板、硅钙板、防火板等
20	金属		1. 包括各种金属 2. 图形小时，可涂黑
21	网状材料		1. 包括金属、塑料网状材料 2. 应注明具体材料名称
22	液体		应注明具体液体名称
23	玻璃		包括平板玻璃、磨砂玻璃、夹丝玻璃、钢化玻璃、中空玻璃、加层玻璃、镀膜玻璃等
24	橡胶		
25	塑料		包括各种软、硬塑料及有机玻璃等
26	防水材料		构造层次多或比例大时，采用上面图例
27	粉刷		本图例采用较稀的点

注：序号 1、2、5、7、8、13、14、16、17、18、22、23 图例中的斜线、短斜线、交叉斜线等均为 45°。

画材料的图例时，其尺度比例应根据图样大小而定，并注意以下事项：

1）图例线应间隔均匀，疏密适度，做到图例正确，表示清楚。

2）不同品种的同类材料使用同一图例时，应在图上附加必要的说明（如某些特定部位的石膏板必须注明是防水石膏板）。

3）两个相同的图例相接时，图例线宜错开或使倾斜方向相反，如图 8-2 所示。

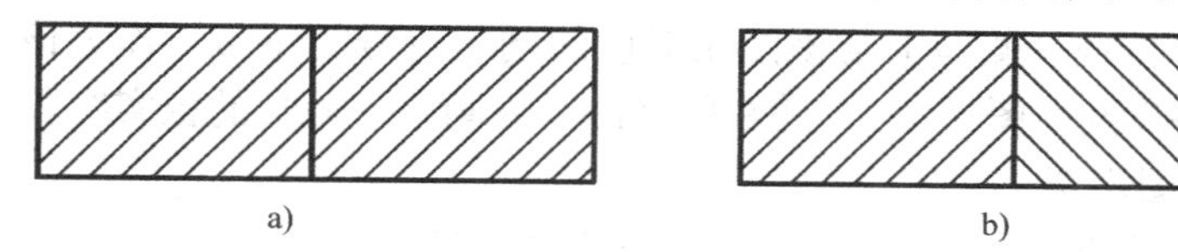

图 8-2　相同图例相接时的画法

a）错开　b）倾斜方向相反

4）两个相邻的涂黑图例（如混凝土构件、金属件）间应留有间隙，其净宽度不得小于 0.5mm，如图 8-3 所示。

5）需要画出的建筑材料图例面积过大时，可在断面轮廓线范围内沿轮廓线作局部表示，如图 8-4 所示。

图 8-3　相邻涂黑图例的画法

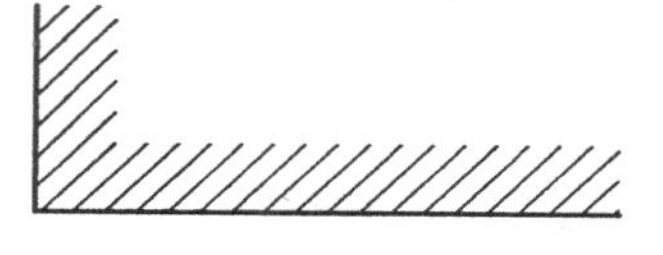

图 8-4　局部表示图例

下列情况可不加图例，但应加文字说明：

1）一张图纸内的图样只用一种图例时。

2）图形较小无法画出建筑图例时。

另外，当选用标准中未包括的建筑材料时，可自编图例。但不得与标准中所列的图例重复。绘制时，应在适当位置画出该材料的图例，并加以说明。

为了读图方便，需用剖切符号把所画剖面图的剖切位置和剖切后的投射方向在投影图上表示出来，同时要给每一个剖面图加上编号，并且在剖视图的下方或一侧写上剖视图的名称。具体的标注方法如下：

1）剖切符号由剖切位置线及投射方向线组成。剖切位置线表示剖切平面的位置，用长度为 6～10mm 的两段短粗实线段表示，投射方向线用垂直于剖切位置线、长度短于剖切位置线的 4～6mm 的短粗实线段表示，如图 8-1b 所示。绘制时，剖面符号不应与其他图线相接触。

2）当剖切部位多于一处时，剖切符号的编号宜采用阿拉伯数字，按顺序由左至右、由下至上连续编排，并注写在投射方向线的端部，如图 8-5 所示。

3）需要转折的剖切位置线，应在转角的外侧加注与该符号相同的编号，如图 8-5 所示。

4）剖面图与标注剖切符号的图样如不在同一张图纸上时，可在剖切位置线的另一侧标明剖面图所在图纸的图纸号，如图 8-5 中的“建施—5”表

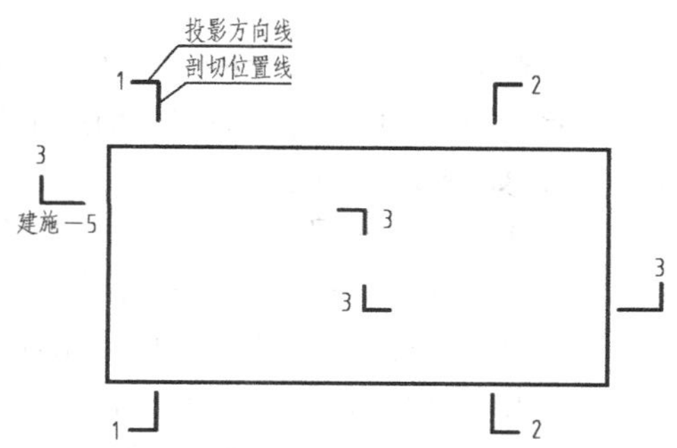

图 8-5　剖面图的剖切符号

示3－3剖面图画在“建施”第5号图纸上。

5）对下列剖面图可不加标注：剖切平面通过门、窗洞所绘制的建筑平面图，剖切平面通过构件的对称平面所画的剖面图。

6）在剖面图的下方或一侧写上与该图相对应的剖切符号的编号，作为该图的图名，如“1－1剖面图”、“2－2剖面图”、…，并在图名的下方画上一等长的粗实线段。

三、剖面图的画图步骤

下面以图8-6a所示的形体为例，说明画剖面图的步骤。

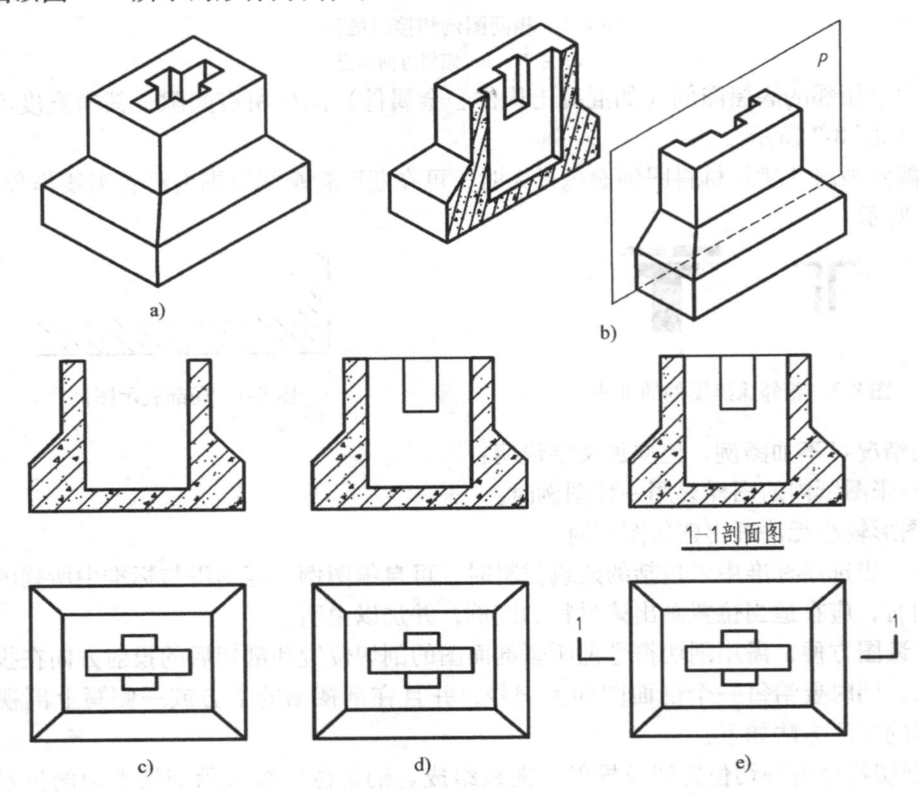

图8-6　剖面图的画图步骤
a）完整的轴测图　b）假想切开的轴测图　c）画出断面部分
d）画剖切面后的可见部分　e）完成全图

1）确定剖切位置。为使剖切的结构能反映实形，剖切平面一般通过孔、洞、槽等结构的中心线或对称中心线，剖切平面应平行于投影面，本例中取过基础孔的中心线平面作为剖切平面，如图8-6b所示。

2）画出断面的图形，并在断面图形上画上相应材料的建筑图例，如图8-6c所示。

3）画出剖切后物体的所有可见部分，如图8-6d所示。

4）用剖切符号标注出剖切平面的位置和投射方向以及剖面图的名称，如图8-6e所示。

画剖面图时应注意以下事项：

1）剖切是为了清楚表达形体而采用的一种假想画法，因此除了剖面图外，其他的视图还按原来不剖切时的完整形体画出。

2）如果几个视图同时采用剖面图，它们之间相互独立、各有所用、互不影响。

3）剖切平面后的所有可见部分都要用中粗实线画出，不得遗漏。

四、剖面图的分类

根据剖切范围可把剖面图分为全剖面图、半剖面图、局部剖面图三种。

1. 全剖面图

将形体用剖切平面完全剖开画出的剖面图称为全剖面图，图 8-1b、8-6e 画出的即为全剖面图。

全剖面图一般用于表达外形比较简单、内部结构较复杂的形体，或者是不对称的以及外形结构在其他投影中已表达清楚的形体。

2. 半剖面图

当形体具有对称面时，在垂直于对称面的投影面上，可以画出由半个正投影图和半个剖面图拼成的图形，称为半剖面图，如图 8-7 所示为锥壳基础的半剖面图。

半剖面图一般用于表达内外部结构都较复杂的具有对称面的形体，在画半剖面图时要注意以下几点：

1）在半剖面图中，规定半个正投影图和半个剖面图之间用单点长画线作为分界线。

2）由于图形对称，机件的内部结构已在半个剖面图中表示清楚，所以在表达形体的外形结构的半个正投影图中的虚线一般不画出。

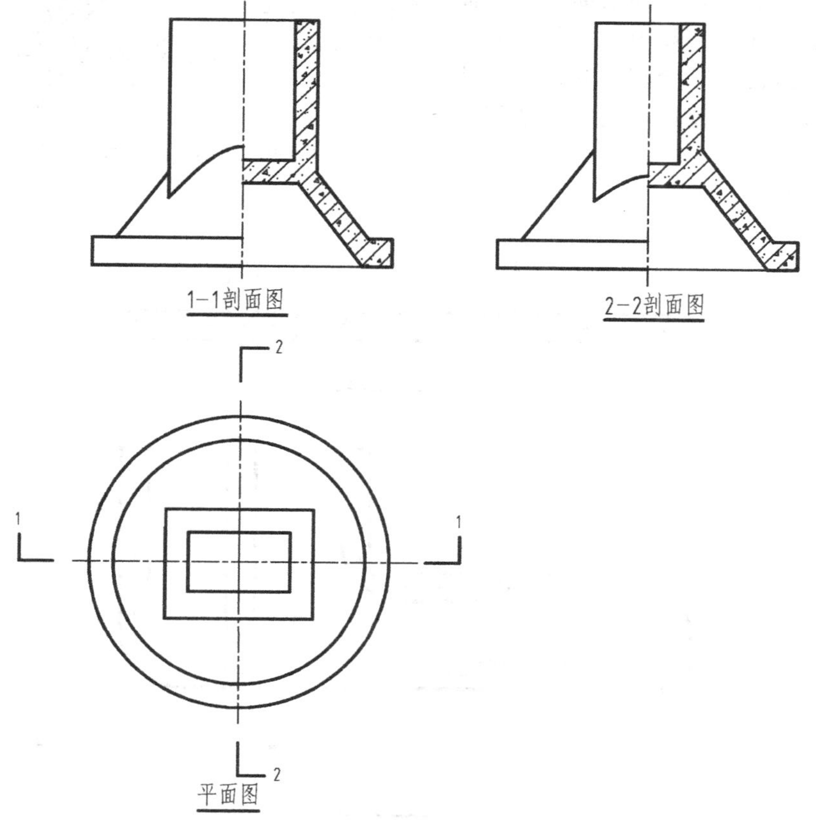

图 8-7　锥壳基础的半剖面图

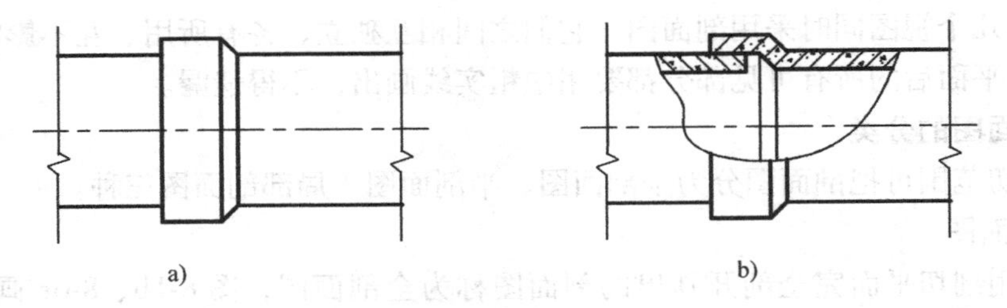

图 8-8　局部剖面图

a）未剖的投影图　b）局部剖面图

3. 局部剖面图

用剖切平面将形体局部剖开所得到的剖面图称为局部剖面图，如图 8-8 所示。

局部剖面图用于表达内、外部结构都比较复杂的不对称形体，这类形体如果完全剖开，就无法表达其外形结构。画局部剖面图应注意以下几点：

1）剖面图部分和投影图部分之间用波浪线作为分界线。

2）波浪线不得与视图的轮廓线重合，也不要超出图形的轮廓线。

3）波浪线可看成是形体断裂处的边界线，因此波浪线不得通过孔、洞等中空的地方。

如图 8-9 为分层的局部剖面图，在需要保温的管子外面，一般用好几种不同性质的材料分层紧密地贴合在一起，为了能层次分明，形象直观地表示出来，常用这种剖面图。

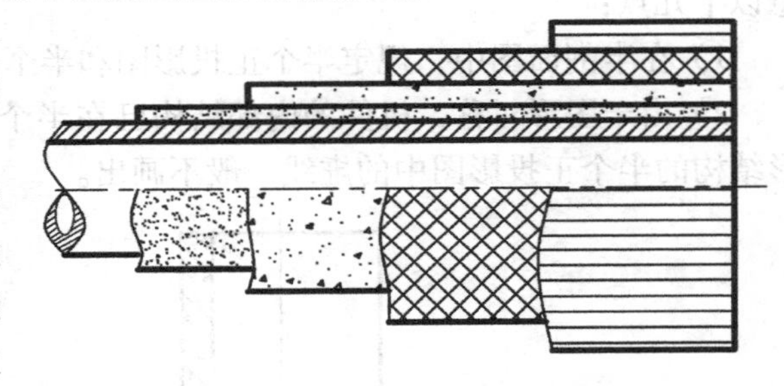

图 8-9　分层剖切后的局部剖面图

4. 剖切方法

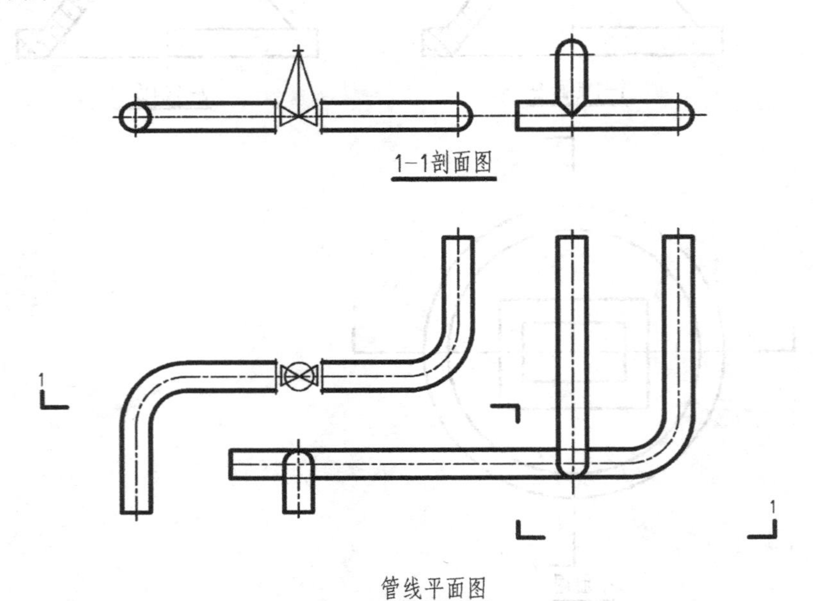

图 8-10　两个平行的面剖切

由于形体的内部结构各种各样，故剖切方法也不同。为此，国家标准《房屋建筑制图统一标准》（GB/T 50001—2010）规定可采用下列方法剖切：

（1）单一剖切面剖切　用一个剖切面剖切。前面介绍全剖面图、半剖面图、局部剖面图时举的例子都是用单一剖切面剖切的。

（2）几个平行的剖切面剖切　用两个或两个以上平行的剖切面剖切。当用一个剖切面不能将形体上需要表达的部分一齐剖开时，可将其剖切面转折成两个或两个以上互相平行的剖切面，沿着形体需要表达的部分剖开。如图 8-10 所示的剖面图就是采用两个平行的剖切面剖切的，这样用一个剖面图就能将需要表达的内部结构都反映清楚。

采用这种剖切方法剖切形体画剖面图时，要注意以下几点：

1）各剖切面剖切后得到的是一个图形，不要在剖面图中画出两剖切面的分界线。

2）画剖切符号时，在剖切平面的起止、转折处均应标出剖切符号。

3）采用这种剖切方法剖切时，不要剖出不完整的结构。

4）在管道图中，一般只允许转折一次。

（3）两相交平面剖切　对于如图 8-11 所示的形体，如果采用单一剖切面和几个平行的剖切面剖切后都不能表达清楚其内部结构，若采用两个相交的铅垂剖切面，沿 1-1 剖开就可反映出不同形状的两个孔洞。应将倾斜于正平面的剖切平面剖切后得到的图形沿两剖切面的交线旋转到与正平面平行后，再投影画剖面图，在剖面图的名称后加注“展开”字样，如图 8-11 所示。

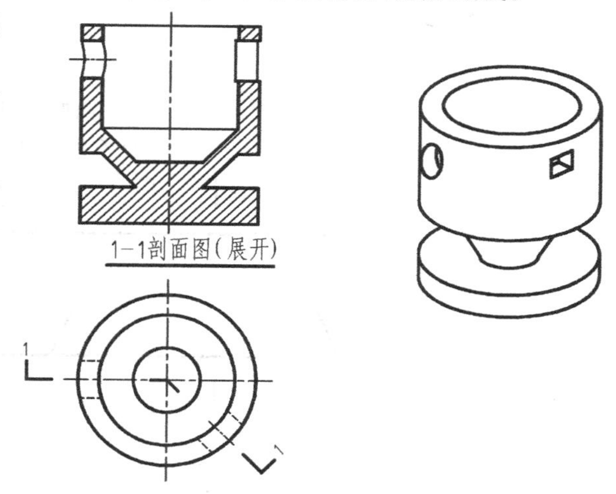

图 8-11　两相交平面剖切

第二节　断　面　图

一、断面图的形成

假想用一个剖切面将形体剖开之后，只把断面投影到与它平行的投影面上，所得的投影图称为断面图。断面图常用来表达形体断面的形状和结构。

在图 8-12 中，假想用剖切面 P 将形体切开，然后用粗实线画出断面的投影，并在断面上画出材料的图例（材料图例的画法同剖面图），得到断面图。

断面图和剖面图的区别在于：断面图仅画出形体被剖开后断面的投影，是一个平面图形的投影；而剖面图除了画出断面的投影之外，还要画出它后面的结构的投影，是剖切后剩余部分形体的投影，如图 8-13 所示。另外，它们的标注方法也不同。

二、断面图的标注

为了便于读图，断面图也要进行标注。具体标注方法如下：

1）剖切符号只用剖切位置线表示，以两段长度为 6～10mm 的粗实线绘制，剖切位置线

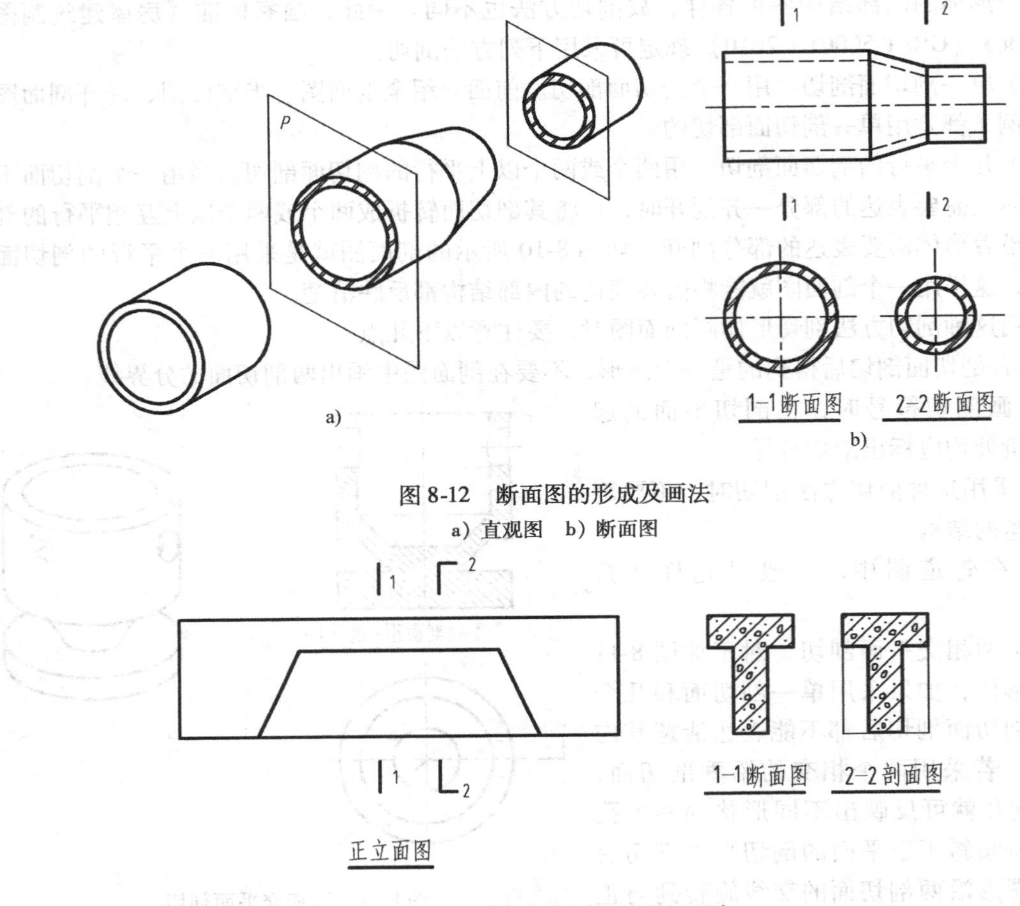

图 8-12　断面图的形成及画法

a）直观图　b）断面图

图 8-13　剖面图和断面图的区别

表示出剖切面的位置。

2）剖切符号的编号宜用阿拉伯数字，按顺序连续编排，并注写在剖切位置线的一侧。

3）投影方向用剖切符号编号的注写位置来表示，编号数字所在的一侧为投影方向。编号写在剖切位置线的左侧，表示向左投影，编号写在剖切位置线的右侧，表示向右投影。如图 8-13 所示，数字 1 在右侧，表示向右投影。

三、断面图的分类

根据断面图配置位置的不同，断面图可分为移出断面图、重合断面图、中断断面图。

1. 移出断面图

把断面图画在投影图之外的断面图称为移出断面图，移出断面图可以画在剖切平面的延长线上或其他适当的位置，如图 8-14 所示。

2. 重合断面图

画在投影图的轮廓线范围之内的断面图称为重合断面图。如图 8-15 所示，结构梁板的断面图画在结构布置图上。重合断面图不需要标注剖切符号和编号。

3. 中断断面图

画在杆件的中断处的断面图称为中断断面图，如图 8-16 所示。中断断面图适用于表示比较长但形状无变化的杆件结构，这种剖面图的轮廓线用粗实线绘制，断面上一般要画出形体的材料图例，不需要进行标注。

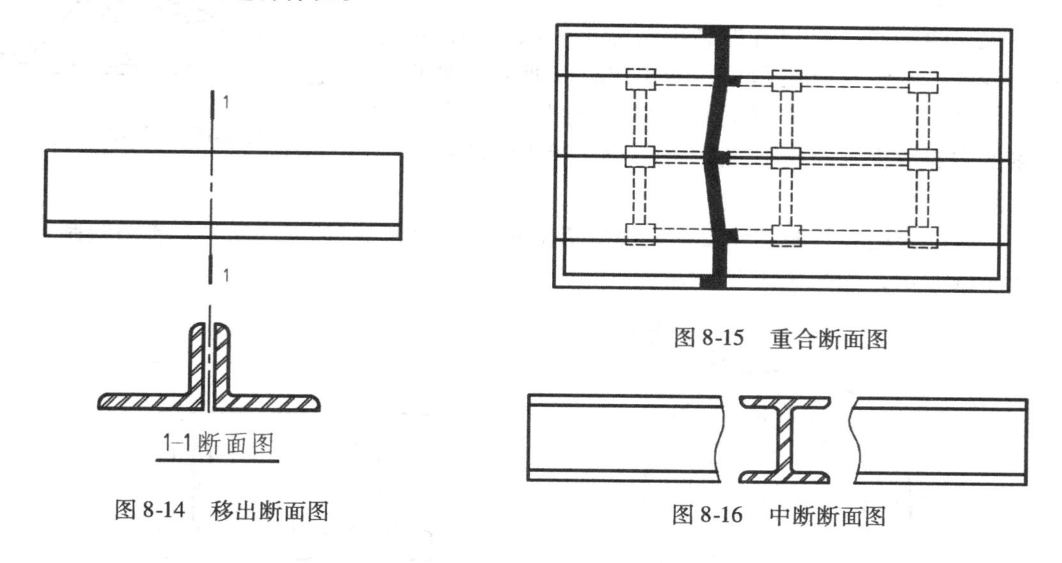

图 8-14　移出断面图

图 8-15　重合断面图

图 8-16　中断断面图

第三节　形体的简化画法

为了方便画图，国家标准《房屋建筑制图统一标准》(GB/T 50001—2010) 规定了形体的一些简化画法，现介绍如下：

一、对称形体的简化画法

形体的视图如果为对称图形（图 8-17a），可以只画图形的一半，但这时要画出对称符号（对称符号的画法见第九章），如图 8-17b 所示，如果视图有两条对称线，可以只画图形的四分之一，并画出对称符号，如图 8-17c 所示。也可使图形超出对称线，此时不画对称符号，而在图形的断开处用折断线或波浪线画出，折断线应超出图形 2 ~ 3mm，如图 8-18 所示。

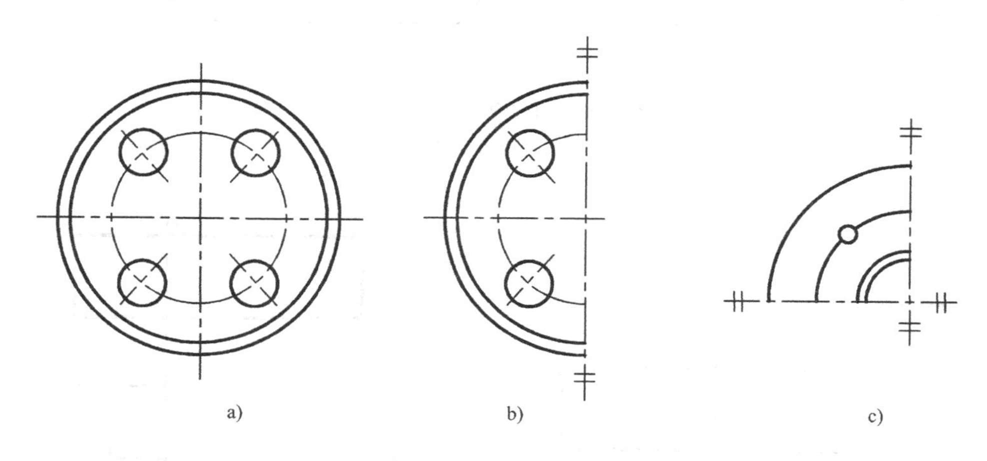

图 8-17　画出对称符号

a) 完整的投影图　b) 只画图形的一半　c) 只画图形的四分之一

二、形体上相同要素的简化画法

形体上有多个形状结构完全相同且连续排列的要素时，可以仅在两端或适当位置处画出其完整形状，其余部分以中心线或中心线交点表示，如图 8-19a ~ c 所示。如果相同要素数量少于中心线交点数量，则其余部分应在相同构造要素的中心线交点处用小圆点表示，如图8-19d 所示。

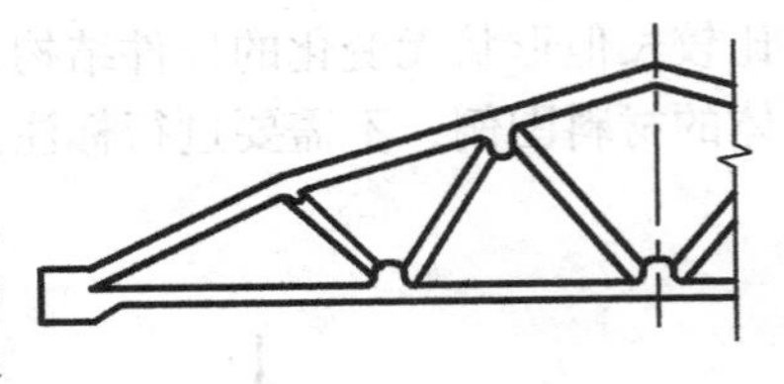

图 8-18　不画对称符号

三、折断画法

沿长度方向形状相同或按一定规律变化的较长构件，可从中间断开，省略绘制，断开处用折断线表示，如图 8-20 所示。

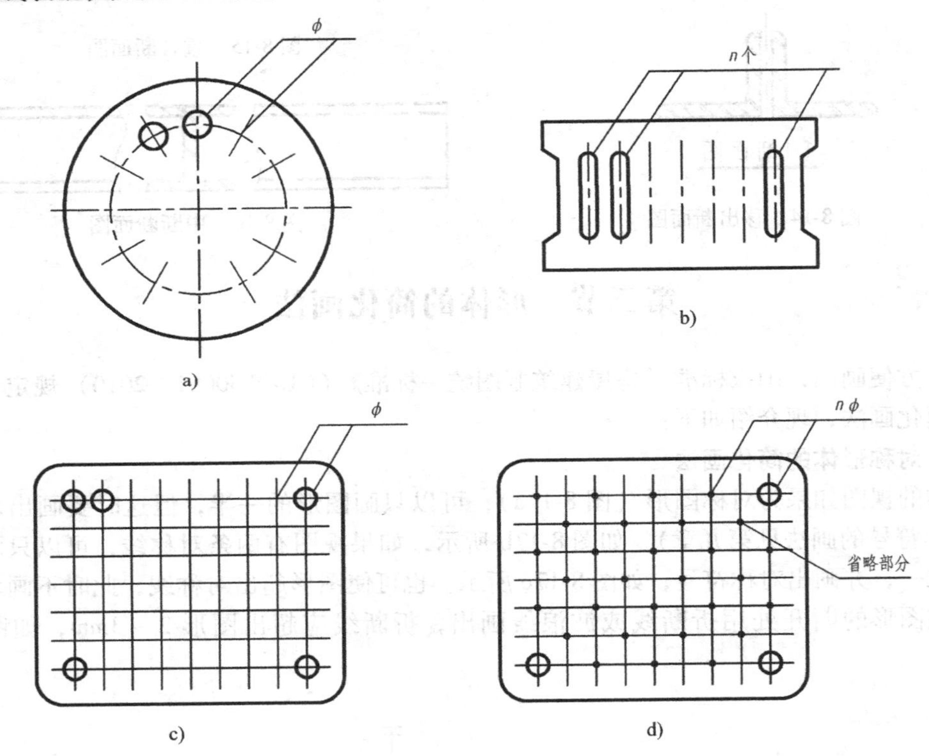

图 8-19　相同要素的简化画法

a)、b)、c) 用交点表示　d) 用小圆点表示

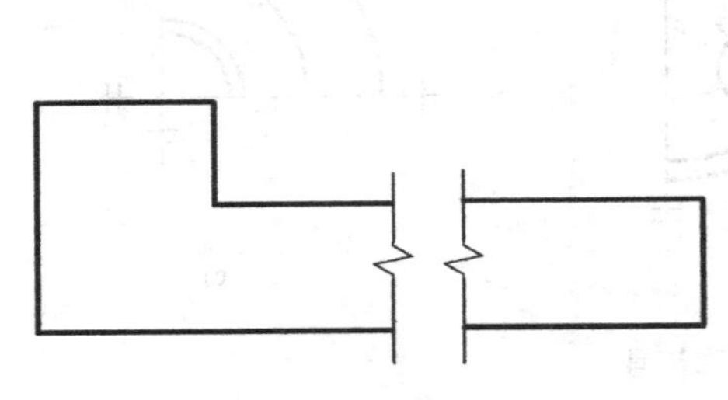

图 8-20　折断简化画法

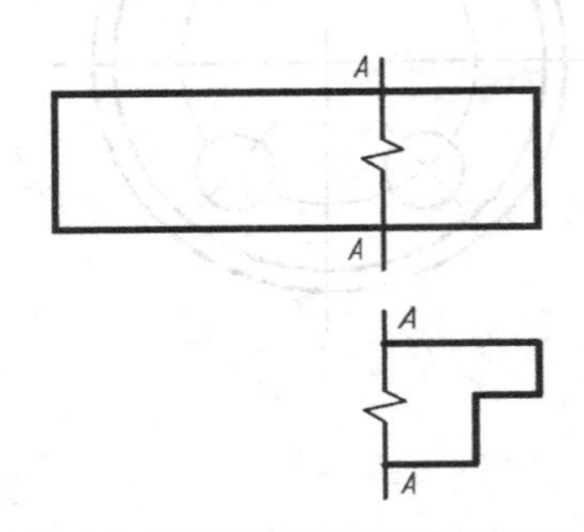

图 8-21　构件局部不同时的简化画法

四、局部省略法

当一个形体和另一个物体仅有部分结构不同，该形体可以只画其不同部分，但应在两个形体的相同部分与不同部分的分界处，分别画出连接符号，两个连接符号应对准在同一条线上，连接符号用折断线和大写拉丁字母表示，两个连接符号所用的字母编号必须相同，如图8-21 所示。

思考题与习题

8-1　剖面图的基本概念是什么？

8-2　剖面图的种类有哪几种？各用在什么地方？

8-3　剖切方法有哪几种？各用在什么地方？

8-4　什么是断面图？它和剖面图有什么区别？

8-5　根据断面图配置的位置不同，可把断面图分为哪几类？

8-6　常用的形体简化画法有哪几种？

第九章　建筑施工图

第一节　概　　述

一、房屋建筑施工图的产生

房屋的建造需要经过两个阶段：一是设计阶段，二是施工阶段。按照房屋建筑设计的程序，一般将设计分为初步设计和施工图设计两个阶段。对于技术上复杂而又缺乏经验的工程，还可增加技术设计阶段。

1. 初步设计阶段

设计人员根据建设单位的要求，通过调查研究，搞清与工程建设有关的基本条件，收集必要的设计基础资料，作出若干方案比较，完成方案设计并绘制初步设计图。

对于比较复杂或有特点的项目，要求部分设计达到技术设计深度。此种设计称为“扩大初步设计”，简称“扩初设计”。

2. 施工图设计阶段

施工图设计应根据已批准的初步设计文件进行编制，其内容以图样为主，设计文件以单项工程为单位。其内容包括：封面、图样目录、设计说明（或称首页）、施工图、预算等。

对于复杂的大型工程，可在施工图设计之前增加技术设计阶段，深入表达技术上所采取的措施，进行经济比较以及各种必要的计算等。

二、房屋建筑施工图的分类及编制顺序

1. 分类

施工图按其内容和工种的不同，一般分为三类。

(1) 建筑施工图（简称建施）　包括建筑总平面图、各层平面图、立面图、剖面图和详图等。

(2) 结构施工图（简称结施）　包括基础施工图、结构布置平面图和各种结构构件详图等。

(3) 设备施工图（简称设施）　包括给水排水施工图、采暖施工图、电气施工图等。

2. 施工图的编排顺序

一套工程施工图的编制顺序为：图样目录、设计总说明、建筑施工图、结构施工图、设备施工图。

各专业工种施工图样的编制顺序一般为：总体性图样在前，局部性图样在后；施工首先用的图样在前，施工后续用的图样在后。

整套图样的编制顺序如下：

(1) 图样目录　列出全套图样的目录、类别、各类图样的图名与图号等。

(2) 施工总说明　主要说明工程概况和总的要求，其内容包括工程设计依据、设计标准、施工要求等。

（3）建筑施工图　主要表示建筑物的总体布局、内部空间分隔、外部造型、细部构造、内外装修及施工技术要求等，其内容包括总平面图、各层平面图、立面图、剖面图、详图等。

（4）结构施工图　主要表示建筑物承重结构的布置、构件类型、尺寸及构造做法等，其内容包括基础施工图、结构布置平面图和结构构件详图等。

（5）设备施工图　主要表示建筑物的给水、排水、采暖、通风、电气等设备布置及制作安装要求等，其内容包括给水排水施工图、采暖施工图、电气施工图等。

第二节　建筑施工图的有关规定、图示特点与识读方法

一、建筑施工图的有关规定

绘制施工图应严格遵守国家标准的有关规定，读图也必须按国家标准所规定的表达方式进行。

1. 比例

采用比例的目的是为了把图形表达清楚。整体建筑物表达一般采用小比例（1:100、1:150、1:200 等）制图；局部构造用大比例（1:20、1:10、1:5 等）制图；对某些尺寸小的细部，可用放大的比例（1:1、2:1 等）制图。

2. 图线

图线是图样表达的“语言”，有着严格的内涵和用途。制图必须按规定的线型表达，读图也必须按规定的线型认识、理解。

3. 定位轴线及编号

建筑施工图中的定位轴线是建筑物承重系统定位、放线的重要依据。凡是承重的墙、柱等主要承重构件均应标注轴线，以确定其位置。对于非承重次要构件，则可用主轴线以外的附加中心线予以确定。

定位轴线用细单点长画线绘制，并予以编号。轴线的端部画细实线圆圈（直径为 8 ~ 10mm）。平面图上的定位轴线的编号标注在图样的下方与左侧，横向编号用阿拉伯数字由左向右依次注写，竖向编号用大写拉丁字母 A、B、C 等（I、O、Z 除外）从下至上顺序注写，如图 9-1 所示。

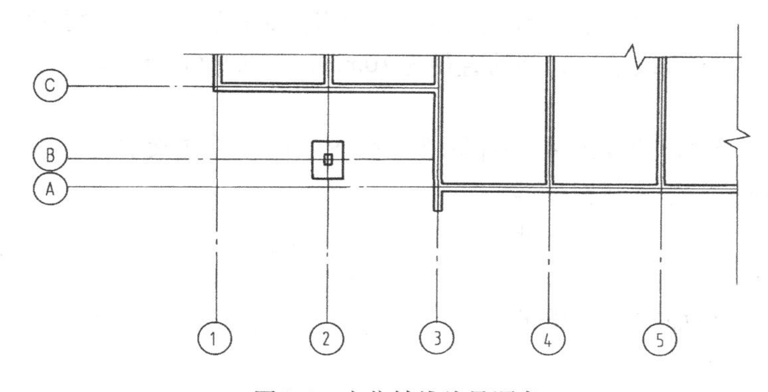

图 9-1　定位轴线编号顺序

两轴线之间有附加轴线并需要编号时，编号用分数表示，分母表示附加轴线前轴线的编号，分子表示附加轴线的编号，如图 9-2 所示。

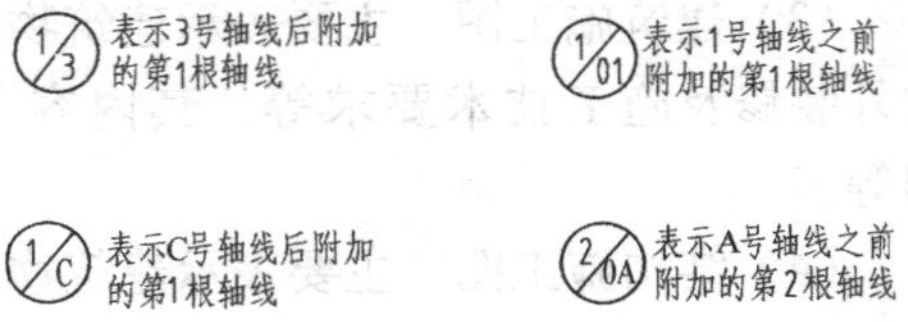

当一个详图适用于几根定位轴线时，应同时注明各有关轴线的编号，通用详图的定位轴线只画圆，不注写轴线编号，如图 9-3 所示。

1/3 表示3号轴线后附加的第1根轴线

1/01 表示1号轴线之前附加的第1根轴线

1/C 表示C号轴线后附加的第1根轴线

2/0A 表示A号轴线之前附加的第2根轴线

图 9-2　附加轴线

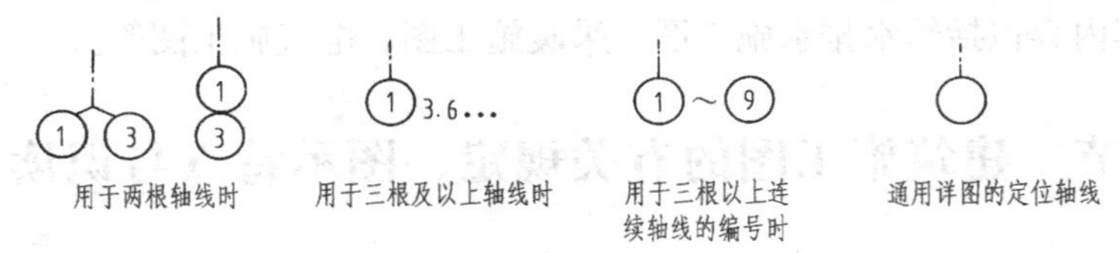

图 9-3　详图的轴线编号

4. 尺寸与标高

图样上的尺寸单位除标高及建筑总平面图上规定用 m（米）为单位外，其余均以 mm（毫米）为单位。

标高是标注建筑物高度的一种尺寸形式。单体建筑工程施工图中标高数字注写到小数点后第三位，总平面图中则注写到小数点后第二位。标高分为绝对标高和相对标高。除总平面图外，一般采用相对标高，把底层室内主要地坪的标高定为相对标高的零点，即 ±0.000，各层面标高以此为基准确定。标高符号的画法如图 9-4a 所示，标高符号的尖端应指至被注的高度，尖端可向下也可向上，如图 9-4b 所示。总平面图室外地坪标高符号用涂黑的三角形表示，如图 9-4c 所示。

零点标高应注写成 ±0.000，正数标高不注“+”，负数标高应注“-”，例如 3.000、-0.600。在图样的同一位置需表示几个不同标高时，标高数字可按图 9-5 所示形式注写。

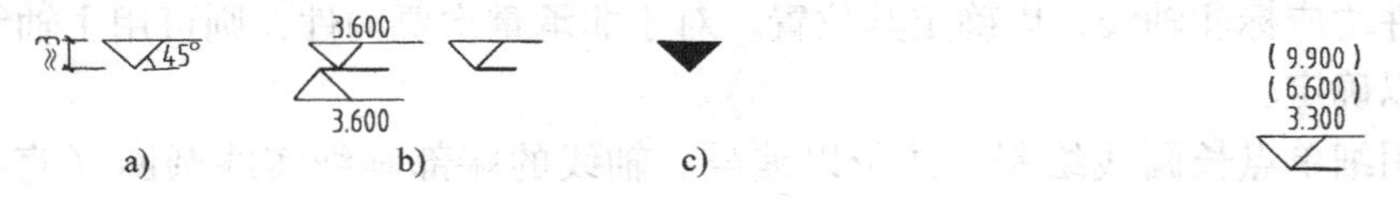

图 9-4　标高符号

图 9-5　一个标高符号标注数个标高数字

5. 索引符号与详图符号

（1）索引符号　图样中的某一局部或构配件如需另见详图，应以索引符号索引。索引符号的圆及直径均应以细实线绘出，圆的直径为 10mm，如图 9-6a 所示。索引符号按下列规定编写：

1）索引出的详图如与被索引的图样同在一张图纸内，应在索引符号的上半圆中用阿拉伯数字注明该详图的编号，并在下半圆中间画一段水平细实线，如图 9-6b 所示。

2）索引出的详图如与被索引的图样不在同一张图纸内，应在索引符号的下半圆中用阿拉伯数字注明该详

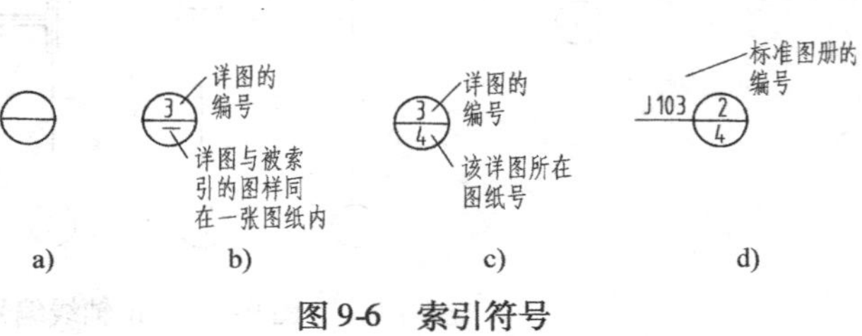

图 9-6　索引符号

图所在图纸的编号，如图 9-6c 所示。

3）索引出的详图如采用标准图集，应在索引符号水平直径的延长线上加注该标准图册的编号，如图 9-6d 所示。

4）索引符号如用于索引剖视详图，应在被剖切的部位绘制剖切位置线（粗实线），并应以引出线（细实线）引出索引符号，引出线所在的一侧应为剖视方向，如图 9-7a 所示。索引符号的编写规定如前（图 9-7b～d）。

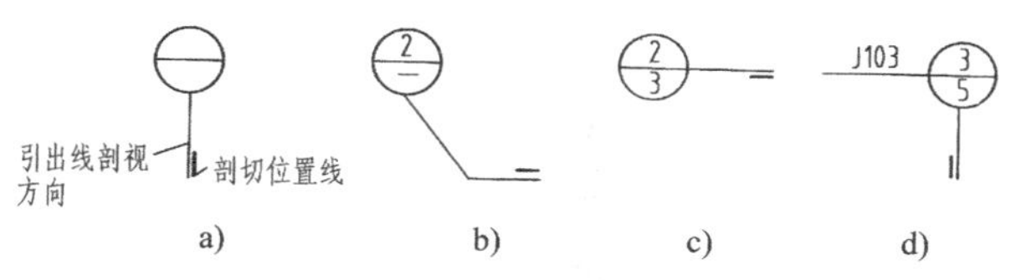

图 9-7　用于索引剖面详图的索引符号

（2）详图编号　详图的位置和编号应以详图符号表示，详图符号应以粗实线绘制，圆的直径为 14mm。详图按下列规定编号：

1）详图与被索引的图样在同一张图纸内时，应在详图符号内用阿拉伯数字注明详图的编号，如图 9-8a 所示。

2）详图与被索引的图样如不在同一张图样内，可用细实线在详图符号内画一水平直径，在上半圆中注明详图的编号，在下半圆中注明被索引图样的图纸编号，如图 9-8b 所示。

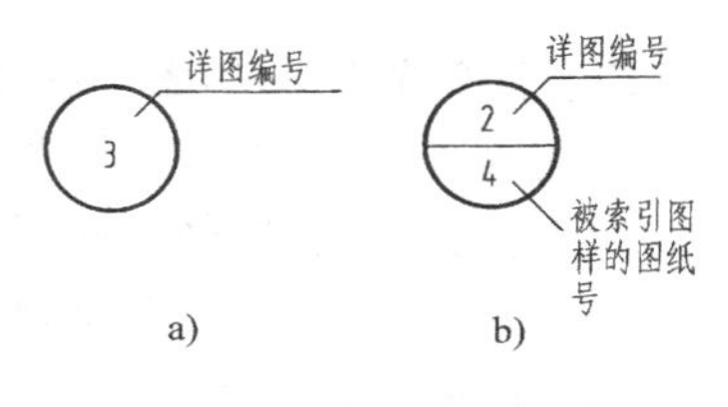

图 9-8　详图符号

6. 对称符号与引出线

（1）对称符号　对称符号由对称线和两端的两对平行线组成。对称线用细单点长画线绘制，平行线用细实线绘制，其长度宜为 6～10mm，每对的间距宜为 2～3mm，对称线垂直平分两对平行线，两端超出平行线宜为 2～3mm，如图 9-9 所示。

（2）引出线　引出线应以细实线绘出，采用水平方向直线及与水平方向成 30°、45°、60°、90°的直线。文字说明注写在横线的上方或横线的端部，如图 9-10a 所示。多层构造共用引出线应通过被引出的各层，文字说明注写在横线的上方或横线的端部。说明的顺序应由上至下，并应与被说明的层次一致，如图 9-10b 所示。

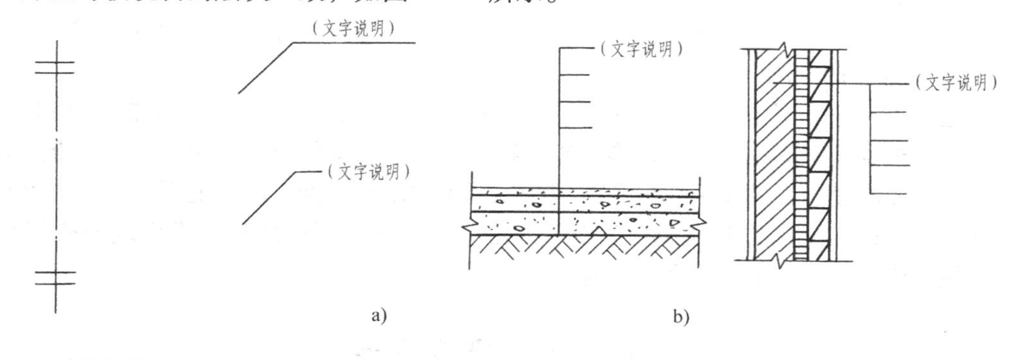

图 9-9　对称符号

图 9-10　引出线

7. 指北针与风向频率玫瑰图

总平面图上的指北针或风向频率玫瑰图，是表明建筑物或建筑群的朝向和与风向的关系的。指北针指示的方向为正北方向。指北针宜用细实线绘制，圆的直径为 24mm，指针尾部的宽度为 3mm，指针头部应标注“北”或“N”字，如图 9-11 所示。风向玫瑰图同样指示正北方向，并表示常年（图中实线）和夏季（图中虚线）的风向频率，图形中显示的常年最高频率风向称为“主导风向”，如图9-12所示。

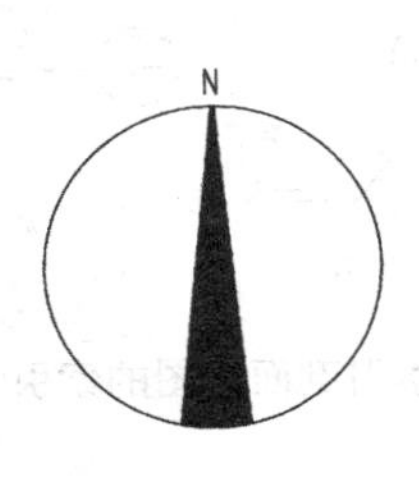

图9-11　指北针

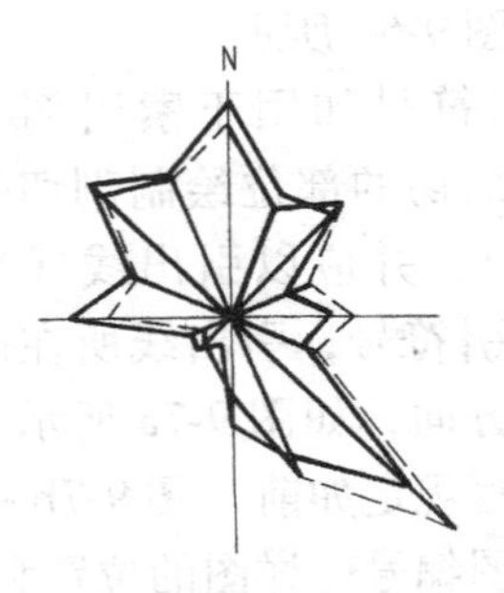

图9-12　风向频率玫瑰图

二、建筑施工图的图示特点

1）建筑施工图中的各种图样应该用正投影图绘制。

2）施工图中的各种图样都用适当的比例绘制，图名下必须标注比例。

3）有些施工图中，对材料和构造做法标注有相应的材料图例符号和简洁文字说明，以此共同来说明图样内容。

三、建筑施工图的读图方法

1. 阅读图样的顺序和注意事项

阅读图样时，应当按照前面所介绍的编制顺序和工种分类来阅读和查阅，遵循“先整体后局部”的原则。

1）阅读施工图首页及建筑说明，从整体上了解工程的性质、规模、结构形式、技术措施等，对工程有一个概括的认识。阅读图样目录，了解图样的内容、工种的分类编排以及选用的有关标准图集、构配件图集等，以便查找。

2）根据各工种所需分别深入阅读专业图样。要求达到读懂和熟记的程度，要注意相关工种之间的配合、协调关系。

3）对选用的标准图、构配件的通用图，应认真审阅，看其是否适当并配合。

2. 标准图的查阅

建筑工程施工图中，有些建筑构件、配件和节点详图等，常选自标准图集和通用图集。查阅时应根据施工图中注明的标准图集名称编号及编制单位查找相应的图集。查阅标准图集时，应首先阅读图集的总说明，了解编制该图集的设计依据、使用范围、施工要求和注意事项等。了解标准图集的编号和有关表示方法，根据施工图中的详图索引编号查阅被索引详图，核对构件部位的适应性和尺寸等。

第三节　建筑总平面图

建筑工程的施工总平面图是在建设基地的地形图上画上拟建工程四周的新建房屋、原有房屋和拆除房屋的外轮廓的水平投影及场地、道路、绿化等的布置的图形，具体反映新建建筑物、构筑物群体的位置和朝向，室外场地、道路、绿化等的布置，地形、地貌、标高等以及与原有环境的关系和临界情况等，是新建建筑物施工定位及施工总平面设计的依据。

一、建筑总平面图的内容

1）建设地段的地形图以及由城市规划管理部门用红线限定的用地范围。

2）新建筑物、构筑物规划设计布置的定位方式有两种：一是根据城市坐标系统，于房屋转交处标注坐标数；另一种是根据场地上原有的永久性建筑物或道路来定位，标出定位尺寸。

3）场地竖向设计标高（标注绝对高程）及建筑物室内底层地面标高（标注绝对高程），并以该高程作为室内相对标高零点，如±0.000。标注建筑物层数（用数字或小圆点表示）。标明拆除旧建筑的范围边界，与新建筑物相邻建筑物的性质、耐火等级及层数。

4）道路、明沟等的宽度起点、变坡点、转折点、交叉点、终点的标高、坡向箭头、回转半径等，以及下埋各种管线的网络走向。

5）绿化、挡土墙等设施的规划设计。

6）其他。如比例、指北针或风向频率玫瑰图，补充的图例、必要的说明等。

二、建筑总平面图的识读方法

1）了解工程性质、图样比例、阅读文字说明、熟悉图例。总平面图常用图例见表9-1。

2）了解建设地段的地形，“红线”范围，建筑物的布置，周围环境，道路布置。

3）了解拟建建筑物的室内外高差、道路标高、坡度及排水情况、填挖方情况。

4）了解拟建房屋的定位方式。

表9-1　总平面图常用图例

名称	图例	备注
新建建筑物	X= Y= 12F/2D H=59.00m	新建筑物以粗实线表示，与室外地坪相接处±0.000外墙定位轮廓线 建筑物一般以±0.000高度处的外墙定位轴线交叉点坐标定位，轴线用细实线表示，并标明轴线号 根据不同设计阶段标注建筑编号，地上、地下层数建筑高度，建筑出入口位置（两种表示方法均可，但同一图样中应采用一种表示方法） 地下建筑物以粗虚线表示其轮廓 建筑上部（±0.000以上）外挑建筑物用细实线表示 建筑物上部连廊用细虚线表示并标注位置
原有建筑物		用细实线表示
计划扩建的预留地或建筑物		用中粗虚线表示
拆除的建筑物		用细实线表示
围墙及大门		

（续）

名称	图例	备注
坐标	1. X=105.00 Y=425.00 2. A=105.00 B=425.00	1. 表示地形测量坐标系 2. 表示自设坐标系 坐标数字平行于建筑标注
方格网交叉点标高	−0.50 | 77.85 78.35	"78.35"为原地形标高 "77.85"为设计标高 "−0.50"为施工高度 "−"表示挖方（"+"表示填方）
填挖边坡		
室内地坪标高	151.00 (±0.00)	数字平行于建筑物书写
落叶阔叶乔木		
落叶阔叶乔木林		
草坪	1. 2. 3.	1. 草坪 2. 表示自然草坪 3. 表示人工草坪

三、建筑总平面图阅读实例

图9-13所示为某住宅小区总平面图。粗实线画出的图形是拟建办公楼、住宅楼等的平面轮廓。社区周围建有围墙，围墙外四周都有公共道路，靠东边的沿江南路有一段护坡，沿路都有绿化。靠近主入口右侧为拟建四层办公楼，其平面定位尺寸以西边围墙和北边围墙为基准，拟建办公楼距离西边围墙的尺寸为38m，距离北边围墙的尺寸为3.5m，其余尺寸如图所示。拟建办公楼的底层地面相对标高±0.000处的绝对标高为140.40m，室外地坪绝对标高为139.80m。室内外地面高差为0.60m，拟建办公楼为南北朝向。主入口的左边设有停车位，小区内路道环绕中间位置的一片小花园，花园两侧各排列着高层居民楼。

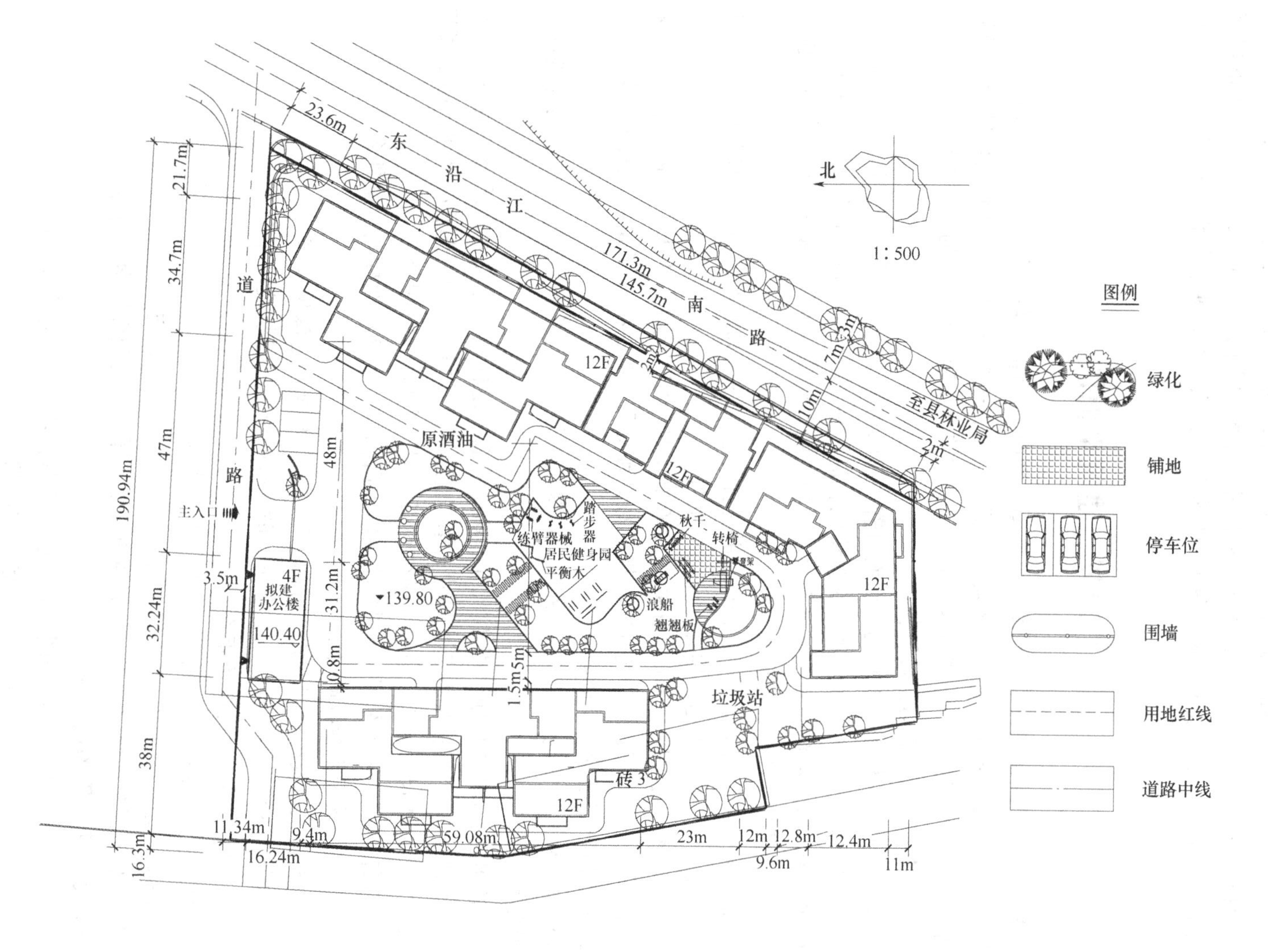

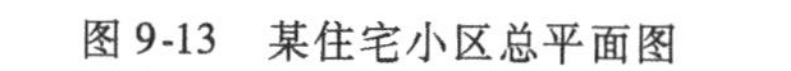
图 9-13 某住宅小区总平面图

读建筑总平面图时，先要看总平面的比例并熟悉图中的图例；看拟建建筑房屋平面图上的长、宽尺寸，可算出房屋的占地面积；看拟建房屋的朝向和房屋之间的定位尺寸，可知房屋之间的相对位置；看图中的等高线或高程尺寸，了解周围的地形地貌，以及社区内的建筑物、道路、停车位、娱乐场地、绿化等的布置情况；然后综合起来获得识读建筑总平面图的读图结果。

第四节　建筑平面图

建筑工程施工图是用建筑平面图、立面图、剖面图、详图等系列图样来表达设计并指导施工的。要全面深刻地认识它们，必须先了解它们的表达方法及特点，并将它们结合起来阅读，各图样之间相互对照，才能有深刻的认识。本节介绍建筑平面图的相关内容。

一、建筑平面图的表达方法及特点

建筑平面图是假想用一水平的剖切面沿着房屋门窗口位置将房屋剖开，移走剖切面以上部分，对剖切面以下部分所做出的水平投影图，简称平面图。它反映了房屋的平面形状、大小和房间布置、墙或柱的位置、厚度和材料、门窗的类型和位置等。建筑平面图是施工图中的主要图样，是其他图样的基础和根据。

通常房屋有几层就应画几个平面图，并标注相应的图名和比例。当房屋有若干层完全相同时，可用一个平面图表达，称为标准层平面图。

由于平面图一般采用1:100、1:150、1:200和1:50的比例绘制，所以门、窗和设备等均采用GB/T 50104—2010《建筑制图标准》规定的图例表示。常见构造及配件图例见表9-2。

二、建筑平面图的图示内容

1）墙、柱、垛的剖切断面，内外门窗位置及编号，房间的名称、房屋的开间与进深的轴线及编号。

2）各房间、构件的定形与定位尺寸。房屋外墙规定标注三道尺寸；近墙一道为门窗洞宽（或墙面凹凸）及窗间墙的起止尺寸；第二道为房间的开间（或进深）尺寸，即轴线尺寸；第三道为总体尺寸。这三道尺寸必须封闭（即三个总量尺寸相等）。

3）标高尺寸。一般平面图分别标注室内地面标高、室外地面标高、室外台阶标高、卫生间地面标高、楼梯平台标高等。

4）主要出入口及楼梯间位置、楼梯上下方向、楼梯间进深尺寸等。

5）阳台、雨篷、雨水管、入口台阶、散水等的位置、形状及尺寸等。

6）卫生间洁具和厨房设备布置。

7）地下室和半地下室、跃层（阁楼）等的平面图。

8）屋顶、露台平面图，表示屋顶的形状、排水方式及设施等。

9）表明剖面图剖切位置与方向的剖切符号，详图、构配件等索引符号。

三、建筑平面图的识读方法

1）看图名、比例，了解该图是哪一层平面图，绘图比例是多少。

2）看底层平面图上的指北针，了解房屋的朝向。

3）看房屋平面外形和内部墙体的分隔情况，了解房屋平面形状和房间分布、用途、数量及相互间的联系，如入口、走廊、楼梯和房间的位置等。

表 9-2　房屋常见构造及配件图例

名称	图例	备注
楼梯	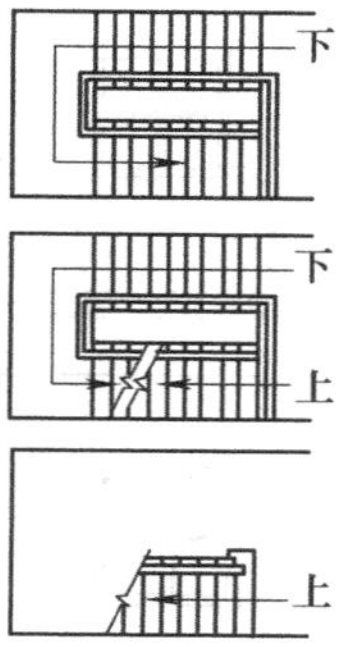 下 下 上 上	1. 上图为顶层楼梯平面图，中图为中间层平面图，下图为底层楼梯平面 2. 需设置靠墙扶手或中间扶手时，应在图中表示
单面开启单扇门（包括平开或单面弹簧）	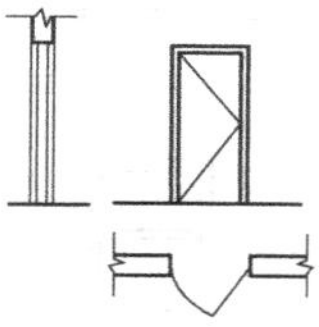	1. 门的名称代号用 M 表示 2. 平面图中，下为外，上为内 门开启线为 90°、60° 或 45°，开启弧线宜绘出 3. 立面图中，开启线为外开，虚线为内开。开启线交角的一侧为安装合页一侧。开启线在建筑立面图中可不表示，在立面大样图中可根据需要绘出 4. 剖面图中，左为外，右为内 5. 附加纱扇应以文字说明，在平、立、剖面图中均不表示 6. 立面形式应按实际情况绘制
门连窗	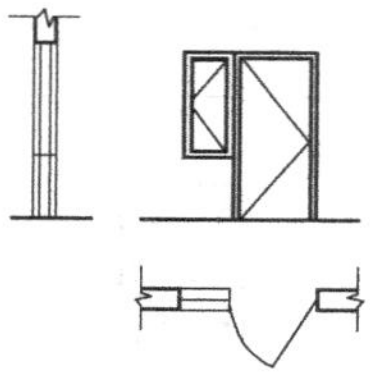	
双层单扇平开门	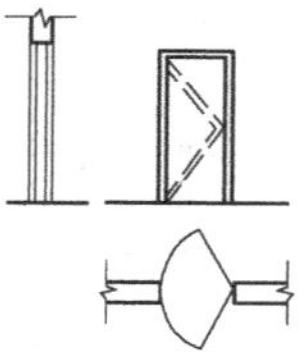	
单面开启双扇门（包括平开或单面弹簧）	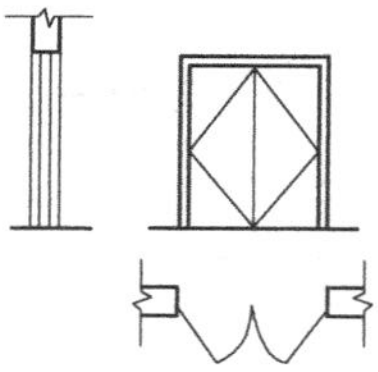	
双层双扇平开门	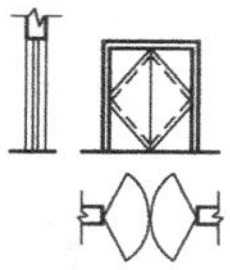	
墙洞外单扇推拉门	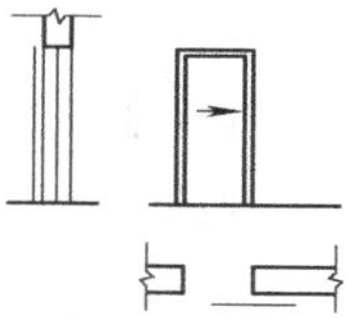	1. 平面中，下为外，上为内 2. 剖面图中，左为外，右为内 3. 立面形式应按实际情况绘制
墙中双扇推拉门	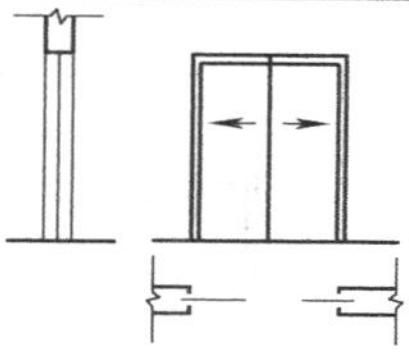	
旋转门	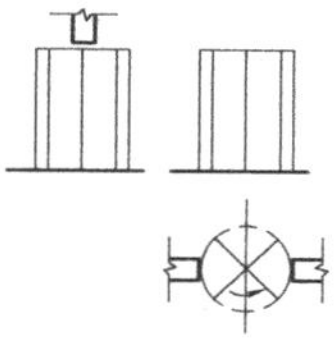	立面形式应按实际情况绘制
两翼智能旋转门	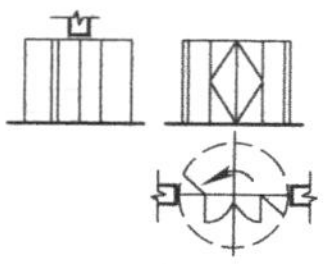	
竖向卷帘门	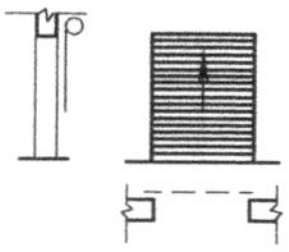	
双侧单层卷帘门	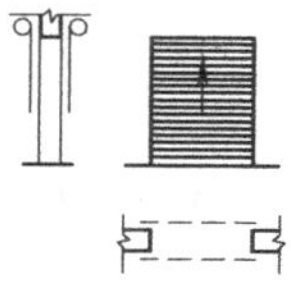	
折叠门	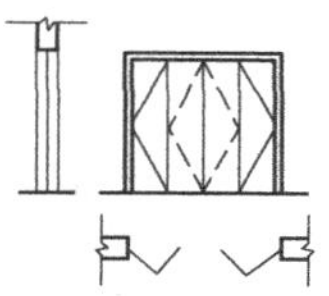	1. 平面图中，下为外，上为内 2. 立面图中，开启线实线为外开，虚线为内开。开启线交角的一侧为安装合页一侧 3. 剖面图中，左为外，右为内 4. 立面形式应按实际情况绘制

（续）

名称	图例	备注	名称	图例	备注
新建的墙和窗		1. 窗的名称代号用C表示 2. 平面图中，下为外，上为内 3. 立面图中，开启线实线为外开，虚线为内开。开启线交角的一侧为安装合页一侧。开启线在建筑立面图中可不表示，在门窗立面大样图中需绘出 4. 剖面图中，左为外，右为内。虚线仅表示开启方向，项目设计不表示 5. 附加纱窗应以文字说明，在平、立、剖面图中均不表示 6. 立面形式应按实际情况绘制	单层推拉窗		立面形式应按实际情况绘制
单层外开平开窗			双层推拉窗		
双层内外平开窗			上推窗		
内开平开内倾窗			百叶窗		
上悬窗			平推窗		
中悬窗			坡道	下	
下悬窗			检查口		左图为可见检查口，右图为不可见检查口
			孔洞		阴影部分也可填充灰度或涂色代替

4）看底层平面图，了解室外台阶、花池、散水坡度（或明沟）及雨水管的尺寸大小和位置。

5）看图中定位轴线的编号及其间距尺寸，从中了解各承重墙（或柱）的位置及房间大小，以便施工时定位放线和查阅图样。

6）看平面图的各部尺寸。平面图的尺寸分为内部尺寸和外部尺寸，从各道尺寸的标注，可知各房间的开间、进深、门窗及其室内设备的大小、位置。

7）看地面标高、楼面标高等。

8）看门窗的分布及其编号，了解门窗的位置、类型及其数量。平面图中窗的代号用C表示，门的代号用M表示。对于规格大小和材料组成不同的门窗，还需在代号后面写上编号，如M1、M2、M3和C1、C2等。

9）看底层平面图上剖面的剖切符号，了解剖切位置及编号。

10）查看平面图中的索引符号。

四、建筑平面图阅读实例

（一）底层平面图的识读

图9-14所示为某办公楼底层（一层）平面图。

1）绘制比例为1:100。从图中指北针可知房屋主要入口在南侧，两个次要入口在北侧。房屋平面外轮廓总长为32240mm，总宽为16240mm。在正门外有四步台阶，楼房四周有散水暗沟。

2）从大门入口进入办公楼看房屋布置与分布情况。大门东侧是洽谈室和车辆调度中心，西侧是洽谈会和4S办公室。北侧为人力资源部、财务部、信息部、物流部、市场部、楼梯和卫生间等。图中西侧楼梯处箭头旁写有“上26”，是指从底层到二层两个梯段共有26级踏步，“下3”是指从走廊到门厅要下3级踏步；图中东侧楼梯箭头旁写有“上28”，是指从底层到二层两个梯段共有28级踏步。

3）平面图横向轴线的编号为①～⑮，竖向轴线的编号为Ⓒ～Ⓗ，轴线间的尺寸表明了各房间的开间和进深尺寸。

4）地面标高。正门厅地面标高为±0.000，北侧两个门厅地面的标高为－0.450m，其余房间地面的标高均为±0.000。

5）底层平面图中有三个剖切符号表明剖切平面的位置。在图中西北部M1坡道处、砖砌散水暗沟处、门厅台阶处有索引符号，表明另有详图画出。

（二）楼层平面图的识读

下面以图9-15所示的某办公楼二层平面图为例，说明楼层平面图的识读方法。

办公楼的二层平面图与一层平面图的不同处如下：

房屋平面外轮廓总宽度不同，为18040mm。房间的布置和分布不同，各房间具体名称如图所示。竖向轴线增加了Ⓐ、Ⓑ轴。平面图上画有北侧两个次要入口上的雨篷。西侧楼梯旁标有“下26”，表明从二层到一层要下26级踏步；标有“上24”，表明从二层到三层要上24级踏步。东侧楼梯旁标有“下28”，表明从二层到一层要下28级踏步；标有“上24”，表明从二层到三层要上24级踏步。楼面的标高为4.200m。在董事长和总经理办公室里各设有一个卫生间。

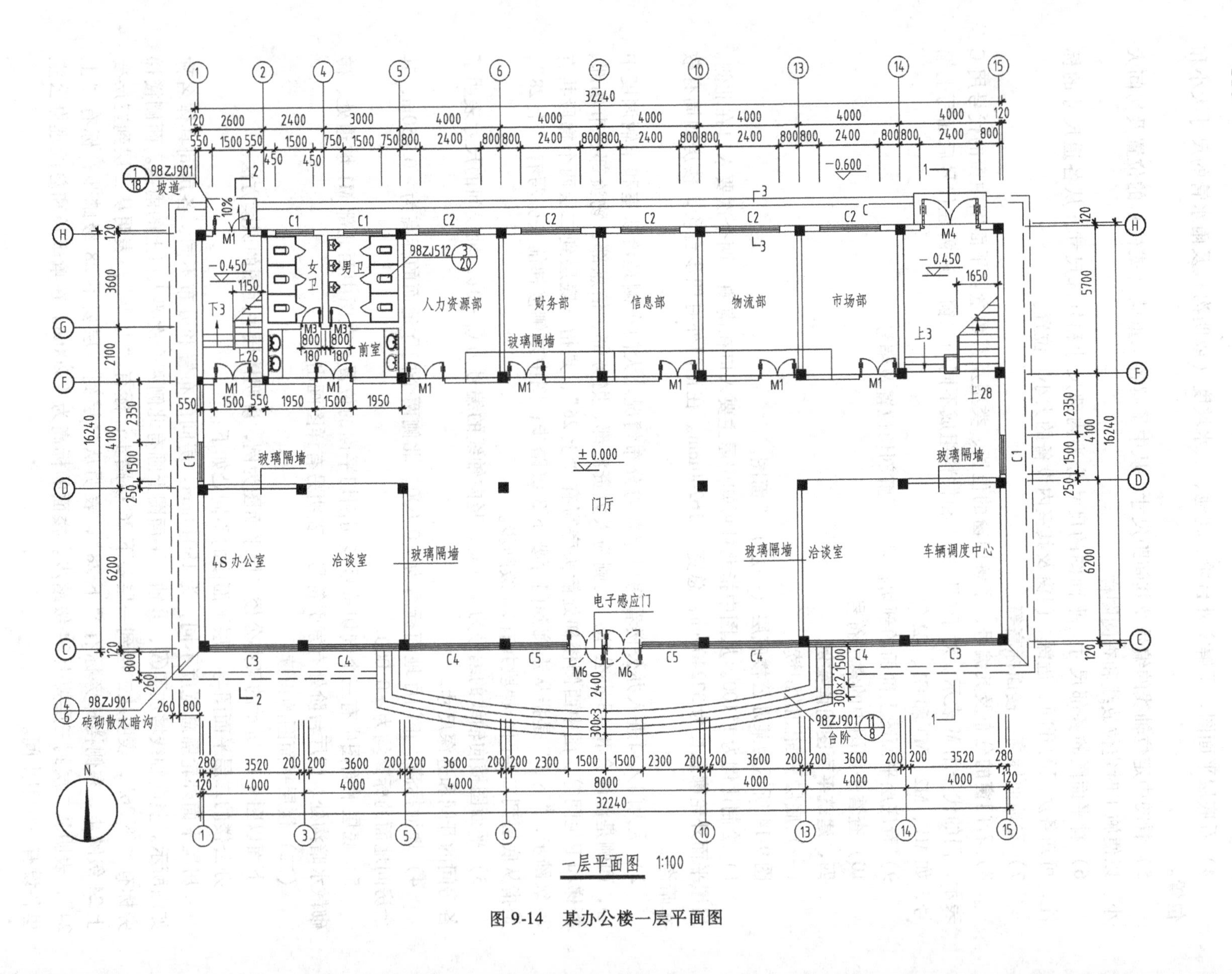

图 9-14 某办公楼一层平面图

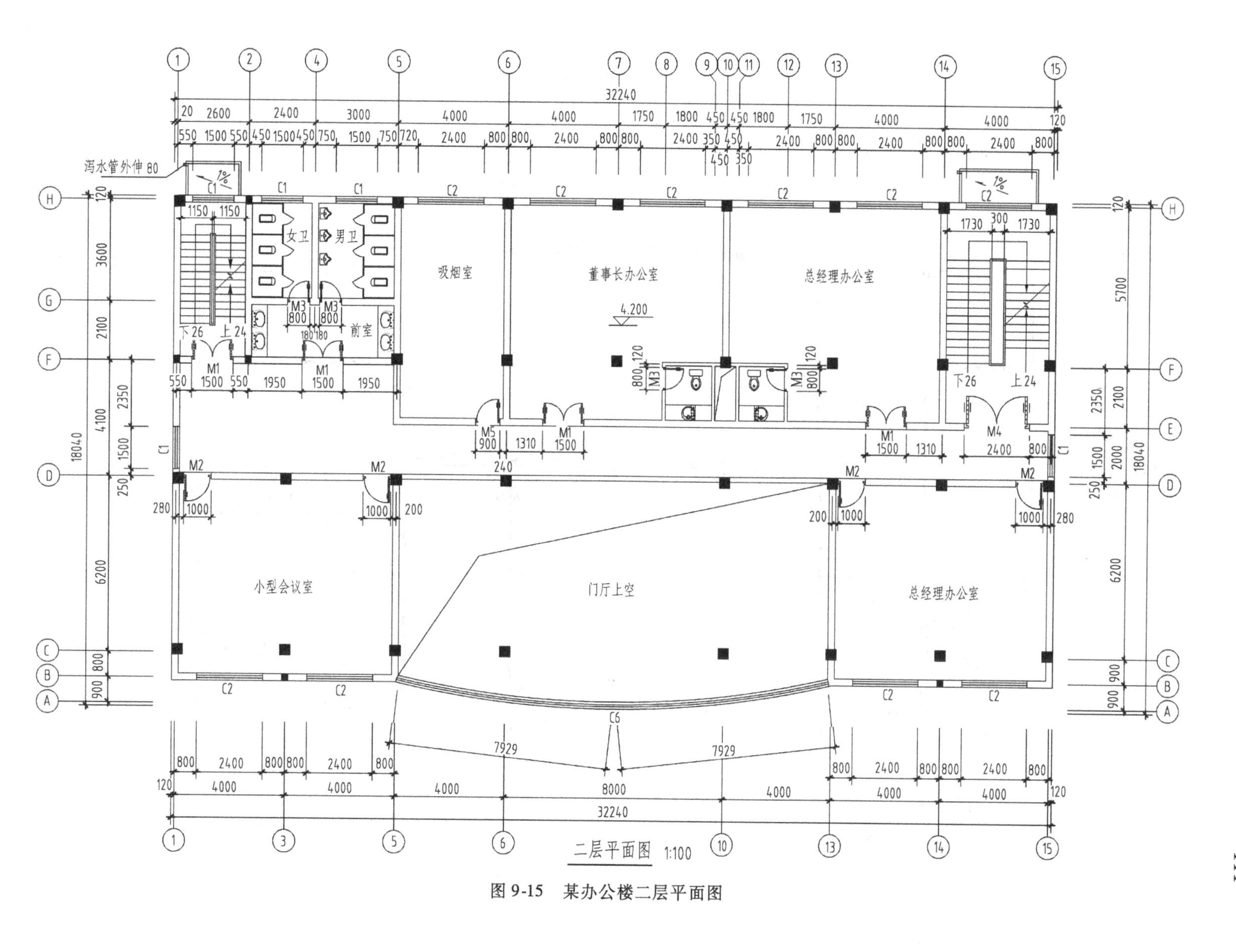

图 9-15 某办公楼二层平面图

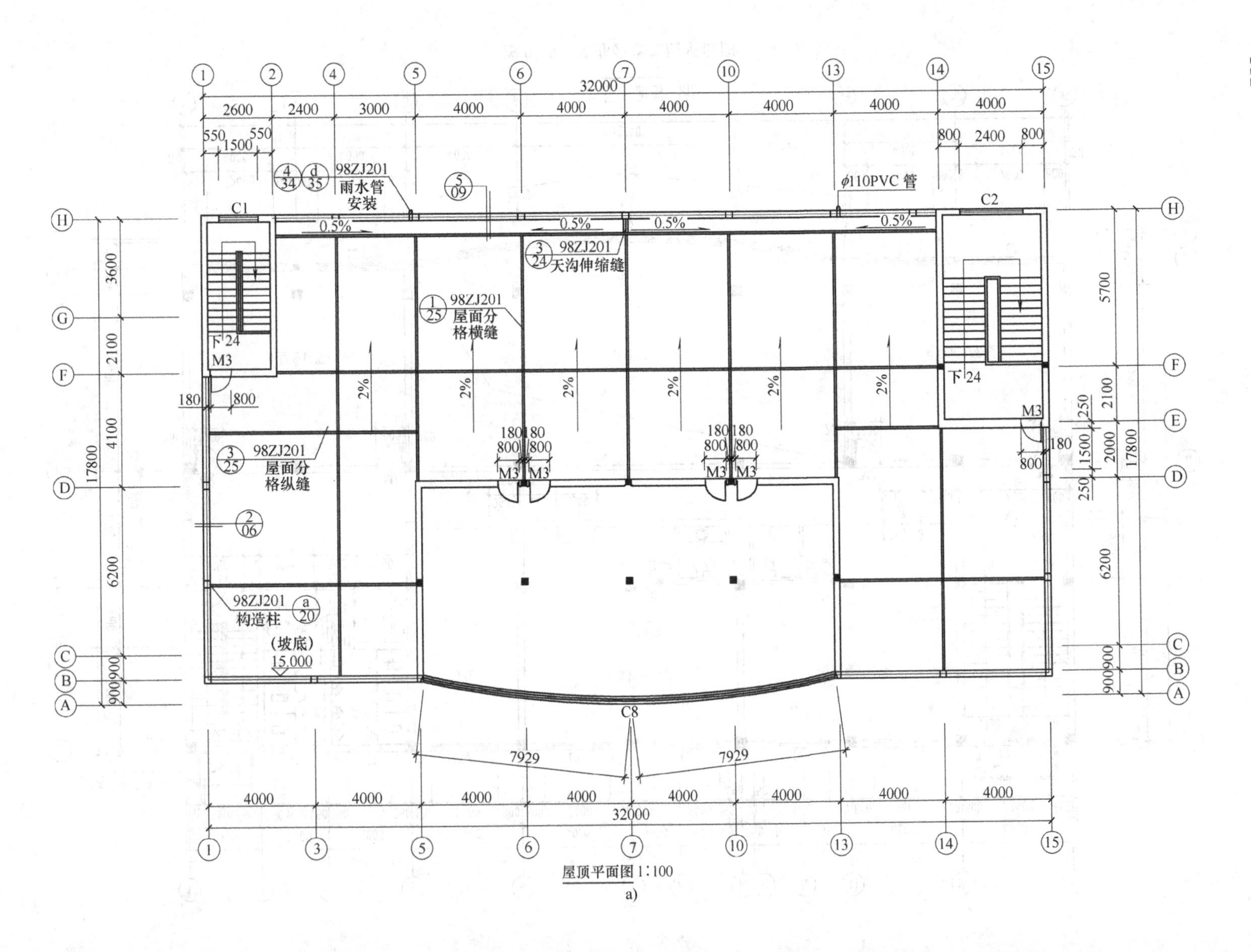
98ZJ201
雨水管
安装
φ110PVC 管
98ZJ201
天沟伸缩缝
98ZJ201
屋面分
格横缝
98ZJ201
屋面分
格纵缝
98ZJ201
构造柱
（坡底）
15.000
0.5%
2%
C1
C2
C8
M3
下24
7929
32000
17800

屋顶平面图 1∶100

a)

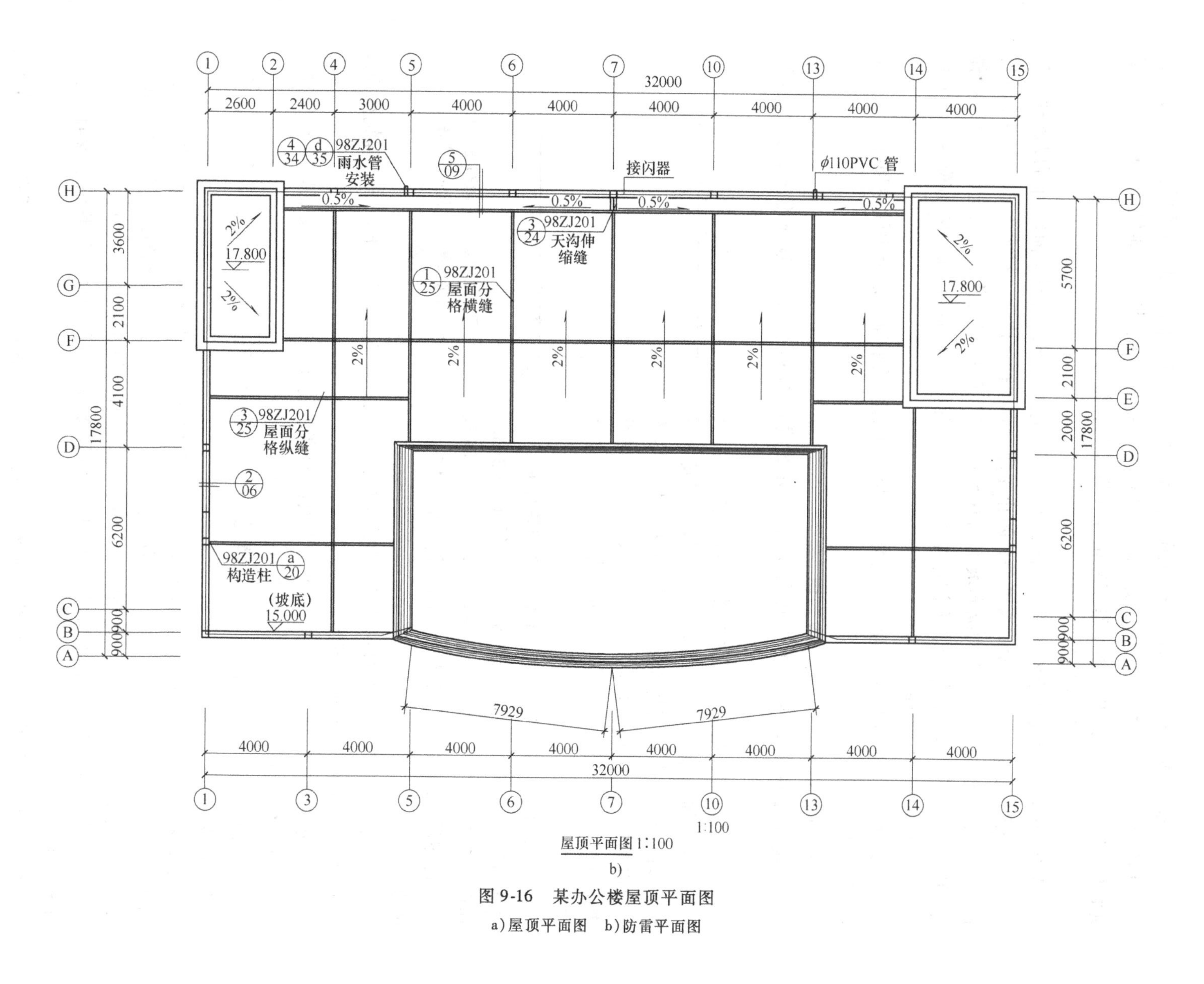

图 9-16 某办公楼屋顶平面图

a）屋顶平面图 b）防雷平面图

（三）屋顶平面图

屋顶平面图是屋顶外形的水平投影图。在屋顶平面图中一般应表明屋顶形状、屋面排水方向和坡度、天沟及檐口的位置、女儿墙和屋脊线、屋顶水箱、烟囱、通风道、楼梯间的屋顶平面、屋面检查上人孔、雨水管和避雷针（带）的位置等。

1. 上人屋顶平面图的识读

图 9-16a 所示为某办公楼屋顶平面图，本屋顶为上人屋顶，门与屋面之间可以读到一条相贯线，表明楼梯间的门与屋面有高差，防止屋面的雨水往室内流。排水方式为有组织外排水，屋面横向坡度为 2%，天沟纵向坡度为 0.5%。屋顶四周有女儿墙，可起到安全围护作用，雨水管安装、屋面分格线、天沟伸缩缝、构造柱等均注出标准图集的索引符号，表明标准图集均画有相对应的详图。

图 9-16b 中，除防雷带设置在女儿墙上和楼梯间的屋顶平面上以及中间屋顶外，其他位置与图 9-16a 相同。

2. 屋顶防雷平面布置的一般知识

一套完整的防雷装置主要由接闪器、引下线和接地装置三部分组成，如图 9-17 所示。

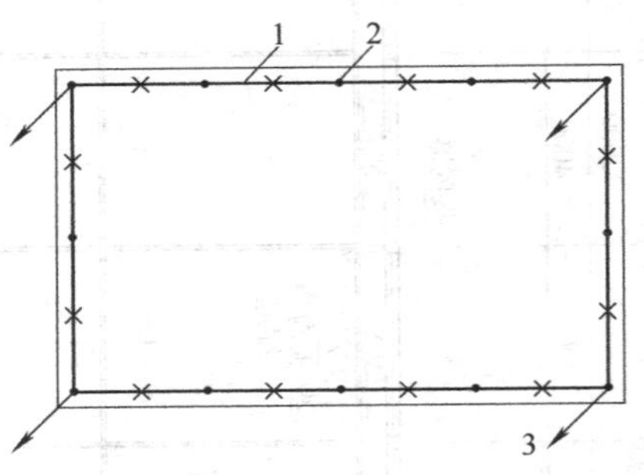

图 9-17　屋顶防雷平面布置示意图
1—防雷接闪器　2—防雷带支撑杆
3—防雷引下线

（1）接闪器　接闪器又称受雷装置，是接受雷电流的金属导体，即通常所指的避雷针、防雷带或防雷网。接闪器安装在建筑物顶端，其作用是将附近的雷云放电诱导过来，通过引下线注入大地，从而使建筑物免遭直接雷击。安装防雷网和防雷带时一般尺寸有如下要求：

1）避雷针一般用镀锌圆钢或焊接钢管制成，圆钢截面不得小于 $100mm^2$，钢管厚度不得小于 3mm。其直径不应小于下列数值：针长在 1m 以下时，圆钢 12mm、钢管 20mm；针长为 1 ~ 2m 时，圆钢 16mm、钢管 25mm。

2）明装防雷带和防雷网一般用圆钢或扁钢制成。圆钢直径不应小于 8mm；扁钢截面尺寸不应小于 $48mm^2$，扁钢厚度不应小于 4mm。

3）明装避雷带距离屋顶面或女儿墙顶面的高度为 10 ~ 20cm，其支点距离不应大于 1.5m。在建筑物的沉降缝处应多留出 10 ~ 20cm。

4）接闪器应镀锌或涂漆，在腐蚀情况较严重的环境，还应适当加大接闪器的截面或采取其他防腐措施。

本例采用防雷带，即用 ϕ12mm 的镀锌钢筋直接敷设在女儿墙和高出屋面的部位作为接闪器。防雷带需要每隔一段固定（多为焊接）一根支撑杆，来保持敷设质量和防雷效果，支撑杆采用 ϕ12 镀锌钢筋、支撑高度为 140mm，支撑杆之间的距离为 1.2m。

（2）引下线　引下线是把雷电流由接闪器引到接地装置的导体。安装引下线时一般尺寸有如下要求：

1）引下线一般采用圆钢或扁钢制成，其截面积不应小于 $48mm^2$，易遭受腐蚀的部位，其截面积应适当加大。为避免很快被腐蚀，引下线最好不采用绞线，其尺寸不应小于下列数值：圆钢直径 8mm；扁钢截面积 48mm²，扁钢厚度 4mm。

2）引下线的敷设分明装和暗装两种。明装引下线沿建筑物外墙面敷设，从接闪器到接地体，引下线的敷设路径应尽可能短而直。根据建筑物的具体情况，不可能直线引下时，也可以弯曲。暗装引下线常见于高层建筑或建筑艺术较高的建筑物。在这些建筑物的防雷装置中将引下线预埋在墙内，但导线截面积应相应加大。若利用混凝土柱内钢筋作引下线时，主钢筋应焊接牢靠，使之成为良好的电气通路。

3）引下线不得少于 2 根，其间距不大于 30m。当技术上处理有困难时，允许放宽到 40m，最好是沿建（构）筑物周边均匀引下。但对于周长和高度均不超过 40m 的建（构）筑物，可只设 1 根引下线。

4）引下线的固定支点间距不应大于2m，敷设引下线时，应保持一定的松紧度，避开建筑物的出入口和行人较易接触的地方。在易受机械损伤的地方，离地面约 1.7m 处至地下 0.3m 处的一段引下线应加保护措施。

5）采用多根明装引下线时，为便于测量接地电阻以及检验引下线和接地线的连接状况，宜在每条引下线距地面 1.8 ~2.2m 处设置断接卡子。

本例引下线采用2 根 ϕ12 镀锌钢筋，沿拟建房屋南向两墙角外墙面上敷设。引下线的固定支点间距为 1.5m，应保持一定的松紧度。引下线两端分别与接闪器、接地装置焊接牢固，也应保持一定的松紧度。

（3）接地装置　接地装置是埋设在地下的金属导体，它由引下线和接地体组成，其作用是把雷电流迅速疏散到周围土壤中去。为了限制防雷装置对地电压过高，接地体的电阻要小，一般不超过 10Ω。接地体分人工接地体和自然接地体两种。

1）人工接地体（图 9-18）。又分为垂直埋设和水平埋设两种。人工接地体所用材料的最小尺寸：圆钢直径 10mm；扁钢截面积 100mm²，厚度 4mm；角钢厚度 4mm；钢管壁厚 3.5mm。常用的垂直接地体为直径为 50mm、长度为 2.5m 的钢管。但为了减少外层温度变化对流散电阻的影响，埋入地下的垂直接地体上端距地面应不小于 0.5m。

2）自然接地体。包括建筑物的钢结构和钢筋、行车的钢轨、埋地的钢管（但可燃液体和可燃、可爆气体的管道除外），以及敷设于地下面数量不少于两根的金属电缆外皮等。采用自然接地方式时，一定要保证良好的电气连接，在建筑物钢结构的接合处，可用螺栓连接或其他连接形式；也可用焊接方式，且要采用跨接焊接，而且跨接焊接线也应保持一定的松紧度。

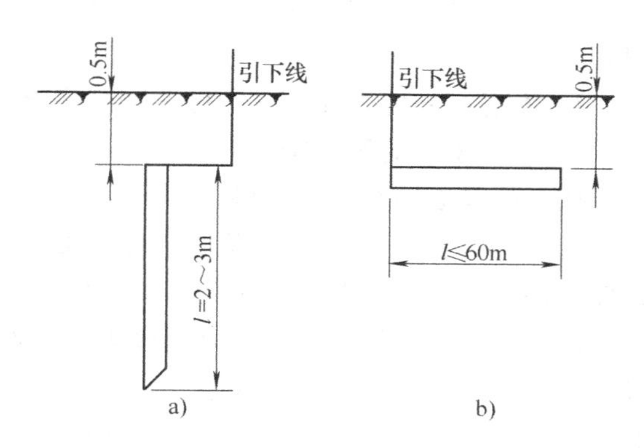

图 9-18　人工接地体

a）垂直埋设的棒形接地体

b）水平埋设的带形接地体

本例采用最常用的垂直打入土壤中的接地体，其为直径为50mm、长为2.5m 的钢管。为了减少外层温度变化对流散电阻的影响，埋入地下的垂直接地体（镀锌钢管）上端距地面应不小于0.5m。埋设接地体时，须将周围填土夯实，不得回填砖石、焦渣、炉灰之类的杂土。

第五节 建筑立面图

一、建筑立面图的表达方法及特点

房屋建筑立面图是采用正投影的方法绘制的正投影图（如 *V* 面、*W* 面投影），简称立面图。立面图的命名方法有三种：当建筑物有定位轴线及编号时，按立面图两端轴线号命名，如①~⑮、⑮~①等；当无定位轴线及编号时，按建筑立面的主次命名，如正立面图、背立面图、左侧立面图、右侧立面图；或按建筑物的朝向命名，如南立面图、北立面图、东立面图和西立面图等。

立面图主要反映房屋的外部特征和局部构件（如门窗、阳台、檐口、屋顶、装修的线脚、花纹等）的形式，内部不可见的虚线不画。

在立面图上，图形相同而又大量重复的构件可以简化画出，如窗可只画窗洞轮廓线，对复杂花饰只画示意图样并标注索引符号，另行绘出详图。

二、建筑立面图的图示内容

1）画出建筑物室外地面线以上的勒脚、台阶、花台、门、窗、雨篷、阳台、室外楼梯、外墙面的壁柱花饰和预留孔洞、檐口、屋顶等。

2）立面图上通常不标注尺寸和标高，对高度需要特殊限定的部位可以标注标高。

3）标注建筑物两端或分段的轴线编号。

4）标注饰面材料和色彩。

5）标注细部详图索引符号等。

三、建筑立面图的识读方法

1）看图名和比例，了解是哪一部分的立面图。

2）看房屋立面的外形，以及门窗、屋檐、台阶、阳台、烟囱、雨水管等的形状及位置。

3）看立面图中的标高尺寸，了解室外地坪、出入口地面、勒脚、窗口、大门口及檐口等处标高。

4）看房屋外墙表面装修的做法和分格形式等。

5）查看图上的索引符号。

四、建筑立面图阅读实例

图 9-19、图 9-20 所示为某办公楼立面图，从中可知这是房屋两个立面的投影，用轴线标注立面图的名称，图的比例均为 1:100。图中表明该房屋为四层，局部为五层。

图 9-19①~⑮轴立面图为办公楼主要出入口一侧的正立面，从图中可看到入口大门的式样、台阶、雨篷等。从图 9-20⑮~①轴立面图中可看到楼梯间出入口的室外台阶雨篷的位置和外形。通过两个立面图可看到整个楼房各立面门窗的分布和式样、勒脚、墙面的分格等。

看立面图的标高尺寸可知，该房屋室外地坪为 -0.600m，主大门入口处台阶面为 ±0.000m，雨篷底面的标高为 4.200m。四层顶面标高为 16.400m，五层顶面标高为 19.500m。①~⑮立面各层窗口标高为 0.600m、5.100m、8.700m、12.300m。⑮~①立面各层窗口标高为 0.900m、5.100m、8.700m、12.300m，两个次要入口处台阶面的标高为 -0.450m，雨篷底面的标高为 1.650m。

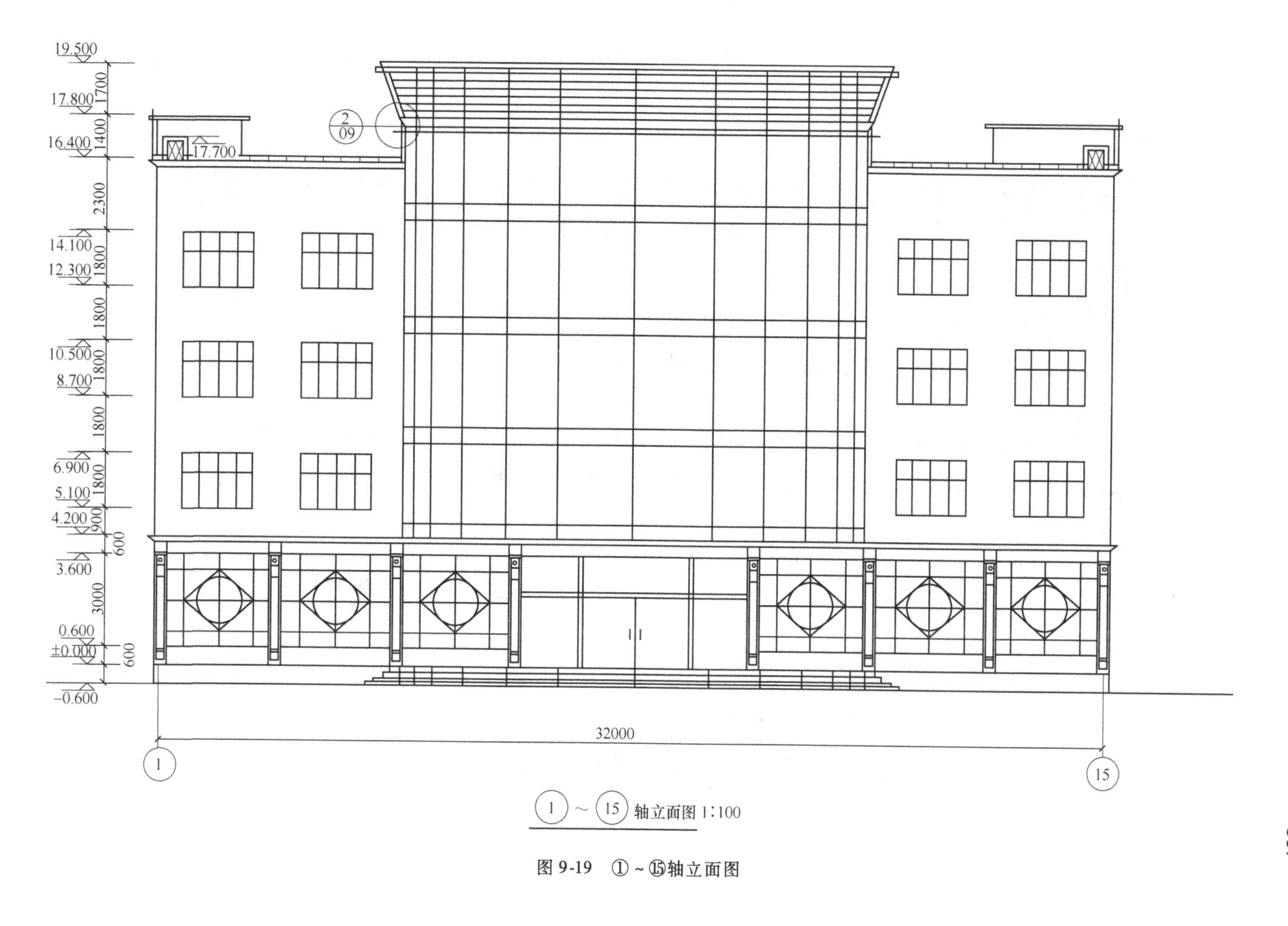

19.500
17.800
16.400
14.100
12.300
10.500
8.700
6.900
5.100
4.200
3.600
0.600
±0.000
-0.600
1700
1400
2300
1800
1800
1800
1800
1800
1800
900
600
3000
600
2
09
17.700
32000
1
15
1 ~ 15 轴立面图 1:100

图 9-19 ①~⑮轴立面图

19.500
17.800
16.400
15.500
13.700
12.300
10.500
8.700
6.900
4.800
3.000
1.650
−0.450
−0.600
1700
1400
900
1800
1400
1800
1800
1800
2100
1800
350
2100
150
17.100
14.100
12.300
10.500
8.700
6.900
5.100
2.700
0.900
300
1/09
2/09
32000
15
1
⑮～①轴立面图 1∶100

图 9-20 ⑮～①轴立面图

第六节　建筑剖面图

一、建筑剖面图的表达方法及特点

建筑剖面图是用一假想的竖直剖切平面垂直于外墙将房屋剖开，移去剖切平面和观察者之间的部分，作出的剩余部分的投影图，简称剖面图，主要表达房屋内部的楼层分层、垂直方向的高度、简要的结构形式、构造及其材料做法等情况。

剖面图的剖切位置一般选取房屋结构、构造比较复杂之处，如楼梯间、门窗洞口、阳台等部位。剖面图的数量与方式不限，按实际情况和需要确定。

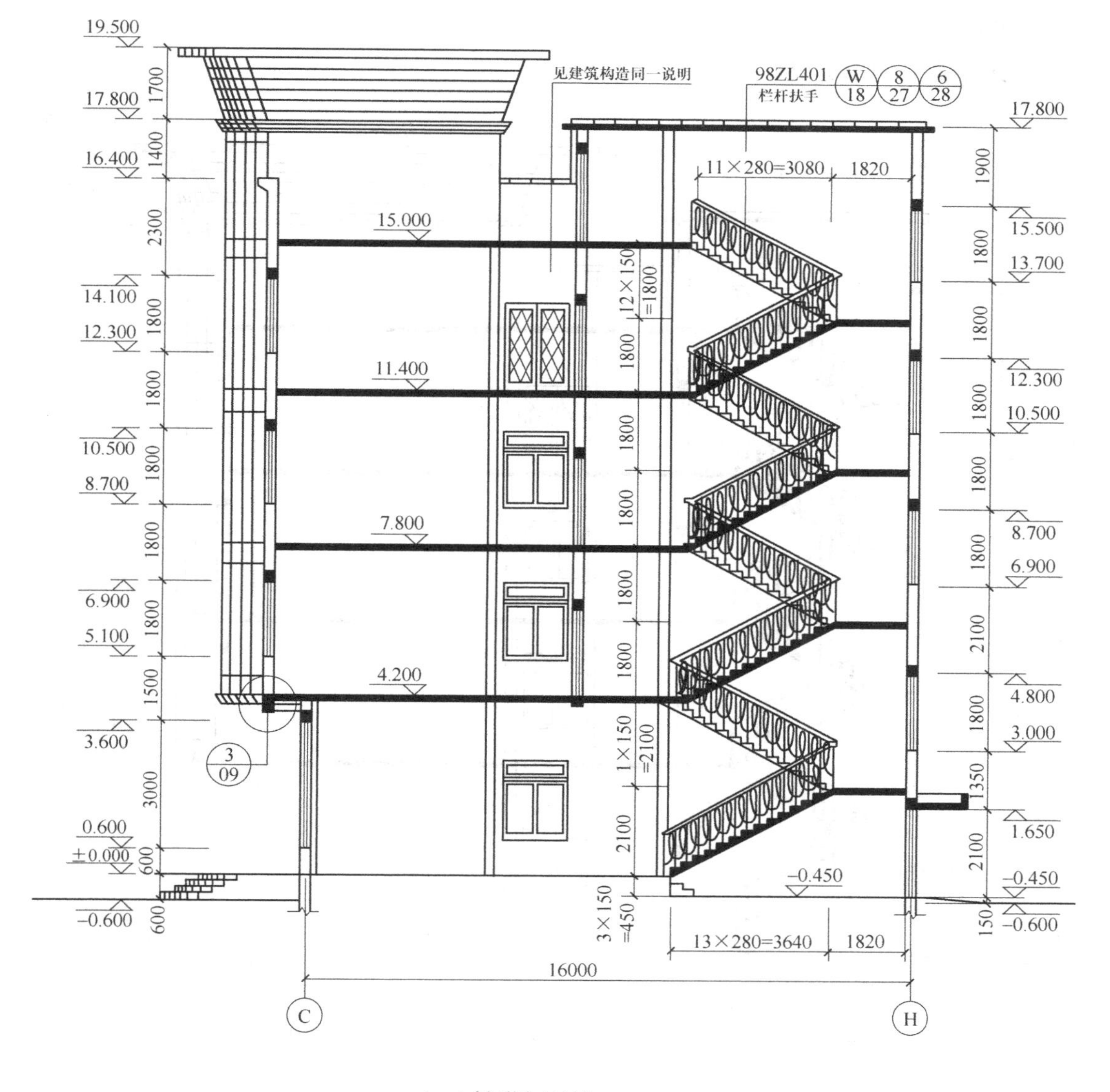

图 9-21　某办公楼 1—1 剖面图

二、建筑剖面图的图示内容

1）表明竖向承重构件（墙、柱）等图形及定位轴线。

2）表明建筑物剖切构件（如各层楼面、顶棚、屋顶、门、窗、楼梯、阳台、雨篷等）的断面及剖视方向可见的图线。

3）标注出被剖切构件的竖向尺寸及标高。

4）对某些构造复杂的部位可标注简洁的文字，说明材料和构造做法等。

三、建筑剖面图的识读方法

1）看图名、轴线编号和绘图比例，与底层平面图对照，确定剖切平面的位置及投影方向。

2）看房屋内部构造和结构形式。

3）看房屋各部位的高度。

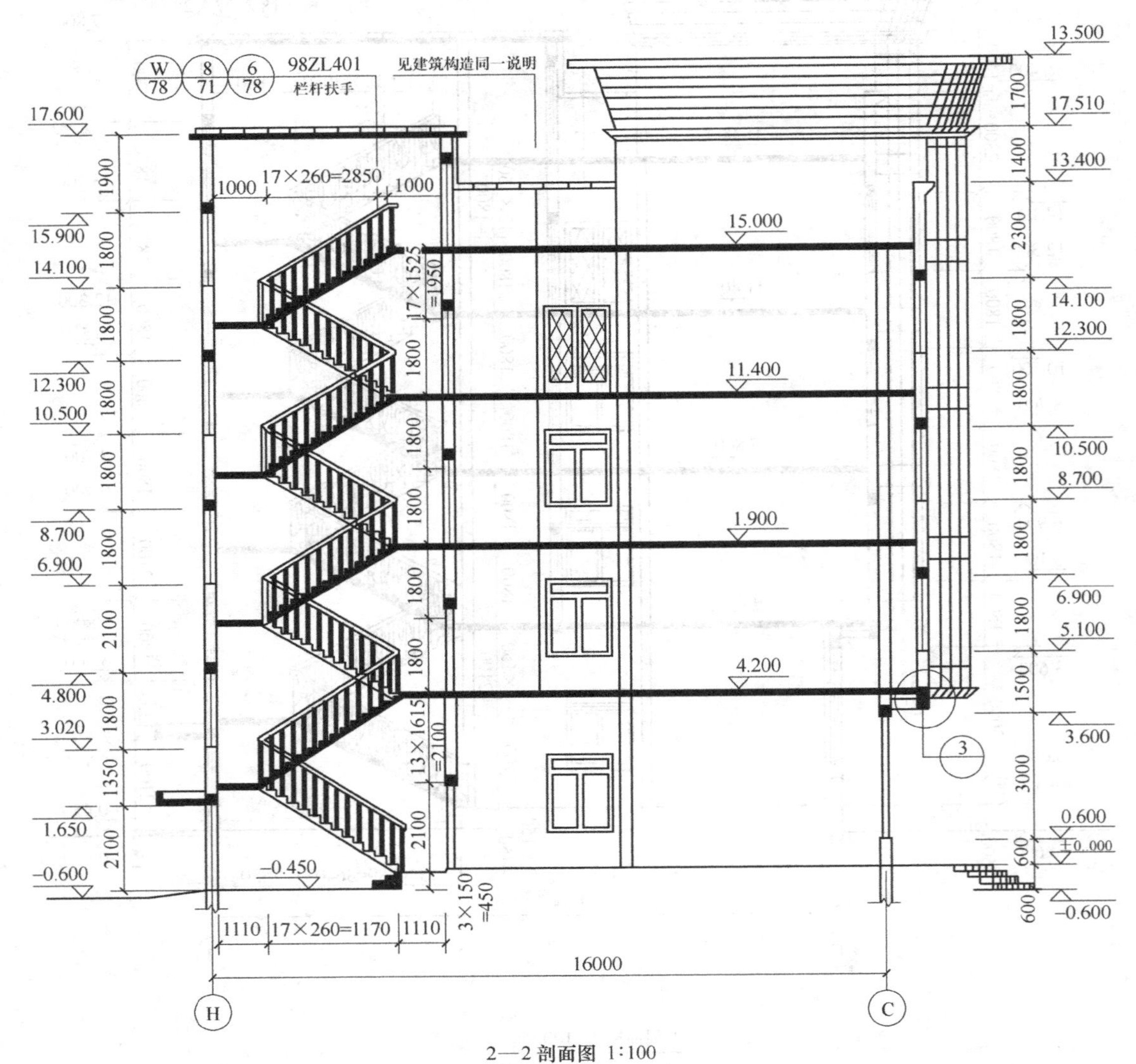

图9-22 某办公楼2—2剖面图

4）看楼地面、屋面的构造。

5）看图中有关部位坡度的标注，如屋面、散水、排水沟与坡道等处。

6）查看图中的索引符号，剖面图中尚不能表示清楚的地方还注有详图索引，说明另有详图表示。

四、建筑剖面图阅读实例

图9-21所示为某办公楼1—1剖面图。从底层平面图（图9-14）的剖切位置可知，1—1剖面图是从⑭～⑮轴线之间剖切的，通过楼梯间和Ⓕ～Ⓒ轴线位置，剖切后拿掉右半部分，所做的从右向左的投影图。从图中可知，剖切到的部分为四层，平屋顶，楼梯间地面标高为-0.450m，迈上三步台阶是底层地面±0.000，室内二、三、四层楼面标高为4.200m、7.800m、11.400m，屋顶面标高为17.800m。楼梯间的门洞高为2.100m。楼梯口处为坡道，上有雨篷。室外地坪标高-0.600m，屋顶标高17.800m。Ⓑ轴墙上窗洞高度尺寸可通过标高算出，均为1800mm，各层窗台高均距本层地面900mm；Ⓗ轴墙上窗洞高度尺寸也可算出，均为1800mm，各个窗口标高如图所示，楼梯栏杆扶手处画有索引符号，另见详图。

从底层平面图（图9-14）的剖切位置可知，图9-22的某办公楼2—2剖面图是从①～②轴线之间剖切的，通过楼梯间和Ⓕ～Ⓒ轴线位置，剖切后拿掉左半部分，所做的从左向右的投影图。剖切到的部分为四层，平屋顶。楼梯栏杆扶手处画有索引符号，另见详图，其余内容同1—1剖面图。

第七节 建筑详图

一、概述

由于建筑物的体量大，其平面图、立面图、剖面图采用的比例较小，因而建筑物的某些细部及构配件的详细构造及尺寸无法表达清楚，根据施工的需要，必须另外绘制大比例的图样（如1:10、1:5等）。这种局部大比例的图样称为建筑详图。建筑详图是平面图、立面图、剖面图的补充，是建筑施工图的重要组成部分，是施工的重要依据。建筑详图包括建筑构配件详图和节点详图。对采用标准图或通用详图的构配件和剖面节点，可以注明所采用的图集名称、编号或页次，不必再画建筑详图。

二、建筑详图的图示内容

通常需要用建筑详图表达的部位和构件主要有：

1）外墙身详图。包括外墙的檐口、泛水、阳台、雨篷、勒脚、饰面的线脚纹样等内容。

2）楼梯详图。楼梯详图一般包括楼梯的平面图、剖面图和踏步、栏杆扶手等的详图。

3）室内装饰详图。顶棚、窗帘盒、窗台板、门窗洞口的筒子板与贴脸、壁柜等的构造与材料做法等。

4）门窗详图。包括门窗立面图、节点图等。

5）卫生间的排气、防水、卫生洁具的布置图及安装要求等。

三、建筑详图的识读

1. 墙身详图

墙身详图是将墙体从上至下剖切后画出的放大局部剖面图。这种剖切可以表明墙身及其屋檐、屋顶面、楼板、地面、窗台、过梁、勒脚、散水防潮层等细部的构造与材料、尺寸大小以及墙身的关系等。墙身详图根据需要可以画出若干个，以表示房屋不同部位的不同构造内容。在多层房屋中，若各层的情况相同时，墙身详图可只画顶层、底层加一个中间层来表示，通常在窗洞中间处断开，成为几个节点详图的组合，如图9-23所示。

现以图9-23为例，说明墙身详图的内容与识读方法。

1）看图名查找底层平面图（图9-14）中的局部剖切线，可知该墙身剖面的剖切位置和投影方向。

2）看檐口剖面部分可知该房屋女儿墙、屋顶层及泛水的构造。

3）看窗顶剖面部分可知窗顶钢筋混凝土过梁的构造情况。其中有的过梁可兼做圈梁，可通过结构图来判断。

4）看窗台剖面部分。

5）看楼板与墙身连接剖面部分。了解楼层地面的构造、楼板与墙的搁置方向等。用多层构造引出线表示楼层地面为预制钢筋混凝土空心板，上做20mm厚1:2水泥砂浆抹面，板下抹20mm厚混合砂浆，再喷大白浆两道。

6）看勒脚剖面部分，可知勒脚、散水、防潮层的做法。该图表示散水坡度为3%，防潮层标高-0.060m，防水砂浆厚20mm。底层地面的做法如图所示。

7）看图中各部位的标高尺寸可知室外地坪，室内一、二、三、四层地面，顶棚和各层窗口上下以及女儿墙顶的标高尺寸。

2. 楼梯详图

房屋中的楼梯是由楼梯段（简称梯段，包括踏步和斜梁）、平台（包括平台板和梁）和栏杆（或栏板）等组成。

楼梯详图主要表示楼梯的类型、结构形式、各部位的尺寸及装修做法，是楼梯施工放样的主要依据。

楼梯详图一般由楼梯的平面图、剖面图和踏步、栏杆扶手等的详图组成。楼梯详图一般分为建筑详图与结构详图，并分别绘制。现以图9-24、图9-25为例说明楼梯详图的内容和识读方法。

（1）楼梯平面图　楼梯平面图是用水平剖切面剖切出的楼梯间水平全剖面图。通常底层和顶层平面图是必须画出的，如果中间层楼梯的构造都一样，可只画一个平面图，并标明标准层平面图即可，否则应分别画出各层的平面图。

楼梯的水平剖切位置应设在该层向上走的第一个梯段（即平台下）任一位置处，各层被剖切到的梯段，按国家标准规定，均在平面图中用一根45°的折断线表示。在每一梯段处画有一长箭头，并注写“上”或“下”字和步级数，表明从该层楼（地）面向上或向下走多少步级可到达上（或下）一层的楼（地）面，如图9-22所示，底层平面图中的“上28”，表示从底层上28个步级可到二层。楼梯各层平面图的含义是：底层（一层）平面只有一个被剖切的梯段和栏杆，并注有“上”字长箭头，本例还画出了下至门厅的三级台阶；中间层平面图既画出了被剖切的向上走的梯段（注有“上”字的长箭头），又画出了该层向下走的完整楼梯段（注有“下”字的长箭头），楼梯平台以及平台向下的梯段与被剖切的梯段投影重合，以45°折断线为分界；顶层没有向上的梯段，所以从顶层向下看，是顶层到下一层的两个梯段的完整投影和下一层到顶层之间的平台的投影，在梯口处只有一个注有“下”字的长箭头。各层平面图还应标出该楼梯间的定位轴线。

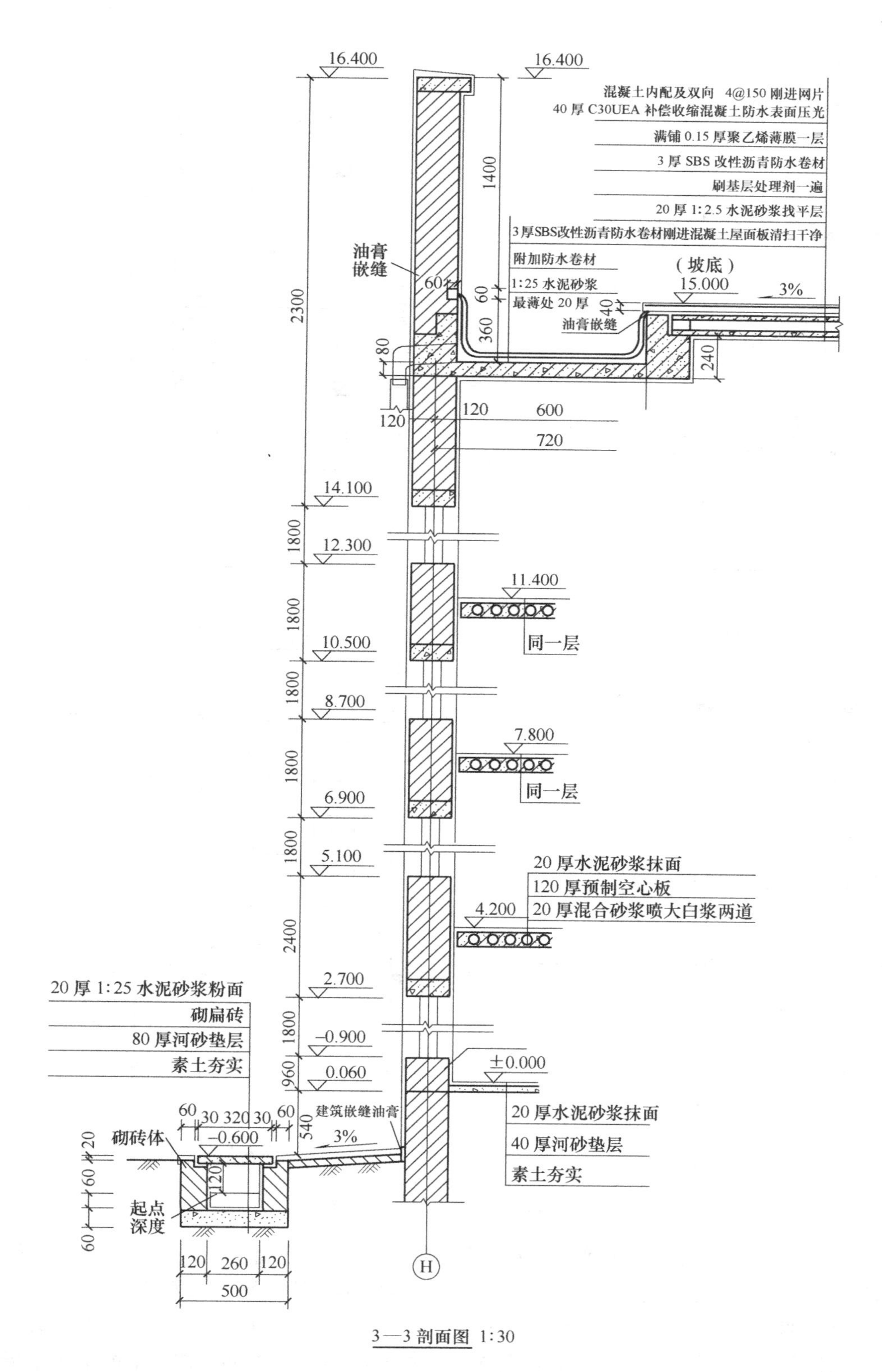

3—3 剖面图 1:30

图 9-23 外墙剖面详图

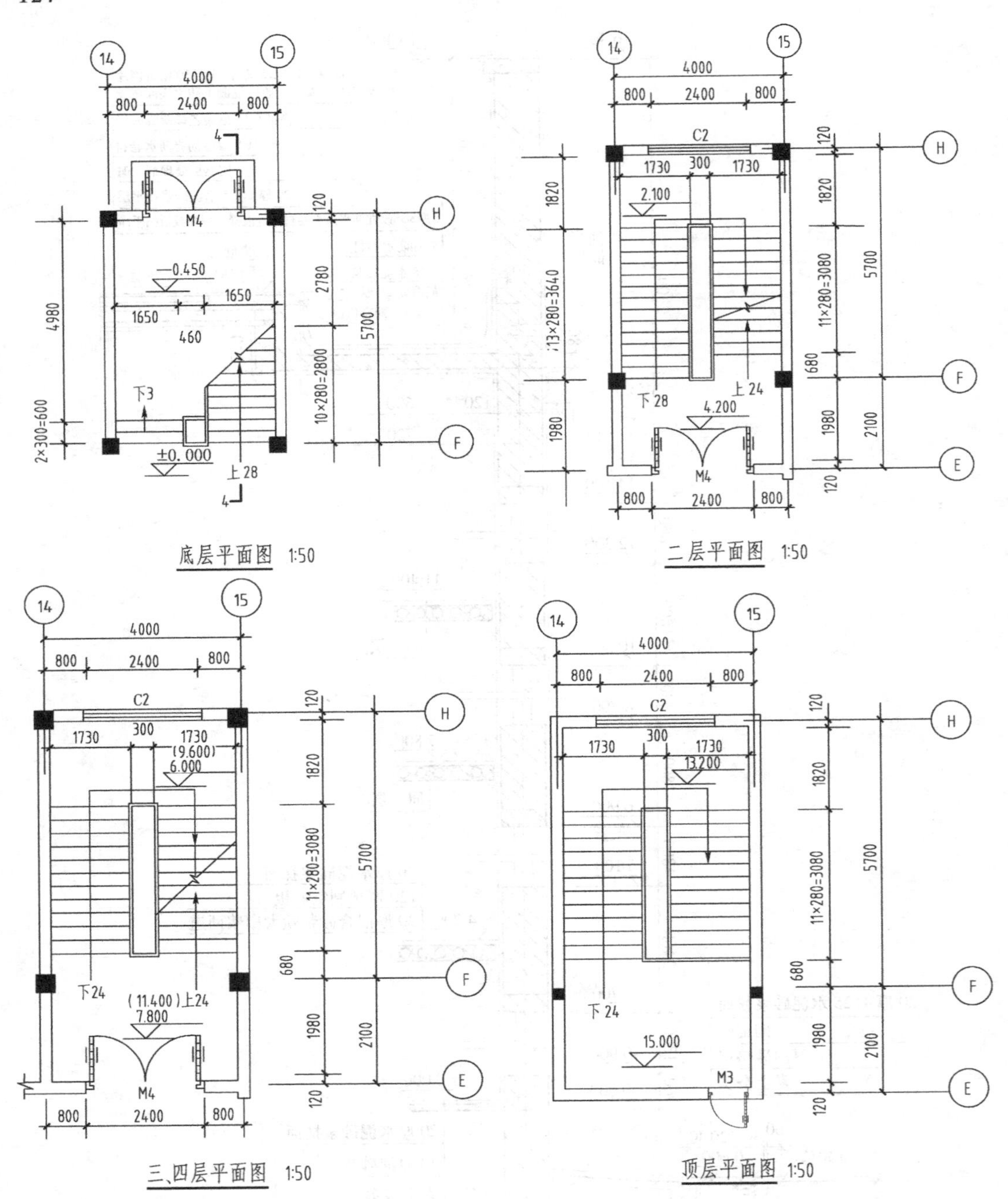

图 9-24　楼梯间平面详图

从图 9-24 可以看出，该楼梯位于Ⓔ ~ Ⓗ、⑭ ~ ⑮轴线之间，一、二、三、四层都是两个梯段，一层梯段的标注是"10 × 280 = 2800"，说明本梯段的踏步级数为 11，梯段的水平投影长为 2800mm；二、三、四层梯段的标注是"11 × 280 = 3080"，说明本梯段的踏步级数为 12，梯段的水平投影长为 3080mm；每个踏面的宽度均为 280mm。梯段上的箭头是指示上下楼的。

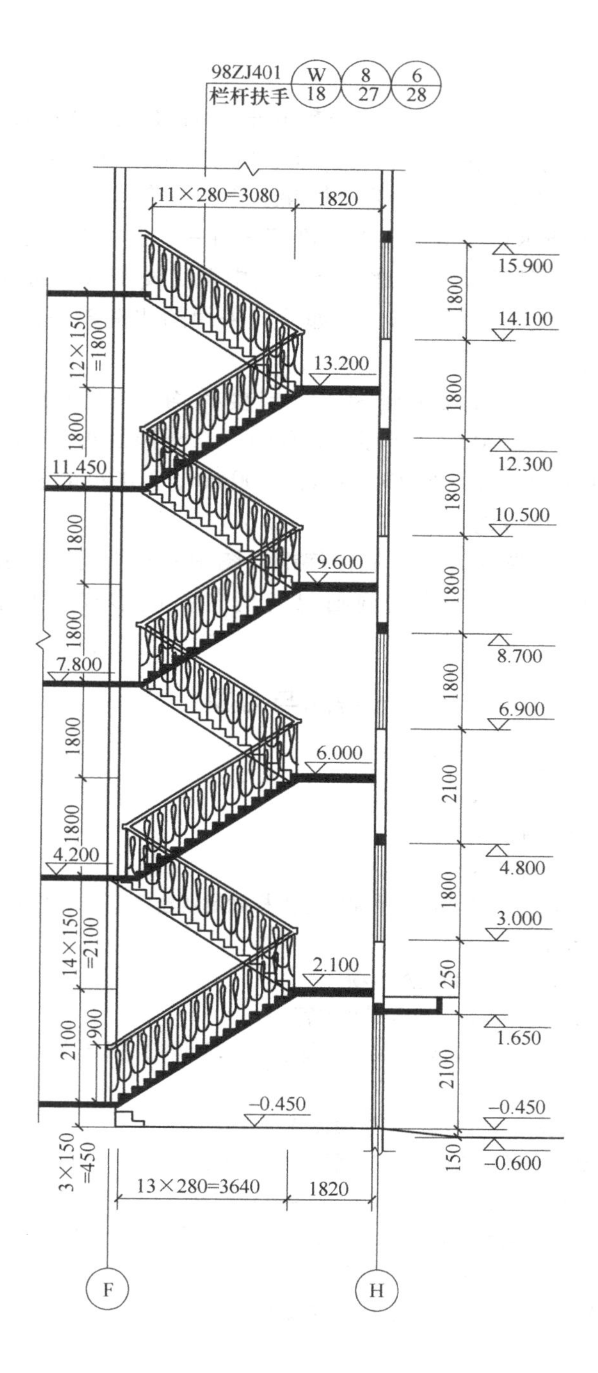

图 9-25　楼梯剖面详图

楼梯平面图对平面尺寸和地面标高进行了详细标注。如开间进深尺寸分别为 4000mm、7800mm，梯段宽 1730mm，平台宽 1820mm。底层下三步处地面标高 −0.450m，底层地面标高 ±0.000，楼面标高 4.200m、7.800m、…，一层平台标高 2.100m，顶层平台标高 13.200m 等。在底层平面图上还对楼梯剖面图的剖切位置做了标记和编号，即 4—4 剖面图。

（2）楼梯剖面图　楼梯剖面图是用一假想的垂直剖切平面沿着各层楼梯段、平台及窗（门）洞口的位置剖切，向未被剖切梯段方向投影所做的正投影图。它能完整地反映出各层梯段、栏杆与地面、平台和楼板等的构造及相互组合关系等。

图9-25是图9-24中所示楼梯的剖面图。剖切面将一、三、五、七梯段剖切，向二、四、六、八梯段投影。图中未剖切到但可见的轮廓线用中粗实线表示，剖切到的轮廓线用粗实线表示，剖切到的断面图上应画上材料图例。如绘图采用的比例较小，混凝土、钢筋混凝土、金属的图例可用涂黑表示。

从图9-25可见，该楼梯为双跑楼梯，每层楼梯均有24级踏步，每个踏步高均为150mm。标高为一楼地面±0.000、平台面2.100m；二楼楼面4.200m、平台面6.000m等。楼梯间的窗、墙等标注了净尺寸，如1350mm、1800mm、2100mm等。对楼梯的细部构造还做了索引标注，可另见该部分的详图。

（3）楼梯栏杆、扶手、踏步详图　从楼梯剖面图中的索引符号可见，楼梯栏杆、扶手、踏步都另有详图，详图将用更大的比例画出它们各自的形式、大小、材料以及构造情况等。

思考题与习题

9-1　试述房屋建筑施工图的内容与编制。

9-2　试述定位轴线的标注形式及规则。

9-3　试述标高的种类和标注要求。

9-4　试述详图索引标志的编号含义。

9-5　试述总平面图的作用与内容。在总平面图上怎样确定新建建筑物的平面位置？

9-6　何为风向频率玫瑰图？

9-7　试述整套施工图的识读顺序和注意事项。

9-8　底层（一层）建筑平面图主要表示哪些内容？

9-9　建筑平面图上规定标注哪几道外部尺寸？每道外部尺寸的作用是什么？

9-10　房屋建筑防雷有哪些措施？

9-11　建筑立面图主要表示哪些内容？怎样阅读建筑立面图？

9-12　建筑剖面图主要表示哪些内容？怎样阅读建筑剖面图？

9-13　什么是建筑详图？通常建筑物哪些部位要绘制详图？

9-14　建筑详图在表达方法上与建筑平面图、立面图、剖面图有何区别？

9-15　墙身详图的内容是什么？怎样阅读墙身详图？

9-16　楼梯详图是由哪些内容组成的？怎样阅读楼梯详图？

第十章　结构施工图

第一节　概　　述

建筑物是由结构构件（如梁、板、墙、柱、基础等）和建筑配件（如门、窗、阳台等）组成的。其中一些主要承重构件互相支承、连成整体，构成建筑物的承重结构体系（即骨架）称为结构。建筑结构按其主要承重构件所采用的材料不同，一般可分为钢结构、木结构、砖石结构和钢筋混凝土结构等。图 10-1 所示为钢筋混凝土结构示意图。

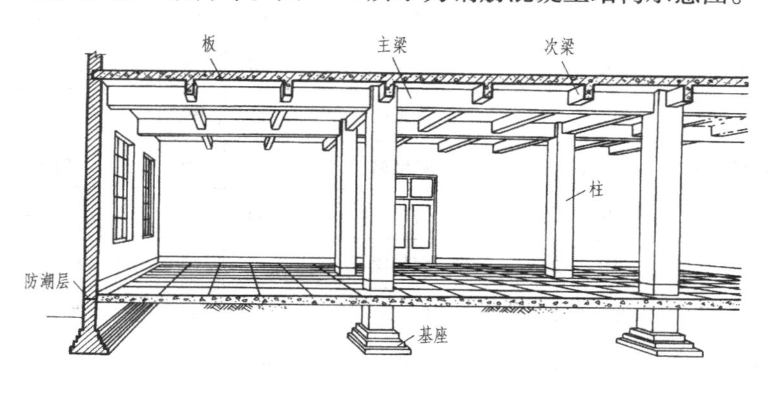

图 10-1　钢筋混凝土结构示意图

对于建筑物，除了进行建筑设计外，还要进行结构设计。结构设计是根据建筑各方面的要求进行结构选型和构件布置，经过结构计算确定建筑物各承重构件的形状、尺寸、材料以及内部构造和施工要求等，将结构设计的结果绘制成图，即为结构施工图。结构施工图还要反映其他专业（如建筑、给水排水、暖通、电气等）对结构的要求。结构施工图是施工放线、挖基槽、支模板、绑钢筋、设置预埋件、浇捣混凝土，梁、板、柱等构件的制作和安装，编制预算和施工组织计划的重要依据。一般的民用建筑结构施工图主要包括以下内容：

1）结构设计说明。

2）结构平面布置图。包括基础平面图、楼层结构平面布置图、屋面结构平面布置图、圈梁平面布置图。

3）结构详图。包括基础、梁、板、柱等结构构件详图，楼梯、雨篷、阳台等结构构件详图。

第二节　钢筋混凝土结构基本知识和图示方法

一、钢筋混凝土结构简介

混凝土由水泥、砂、石子和水按一定的比例拌和而成，凝固后具有一定的强度，抗压性能好，但抗拉性能差。为了充分发挥混凝土的抗压性能，常在混凝土受拉区域内或相应部位加入一定数量的钢筋，使两种材料粘结成一个整体，共同承受外力，这种配有钢筋的混凝土称为钢筋混凝土。配有钢筋的混凝土构件称为钢筋混凝土构件，如钢筋混凝土梁、板、柱等。钢筋混凝土构件有在现场浇制的，称为现浇钢筋混凝土构件；也有在工厂或工地以外预先把构件制作好，然后运到工地安装的，称为预制钢筋混凝土构件。在制作钢筋混凝土构件时，可通过张拉钢筋对混凝土施加预应力，以提高构件强度和抗裂性能，这种构件称为预应力钢筋混凝土构件。

由于结构构件种类繁多，为便于绘图、读图，结构施工图中常用代号表示构件的名称。构件代号采用该构件名称的汉语拼音的第一个字母表示。常用结构构件代号见表10-1。

表 10-1　常用结构构件代号

序号	名　称	代号	序号	名　称	代号	序号	名　称	代号
1	板	B	19	圈梁	QL	37	承台	CT
2	屋面板	WB	20	过梁	GL	38	设备基础	SJ
3	空心板	KB	21	连系梁	LL	39	桩	ZH
4	槽形板	CB	22	基础梁	JL	40	挡土墙	DQ
5	折板	ZB	23	楼梯梁	TL	41	地沟	DG
6	密肋板	MB	24	框架梁	KL	42	柱间支撑	ZC
7	楼梯板	TB	25	框支梁	KZL	43	垂直支撑	CC
8	盖板或沟盖板	GB	26	屋面框架梁	WKL	44	水平支撑	SC
9	挡雨板或檐口板	YB	27	檩条	LT	45	梯	T
10	吊车安全走道板	DB	28	屋架	WJ	46	雨篷	YP
11	墙板	QB	29	托架	TJ	47	阳台	YT
12	天沟板	TGB	30	天窗架	CJ	48	梁垫	LD
13	梁	L	31	框架	KJ	49	预埋件	M－
14	屋面梁	WL	32	刚架	GJ	50	天窗端壁	TD
15	吊车梁	DL	33	支架	ZJ	51	钢筋网	W
16	单轨吊车梁	DDL	34	柱	Z	52	钢筋骨架	G
17	轨道连接	DGL	35	框架柱	KZ	53	基础	J
18	车挡	CD	36	构造柱	GZ	54	暗柱	AZ

注：1. 预制混凝土构件、现浇混凝土构件、钢构件和木构件，一般可以采用表10-1中的构件代号。在绘图中，除混凝土构件可以不注明材料代号外，其他材料的构件可在构件代号前加注材料代号，并在图样中加以说明。

2. 预应力混凝土构件的代号，应在构件代号前加注“Y”，如Y-DL表示预应力混凝土吊车梁。

1. 钢筋的分类和代号

在钢筋混凝土结构设计规范中，对国产建筑用钢筋，按其产品种类等级不同，分别给予不同的代号，以便标注与识别，见表10-2。

表 10-2　常用钢筋代号

钢 筋 品 种	符号	钢 筋 品 种	符号
HPB300	Φ	RRB400（K20MnSi 等）	Φ^R
HRB335（20MnSi）	Φ	冷拔低碳钢丝	Φ^b
HRB400（20MnSiV、20MnSib、20MnTi）	Φ	冷拔Ⅰ级钢筋	Φ^L

钢筋混凝土中的钢筋按其作用可分为以下几种，如图 10-2 所示。

（1）受力筋　在构件中起主要受力作用（受拉或受压），可以分为直筋和弯筋两种。

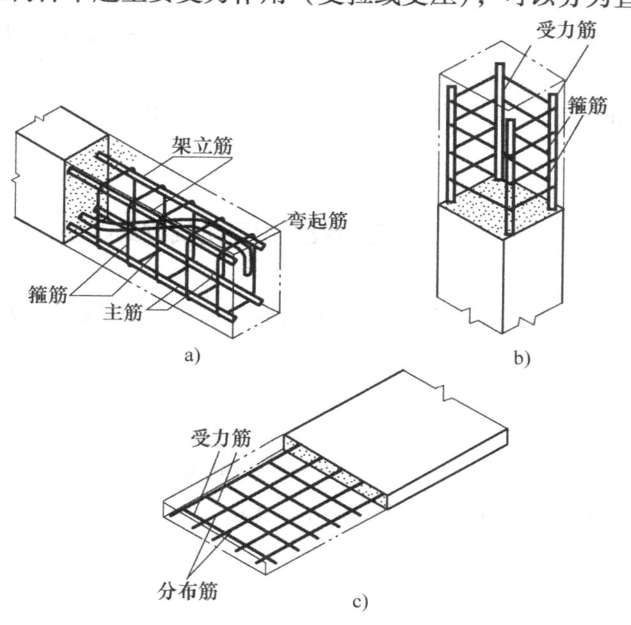

图 10-2　钢筋混凝土梁、板、柱配筋示意图

a）梁　b）柱　c）板

（2）箍筋　主要承受一部分剪力并固定受力筋的位置，多用于梁、柱等构件。

（3）架立筋　用于固定箍筋位置，将纵向受力筋与箍筋连成钢筋骨架。

（4）分布筋　用于板内，与板内受力筋垂直布置，其作用是将板承受的荷载均匀地传递给受力筋，并固定受力筋的位置，此外还能抵抗因混凝土的收缩和外界温度变化在垂直于板跨方向的变形。

（5）构造筋　由于构件的构造要求和施工安装需要而设置的钢筋，如吊筋、拉结筋、预埋锚固筋等。

构件中受力筋如果采用光圆钢筋，两端要弯钩，以加强钢筋与混凝土的粘结力，避免钢筋受拉时滑动；带纹钢筋与混凝土的粘结力强，两端不必弯钩。钢筋端部的弯钩形式通常有三种：

1）带有平直部分的半圆弯钩，如图 10-3a 所示。

2）直角形弯钩，如图 10-3b 所示。

3）斜弯钩，如图 10-3c 所示。

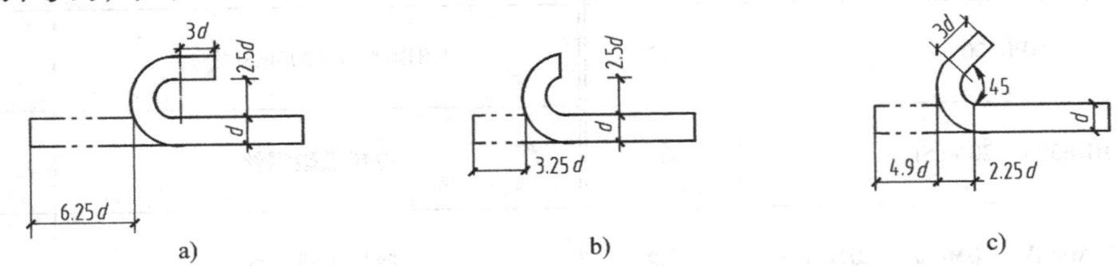

图 10-3　钢筋弯钩的形式

注：图中 d 为钢筋直径

2. 钢筋保护层

为了保护钢筋、防腐蚀、防火以及加强混凝土与钢筋的粘结力，构件中的钢筋外边缘到构件表面应保持一定的距离，称为保护层，如图 10-2 所示。根据《混凝土结构设计规范》（GB 50500—2010）的规定，梁、柱的保护层最小厚度为 20mm，板和墙的保护层最小厚度为 15mm。

3. 钢筋尺寸标注

钢筋的直径、根数或相邻钢筋中心距一般采用引出线方式标注，其尺寸标注有下面两种形式。

（1）标注钢筋的根数和直径（如梁内受力筋和架立筋）　其标注方法如下：

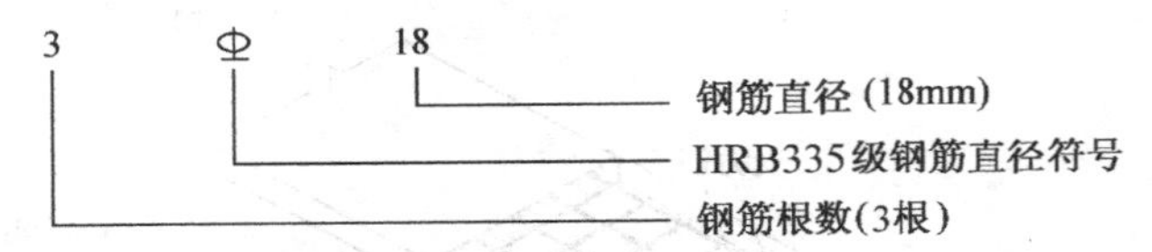

（2）标注钢筋的直径和相邻钢筋的中心距　其标注方法如下：

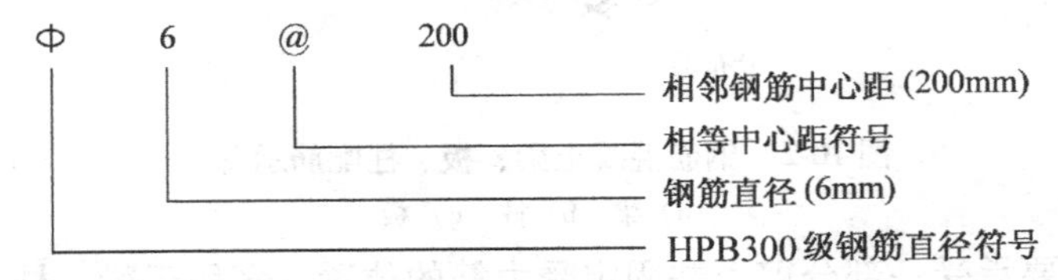

二、钢筋混凝土结构图的图示方法

为了突出表达钢筋在构件内部的配置情况，可假定混凝土为透明体。在构件的立面图和断面图上用中实线画出轮廓线，图内不画材料图例，钢筋简化为单线，用粗实线表示。断面图中剖到的钢筋截面画成黑圆点，其余未剖切到的钢筋仍画成粗实线，并对钢筋的类别、数量、直径、长度及间距等加以标注。一般钢筋图例见表 10-3。

表 10-3　一般钢筋图例

序号	名称	图例	说明
1	钢筋横断面	●	
2	无弯钩的钢筋端部		下图表示长短钢筋投影重叠时可在短钢筋的端部用 45°短画线表示

（续）

序号	名称	图例	说明
3	带半圆形弯钩的钢筋端部		
4	带直钩的钢筋端部		
5	带丝扣的钢筋端部		
6	无弯钩的钢筋搭接		
7	带半圆弯钩的钢筋搭接		
8	带直钩的钢筋搭接		
9	花篮螺丝钢筋接头		

第三节　基础施工图

基础是房屋中重要的承重构件，应埋在地下一定深度。一般民用房屋多以墙承受由楼板传递下来的荷载，基础也就随墙砌筑，做成条形基础，如图 10-4a 所示；当以柱承受由楼板传递下来的荷载时，基础做成单独基础，如图 10-4b 所示。

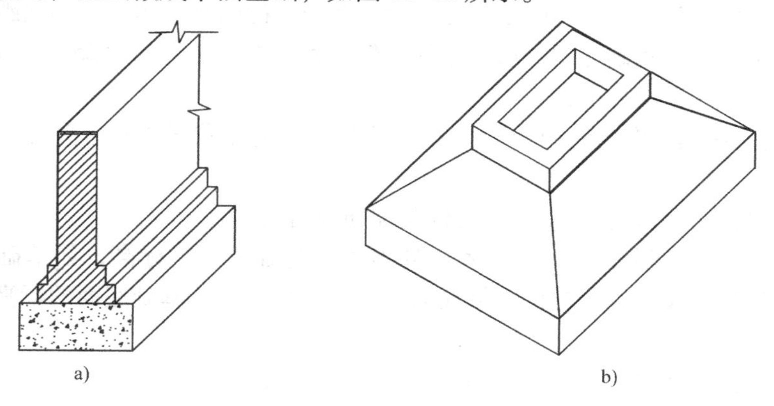

图 10-4　基础的形式

基础施工图是表示房屋地面以下基础部分的平面布置和详细构造的图样。它是施工放线、开挖基坑和砌筑基础的依据。基础施工图通常包括基础平面图和基础详图。

一、基础平面图

1. 基础平面图的形成

基础平面图是以假想的水平剖切平面沿房屋底层室内地面附近将整幢房屋水平剖切后，

移去地面以上的房屋及基础周围的泥土，向下作正投影所形成的基础水平全剖面图。

2. 基础平面图的内容和识读方法

在基础平面图中，只画出被剖切到的基础墙、柱的轮廓线（图中画成中粗实线），未被剖切到但可见的投影轮廓线（图中画成细实线）以及基础梁等构件（图中画成粗点画线）。而对于其他的细部构造，如条形基础的大放脚及独立基础表面投影轮廓线，因与开挖基槽无关，可省略不画。

基础平面图中除给出轴线尺寸之外，还应给出一些细部尺寸，如基础墙的宽度、柱外形尺寸以及它们的基础底面尺寸。为便于施工对照，基础平面图的比例、轴线网的布置及编号都应与建筑平面图中底层平面图相同。基础平面图中还要给出地沟、过墙洞的设置情况。

基础平面图的识读方法如下：

1）看图名和比例。

2）看纵横定位轴线及编号。

3）看基础墙、柱以及基础底面的形状、大小尺寸及其与轴线的关系。

4）看基础梁的位置和代号，根据代号可统计梁的种类数量和查看梁的详图。

5）看基础平面图中剖切线及其编号（或注写的基础代号），以便与断面图（基础详图）对照识读。

6）看施工说明，了解施工时对基础材料及其强度等的要求。

7）识读基础平面图时，要与其他有关图样相结合，特别是底层平面图和楼梯详图，因为基础平面图中的某些尺寸、平面形状、构造等情况已在这些图中表达清楚了。

二、基础详图

基础详图是基础平面图的深入和补充，是基础施工的依据。它详细地表明了基础各部分的形状、大小、材料、构造以及基础的埋置深度等。基础详图是采用铅垂的剖切平面沿垂直于定位轴线方向剖切基础所得到的断面图。为了表明基础的具体构造，不同断面、不同做法的基础都应画出详图。基础详图一般采用的比例较大，常用1:20、1:25、1:30等。

基础详图的识读方法如下：

1）看图名、比例，图名常用1—1、2—2等断面或基础代号表示，并应与基础平面图对照识读。

2）看基础断面的形状、大小、材料以及配筋等情况。

3）看基础断面各部分详细尺寸和室内外地面、基础底面的标高，如基础墙厚、大放脚的尺寸、基础的底宽尺寸以及它们与轴线的相对位置尺寸。从基础底面的标高可了解基础的埋深。

4）看基础断面图中基础梁的高、宽尺寸，标高及配筋。

5）看基础墙防潮层和垫层的标高尺寸及构造做法等。

6）看施工说明等。

三、基础施工图阅读实例

1. 条形基础施工图

图10-5为条形基础平面图，从图中可看出，画图比例为1:100，轴线两侧的中粗实线是墙边线，细实线是基础底边线。基础墙厚和基础底宽分别标注在平面图上，如①号轴线墙，基础墙厚为240mm，基础底宽为1000mm，轴线居中。为表达清楚每条基础的断面形状，

应

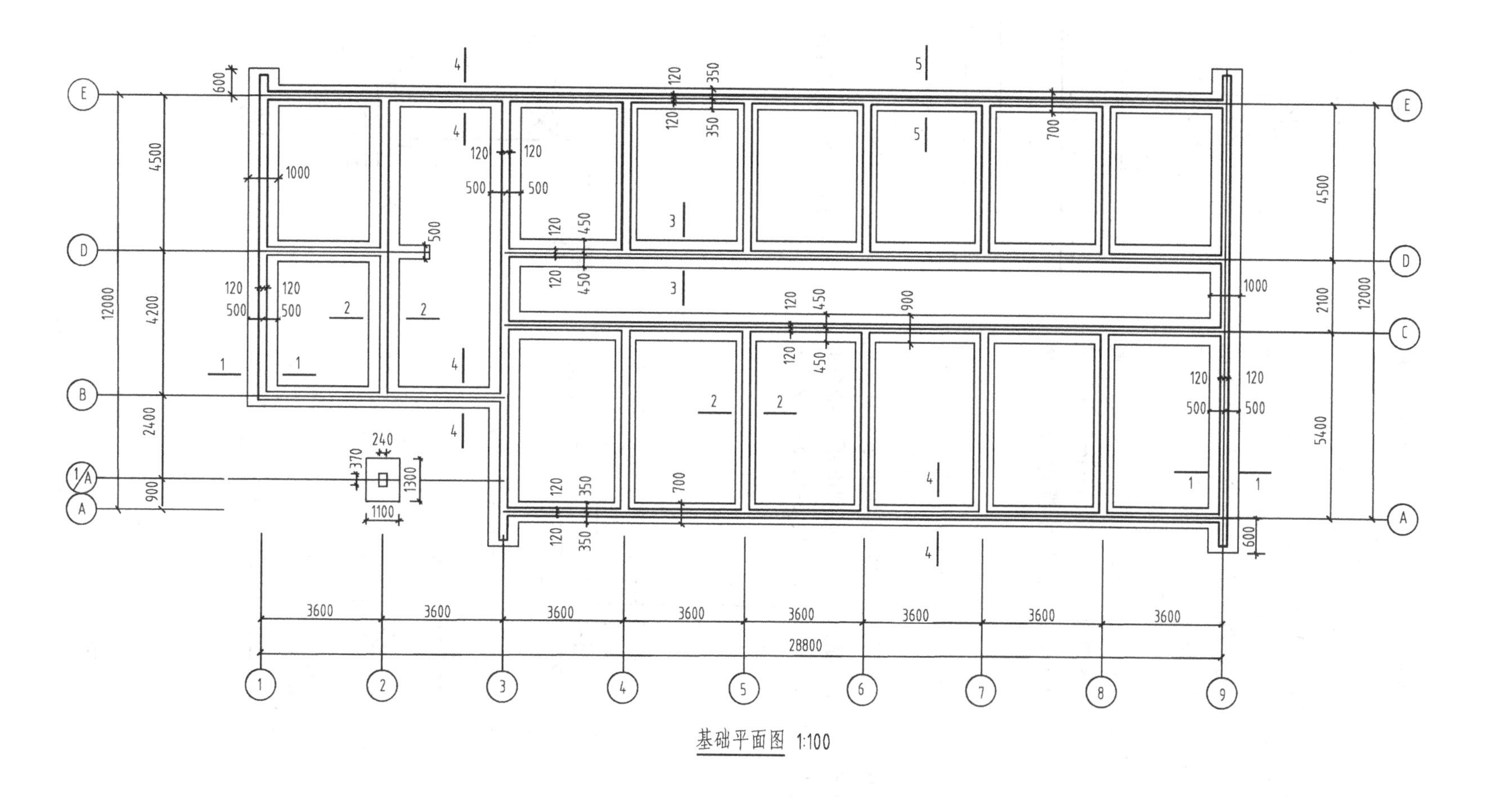

图 10-5 条形基础平面图

画出其断面图，并在基础平面图上用剖切符号 1—1、2—2、3—3、4—4 等表明该断面的位置。

图 10-6 为条形基础详图，1—1 断面表示①、⑨轴线墙的基础形状，比例为 1∶20，从图中可看出轴线居中，具体尺寸如图所示。基础垫层材料为混凝土，基础断面呈现阶梯式的大放脚形状，材料为砖，大放脚每层高为 120mm（即两皮砖），底层宽 500mm，每层每侧缩进 60mm，墙厚 240mm。室内地面标高 ±0.000m，室外地面标高 -0.600m，基础底面标高 -1.600m，防潮层离室内地面高度为 60mm，轴线到基坑边线的距离 500mm，轴线到墙边线的距离 120mm 等。

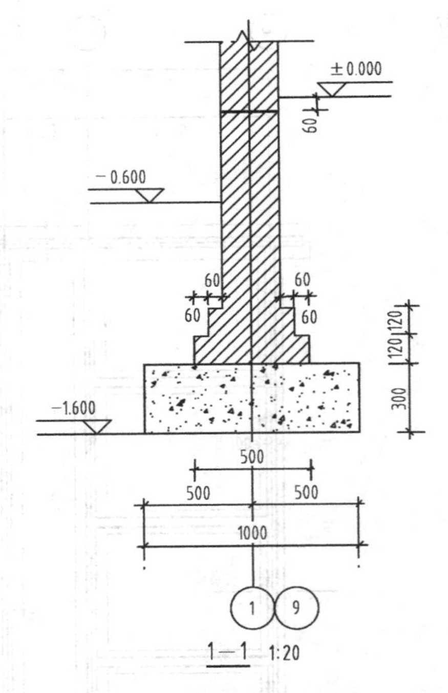

图 10-6　条形基础详图

2. 独立基础施工图

图 10-7（见书后）所示为某办公楼独立基础的平面图。从图中可以看出，画图比例为 1∶100。图中只需画出独立基础的外轮廓线，用细实线表示，柱子的断面均为矩形，在图中涂黑表示。基础沿定位轴线布置，其代号与编号分别为 J-1、J-2、J-3、J-4、Z-1 ~

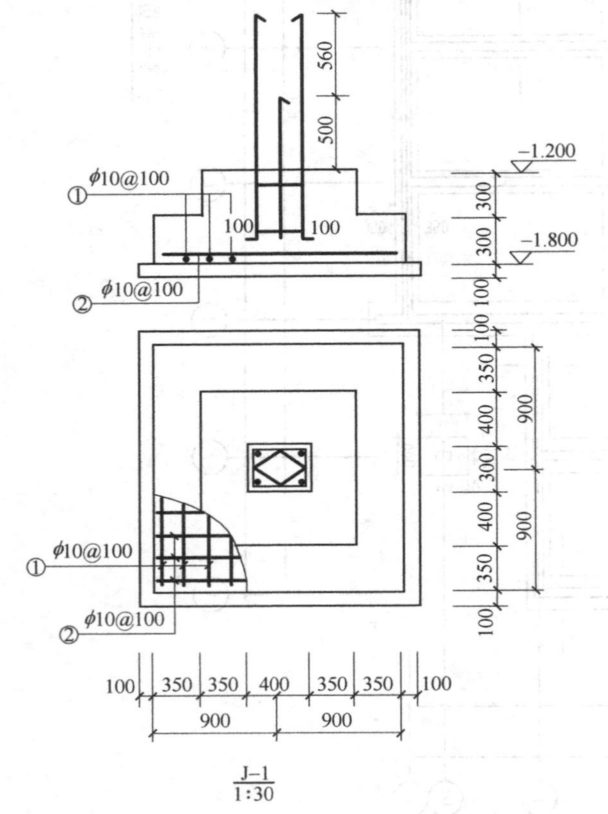

图 10-8　独立基础结构详图

Z-10。在独立基础之间画出了基础墙，并标注了剖切符号1—1 表明该断面的位置。

图 10-8 为独立基础结构详图，采用立面图和平面图的方式表示。在立面图中，画出了基础的配筋和杯口的形状，基础内配有纵横两端带弯钩而直径和间距都相等的直筋，如图中 J-1 有①号（ϕ10@100）和②号（ϕ10@100）两种直筋，底下的保护层厚度一般为 35mm，不必标出。结构详图中的平面图采用了局部剖面图的形式，表示基础底部的网状配筋。其中 1—1 断面详图表示了在各独立基础之间砌基础墙以及现浇地圈梁的施工做法，它在满足结构设计要求的条件下代替了实际中的基础梁。

在基础详图中，要将整个基础的外形尺寸、钢筋尺寸和定位轴线到基础边缘尺寸以及标口等细部尺寸都标注清楚。若钢筋形状不太复杂，则不必画出钢筋详图。

第四节　结构平面图

结构平面图是表示建筑物各层楼面及屋顶承重构件平面布置情况的图样，现以楼层结构平面图为例来说明结构平面图的读图方法。

1. 楼层结构平面图的形成及用途

楼层结构平面图主要说明各层楼面中各种结构构件的设置情况和相互关系。它的形成可看成是楼板铺设完成后，假想沿楼板顶面将房屋水平剖切后产生的水平投影图。被楼板挡住而看不见的梁、柱、墙面用虚线画出，楼板用细实线画出。楼层上各种梁、板构件，在图上都用构件代号及其数量、规格加以标记。楼梯间在图上用对角交叉线的方法表示，其结构布置另有详图。在结构平面图上，构件也可用单线表示。

2. 楼层结构平面图的内容和识读方法

楼层结构平面图一般包括结构平面布置图、局部剖面详图、构件统计表和说明四部分。

（1）楼层结构平面布置图　主要表示楼层各构件的平面关系，如轴线间尺寸与构件长宽的关系、墙与构件的关系、构件搭在墙上的长度，各种构件的名称编号、布置及定位尺寸等。

（2）局部剖面详图　表示梁、板、墙、圈梁之间的连接关系和构造处理，如板搭在墙上或者梁上的长度、施工方法、板缝加筋要求等。

（3）构件统计表　列出所有构件序号、编号、构造尺寸、数量及所采用的通用图集的代号等。

（4）说明　对施工材料、方法等提出要求。

现以图 10-9（见书后）为例来说明楼层结构平面图的内容和识读方法。

（1）看图名、比例　比例应与建筑平面图的比例相同。

（2）看轴线、预制板的平面布置及其编号　楼面使用的楼板有两种形式：现浇板和预制板。从图 10-9 可看出，①~⑤轴和Ⓒ~Ⓓ轴之间、⑬~⑮轴和Ⓒ~Ⓓ轴之间预制板是沿横墙布置的，⑤~⑭轴和Ⓗ~Ⓕ轴之间预制板也是沿横墙布置的；①~⑤轴和Ⓓ~Ⓕ轴之间预制板是沿纵墙布置的。图中的楼梯间不铺预制板。预制板构件编号内容如下：

13YKB406（5）1 的含义为：YKB 表示预应力空心板，13 表示块数，40 是板长 4000mm 的缩写，6 是板宽 600mm 的缩写，5 表示板中钢筋的直径，1 表示荷载等级，其余板编号的含义类同。

（3）看梁的位置及其编号　施工图中构件一般用代号表示，如 GL 表示过梁、L 表示梁、

YPL 表示雨篷梁、KL 表示楼层框架梁、LL 表示连系梁等。如图中 KL-1（4）编号的含义为：KL 表示楼层框架梁，1 表示序号，4 表示梁的跨数；再如图中 LL-6（4）编号的含义为：LL 表示连系梁，6 表示序号，4 表示梁的跨数。其余梁编号的含义类同。

（4）看现浇钢筋混凝土板的位置和代号　图中 XB-1、XB-2 为现浇板的代号。

（5）看现浇钢筋混凝土板的配筋图　图 10-10 所示为现浇板的配筋图。从图中可看到，XB-1 为厕所间的楼板，在板下布置的钢筋有：①（ϕ6@130）、②（ϕ6@130）、⑤（ϕ6@130）、⑥（ϕ6@130）、⑨（ϕ6@100）和 ⑩（ϕ6@100），这些钢筋在板的底部纵横布置成一个钢筋网。图中编号为③（ϕ8@200）、④（ϕ8@100）、⑦（ϕ8@100）、⑧（ϕ10@100）、⑪（ϕ10@100）、⑫（ϕ10@130）的钢筋都作成两端直弯，分别布置在墙的四周内侧。在现浇板的配筋图上，相同的钢筋只画出一根表示，其余省去不画。有的现浇板只画受力筋，而分布筋（构造筋）在说明里注释。

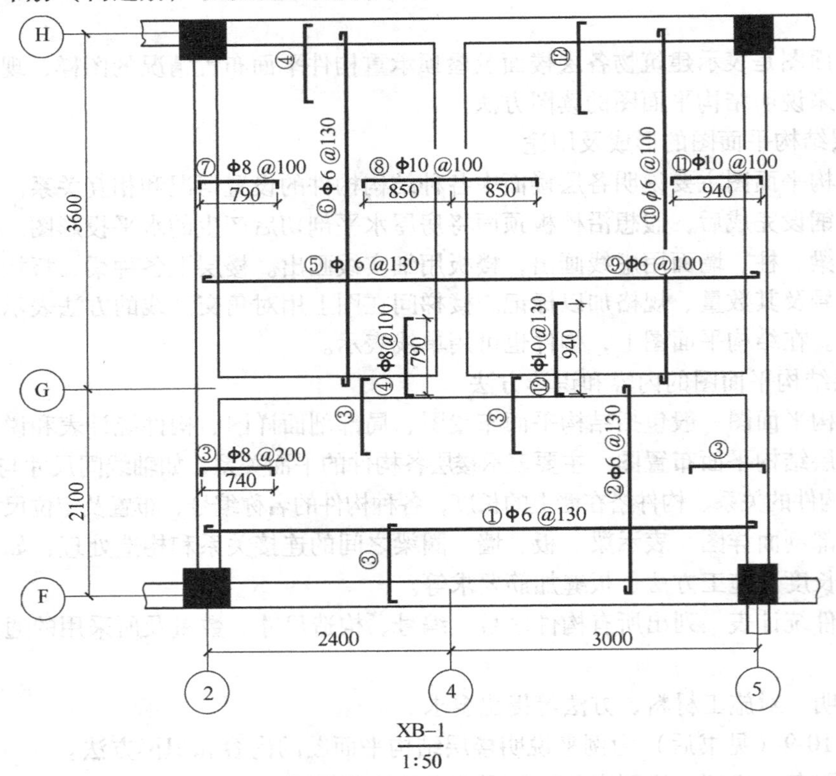

图 10-10　现浇板配筋图

思考题与习题

10-1　结构施工图包括哪些内容？

10-2　熟记常见结构构件的代号。

10-3　了解条形基础、独立基础的图示特点、图示内容及识读方法。

10-4　楼层结构平面图表示哪些内容？

第十一章　给水排水施工图

在学习给水排水施工图之前，应对房屋建筑施工图、结构施工图等有一定的认识，对轴测图的画法以及给水排水制图标准也要掌握。因为在识读与绘制给水排水施工图时，经常要用到这些相关内容。

第一节　概　　述

一、给水排水系统的组成

给水排水工程施工中，给水工程是指从水源取水、水质净化、净水输送、配水使用等工程；排水工程是指雨水排除、污水排除和处理及其处理后的污水排入江河湖泊等工程。绘制出的给水排水工程图样简称为给水排水施工图。给水排水施工图又可分为室内与室外给水排水施工图。图 11-1 所示为建筑给水排水系统直观图。

建筑给水排水系统主要由以下几部分组成：

（1）引入管　穿过建筑物外墙或基础，自室外给水管网将水引入室内的水平给水管道称为引入管。

（2）水表节点　需要单独计算用水量的建筑物，应在引入管上装设水表，有时根据需要也可以在配水管上装设水表。水表一般装在易于观察的室内或室外水表井内，水表井内设有闸门、水表和泄水阀门等。

（3）配水管网　由水平干管、立管和支管所组成的管道系统。

（4）排水管　所有卫生设备中的脏水、污水通过排水管道排出室外直接流入检查井，这种排出室外的管道称为排水管。

（5）用水设备与附件　包括闸门、止回阀、各种配水龙头、分户水表等。

二、给水排水施工图一般规定

1. 给水排水施工图的比例

1）建筑给水排水专业制图常用比例宜符合表 11-1 的规定。

表 11-1　给水排水常用比例

名　称	比　例	备　注	名　称	比　例	备　注
区域规划图、区域位置图	1:50000、1:2500、1:10000、1:5000、1:2000	宜与总图专业一致	水处理构筑物、设备间、卫生间、泵房平、剖面图	1:100、1:50、1:40、1:30	宜与建筑专业一致
总平面图	1:1000、1:500、1:300	宜与总图专业一致	建筑给水排水平面图	1:200、1:150、1:100	宜与建筑专业一致
管道纵断面图	竖向 1:200、1:100、1:50 纵向 1:1000、1:500、1:300		建筑给水排水轴测图	1:150、1:100、1:50	宜与相应图样一致
水处理厂（站）平面图	1:500、1:200、1:100		详图	1:50、1:30、1:20、1:10、1:5、1:1、2:1	

2）在管道纵断面图中，竖向与纵向可采用不同的组合比例。

3）在建筑给水排水轴测系统图中，如局部表达有困难时，该处可不按比例绘制。

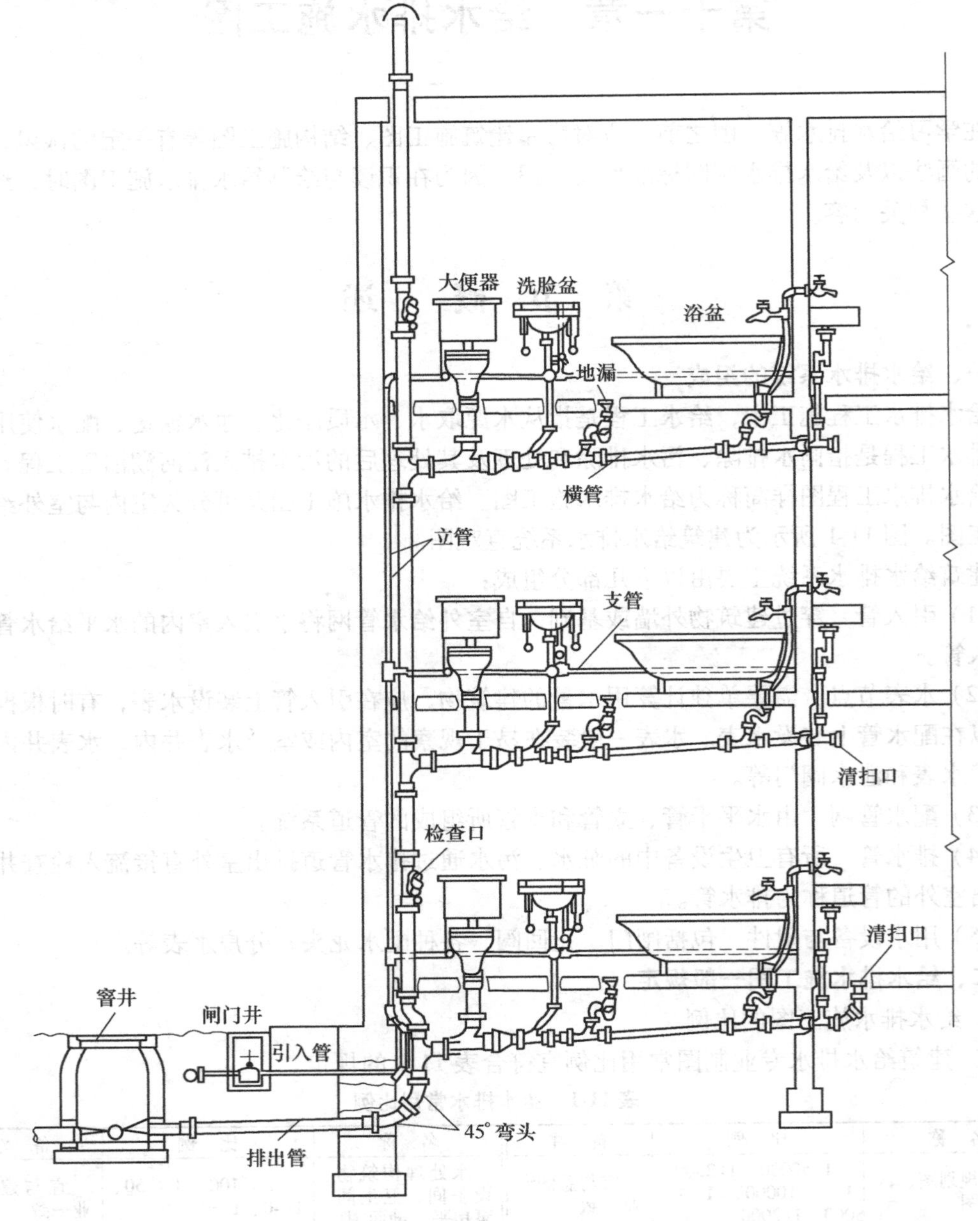

图 11-1　建筑给水排水系统直观图

4）水处理工艺流程断面图和建筑给水排水管道展开系统图可不按比例绘制。

2. 常用的给水排水图例

由于给水排水管道断面与长度之比以及各种卫生设备等构配件尺寸偏小，当采用较小比例（如1:100）绘制时，很难把管道以及各种卫生设备表达清楚，故一般用图形符号及图例来表示各种卫生设备。由国家颁布的《建筑给水排水制图标准》（GB/T 50106—2010）规定了管道都用单线表示，并明确了线宽 *b* 宜为0.7 mm或1.0 mm，各种卫生设备以及构配件均规定了相应的图例。若有《建筑给水排水制图标准》（GB/T 50106—2010）中未列出图例的管道、设备、配件等，设计人员可自行编制并作说明，但不得与标准相关图例重复或混淆。常用的给水排水图例见表 11-2。

表 11-2　常用的给水排水图例

序号	名称	图　例	备注
1	生活给水管	J	
2	污水管	W	
3	管道交叉	低 高	在下面和后面的管道应断开
4	淋浴喷头		
5	圆形地漏	平面　系统	通用。如无水封，地漏应加存水弯
6	截止阀		
7	水嘴	平面　系统	
8	洗脸盆		左图为立式 右图为台式
9	浴盆		
10	壁挂式小便器		
11	蹲式大便器		
12	坐式大便器		
13	管道立管	XL-1 平面　XL-1 系统	X 为管道类别 L 为立管 1 为编号
14	存水弯	S 形存水弯 P 形存水弯	
15	清扫口	平面　系统	
16	水表井		
17	水表		
18	立管检查口		
19	通气帽	成品　蘑菇形	
20	延时自闭冲洗阀		
21	室外消防栓		
22	矩形化粪池	HC	HC 为化粪池
23	止回阀		
24	卧式水泵	平面　或　系统	

3. 标高的标注方法

平面图中，管道标高应按图 11-2a 的方式标注，沟渠标高应按图 11-2b 的方式标注。剖面图中，管道及水位的标高应按图 11-2c 的方式标注。轴测图中，管道标高应按图 11-2d 的方式标注。

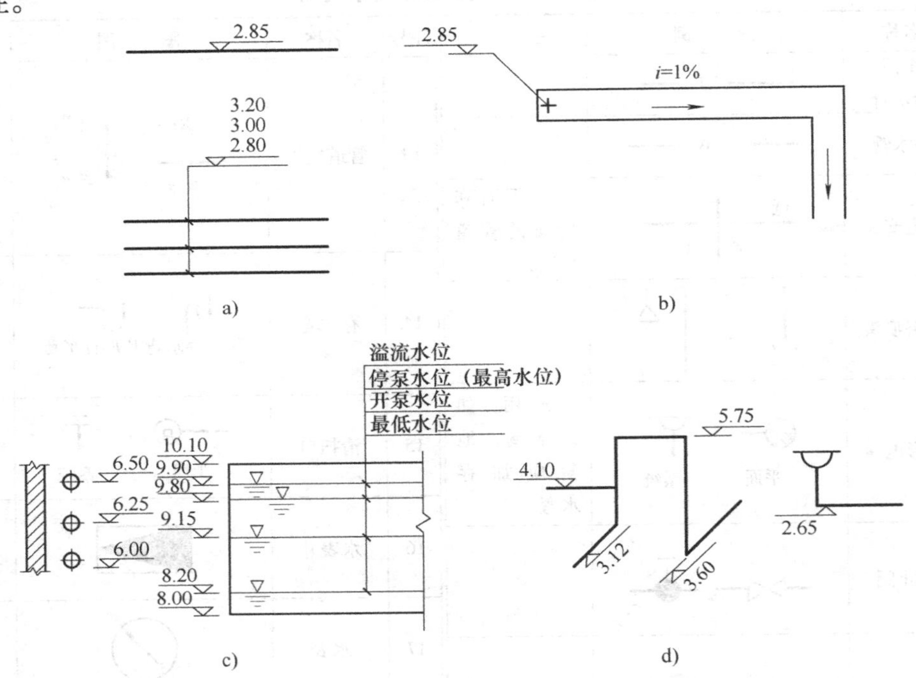

图 11-2　标高的标注方法

a）管道标高标注法　b）沟渠标高标注法　c）剖面图管道及水位标高标注法　d）轴测图管道标高标注法

4. 管径的表达方式

水煤气输送钢管（镀锌或非镀锌）、铸铁管等材料，管径宜以公称直径 DN 表示（如 DN15、DN50）。无缝钢管、焊接钢管（直缝或螺旋缝）等管材，管径宜以外径 $D\times$壁厚表示（如 $D108\times4$、$D159\times4.5$ 等）。铜管、薄壁不锈钢管等管材，管径宜以公称外径 D_W 表示（如 D_W18、D_W67 等）。建筑给水排水塑料管材，管径宜以公称外径 d_n 表示（如 d_n63、d_n110 等）。钢筋混凝土（或混凝土）管，管径宜以内径 d 表示（d 230、d 380 等）。复合管、结构壁塑料管等管材，管径应按产品标准的方法表示。当设计中采用公称直径 DN 表示管径时，应有公称直径 DN 与相应产品规格对照表。

管径的标注方法应符合图 11-3 的规定。

当建筑物的给水引入管或排水排出管的数量超过一根时，应进行编号，编号宜按图 11-4a 的方法表示。建筑物内穿越楼层的立管，其数量超过一根时，应进行编号，编号宜按图 11-4b、c 的方法表示。

5. 建筑内部给水系统布置方式

一幢单独建筑物的给水引入管应从建筑物用水量最大处引入，在管道布置时应力求长度最短，尽可能呈直线走向，并与墙、梁、柱平行敷设。给水立管应尽量靠近用水量最大设备处或不允许间断供水的用水处，以保证供水的可靠性。图 11-5 所示为不同的供水方式和各

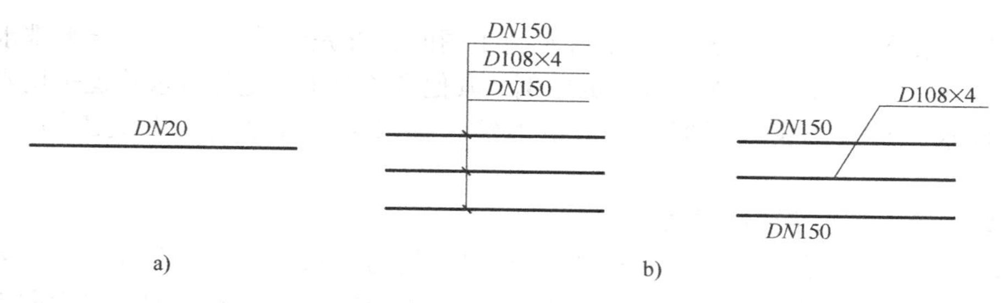

图 11-3　管径的标注方法

a）单管管径表示法　b）多管管径表示法

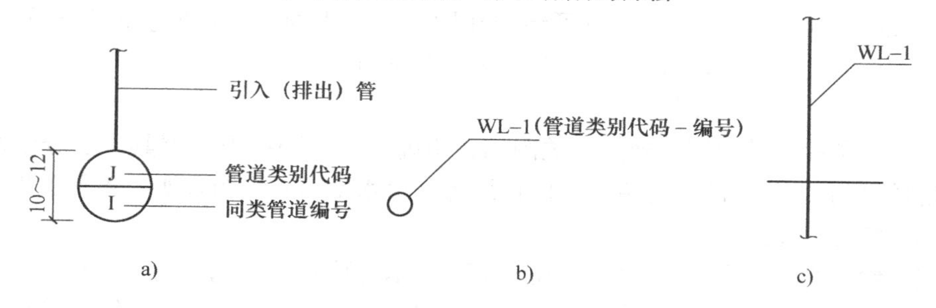

图 11-4　编号表示法

a）给水引入（排水排出）管编号表示法　b）穿越楼层的立管平面图编号表示法

c）穿越楼层的立管剖面图、系统图、轴测图编号表示法

种配水管网布置形式，可以组合成多种建筑内部给水系统布置方式。

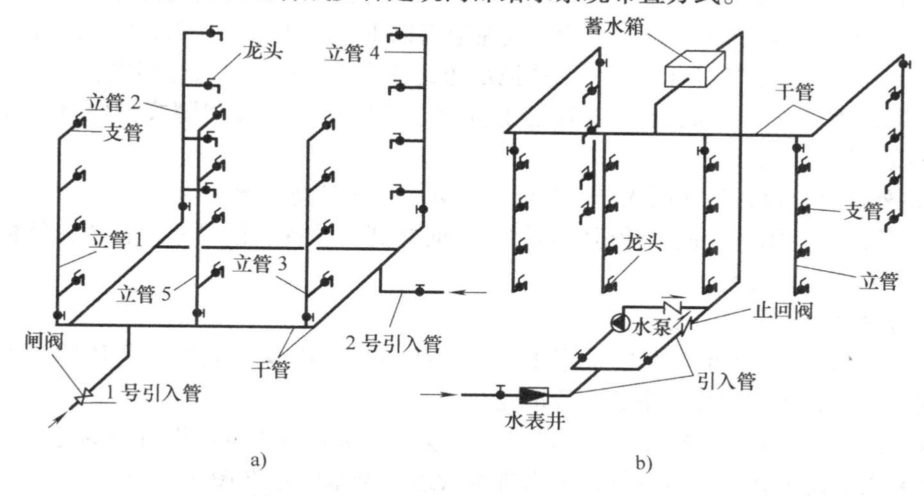

图 11-5　室内给水管网的组成及布置方式

a）直接供水的水平环形下行上给布置　b）设水泵水箱供水的树枝形上行下给式布置

第二节　室内给水排水施工图

下面以某办公楼卫生间的给水排水施工图为例，来说明给水排水施工图的识读与绘制方法。

室内给水排水施工图主要包括给水与排水管道平面布置图、管道系统轴测图、卫生器具或用设备等安装详图。识读与绘制给水排水施工图时，首先应熟悉《建筑给水排水制图标准》（GB/T 50106—2010）中统一规定的图例及其他有关规定，室外给水管道采用水煤气输送钢管，排水管道采用钢筋混凝土管。室内给水排水管道均采用硬聚氯乙烯（PVC-U）管道。

一、室内给水排水平面布置图

图 11-6、图 11-7 所示为某办公楼（四层）卫生间的给水排水平面布置图，它表明了各层卫生间给水排水管道及卫生设备的平面布置情况。绘图时一般只绘出建筑平面图中的用水房间，如厨房、卫生间、盥洗间等处的给水平面布置图与排水平面布置图，给水平面布置图和排水平面布置图可以分开绘制，也可绘制在同一建筑平面图上，但读图时应分别进行识读。给水系统采用直接给水方式，排水系统采用合流制。

1. 给水平面布置图的识读

1）首先应了解设计说明，熟悉有关图例，明确采用了哪些卫生器具，区分给水与排水及其他用途的管道，分清同种管道的不同作用等。给水平面布置图表明了各种卫生器具与给水管道的平面布置情况。

2）室内给水平面布置图采用与房屋建筑平面图相同的比例，重点突出管道、卫生器具、构配件等。并规定用线宽 0.75*b*（*b* =0.7～1.0mm）的中粗实线表示给水管道，用线宽为 0.5*b* 的中实线表示各种卫生器具等设备，用细实线表示房屋建筑平面的墙身和门窗等。

3）每根给水立管表示一个给水系统。给水立管是指每个给水系统穿过室内地面及各楼层的竖向给水干管，图 11-6 中的立管编号 JL-1、JL-2 表示有两个给水系统。

4）如图 11-6 所示，引入给水干管一般在地面以下（一般在 -0.3m 处）形成室内地下水平干管、再经给水立管 JL-1、JL-2 分别把水送到各层用水房间；又分别在各给水立管上接出水平支管，经截止阀、水表、分支管把水直接送到用水设备（如蹲式大便器、落地式小便器、洗脸盆等）上。

5）室外消火栓设在给水引入管（*DN*110）处，用于消防取水。

6）在给水平面图中，还包括房间名称、地面标高、设备定位尺寸、管道直径标注、详图索引等必要的文字说明。

2. 排水平面布置图的识读

1）先了解排水平面布置图中采用了哪些卫生设备，以及它们的安装位置、排水管管径、走向、排出管所在位置等平面布置情况。

2）由图 11-6 可知，蹲式大便器、落地式小便器、洗脸盆等卫生设备中的污水是通过管道排出室外的，这种排出污水的管道称为排水管道，排水管道在图中用符号“— W —”和线宽为 *b*（*b* =0.7～1.0mm）的粗实线表示。

3）图 11-6 中的立管编号有 WL-1、WL-2、WL-3、WL-4，表示有四个排水系统，各层卫生器具中的污水经支管流入排水干管后集中汇入排水立管，再经排出管排到室外检查井、化粪池，最后排入城市排水管道。

4）室内排水干管和立管以及排出管选用的管径都比较大，本例选用的室外排水管为 *d*200 的钢筋混凝土管，室内采用建筑排水用硬聚氯乙烯（PVC-U）管，按该产品标准，其管径以公称直径 *DN* 表示，所选用的硬聚氯乙烯（PVC-U）管管径分别为 *DN*110、*DN*75、*DN*50 等规格。排水系统的管路一般都是重力流，所以排水横管都应向立管方向形成一定坡

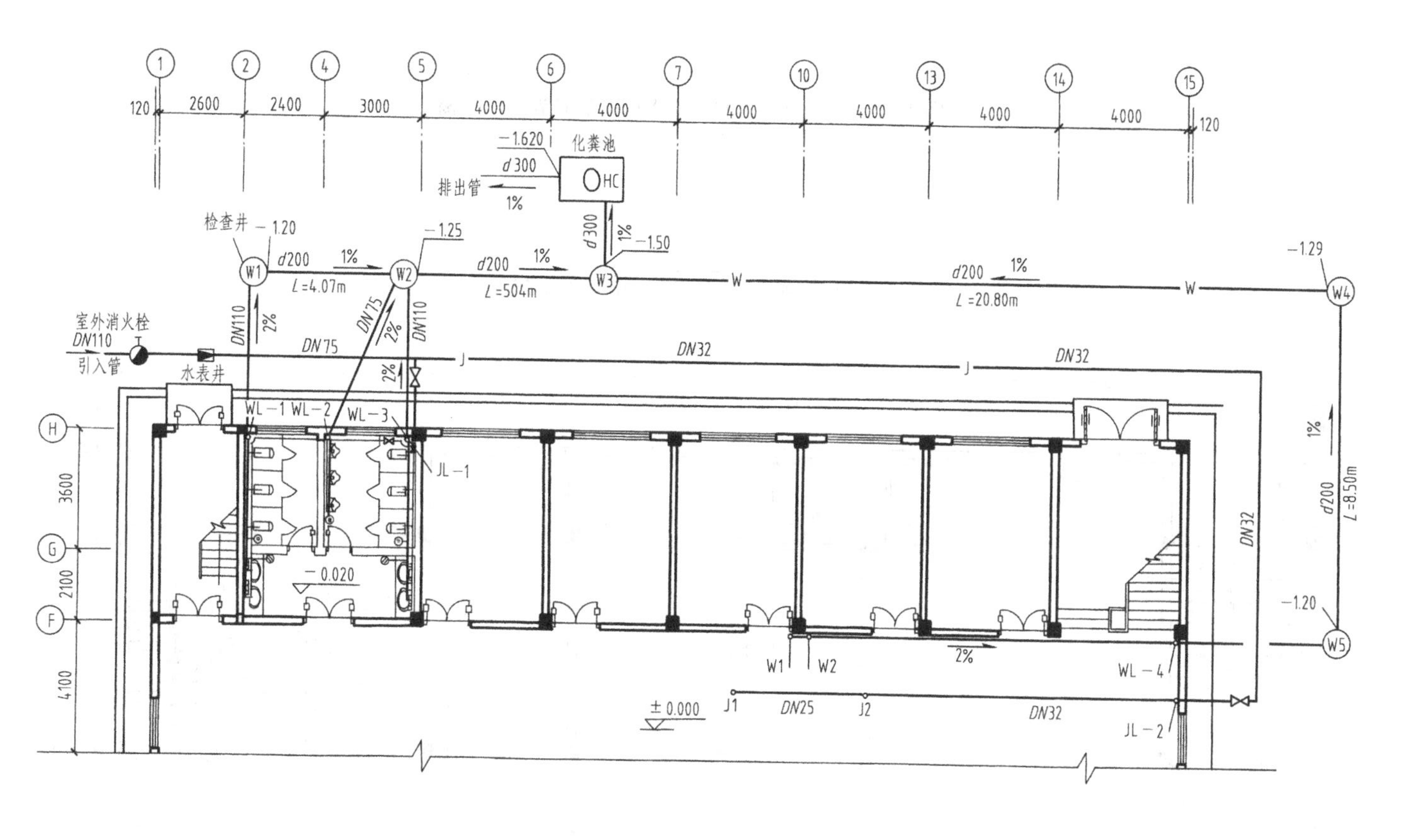

某办公楼　卫生间底层给水排水平面布置图

图 11-6　某办公楼卫生间底层给水排水平面布置图

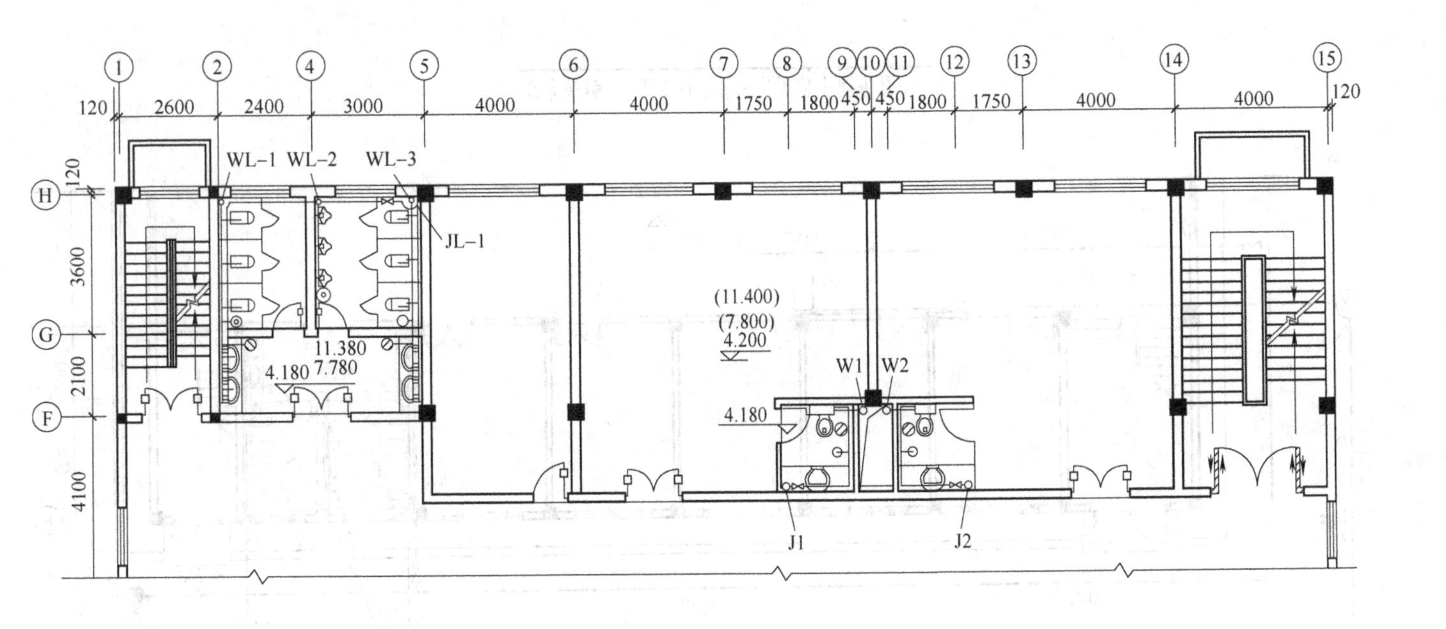

图 11-7　某办公楼卫生间标准层给水排水平面布置图

度。标注坡度时，在坡度数字的下方加注坡度符号“⇀”，该符号为单面箭头，箭头应指向下坡方向。如本例标注的坡度分别为2.6%、2%、1%，以保证污水自由流动。在卫生间的地面安装了地漏，以保证地面上的积水及时排出。

对于多层楼房，各楼层给水排水管道与卫生器具等设备布置都相同时，则可用一个平面图来表示，该图又称为标准层给水排水平面布置图，但在图中应注明各楼层的标高尺寸，如图 11-7 所示。

二、给水排水系统图

由于给水排水平面布置图只能反映出管道与及用水设备 *OX*、*OY* 两个向度的平面布置，在给水排水工程图样中还采用了正面斜轴测投影的方法来表示管道及用水设备的空间位置，所画出的图样称为给水排水管道系统轴测图。给水与排水管道系统轴测图应分别单独画出，单独读图。读图时应将系统轴测图与平面布置图进行对照识读，才能了解整个室内给水与排水管道及用水设备的布置情况。给水与排水立管穿越的楼地面用一短横细实线表示，并标注出楼地面标高或用文字加以说明。

1. 给水管道系统图的识读

图 11-8 所示为室内给水管道系统图，从图中可知：

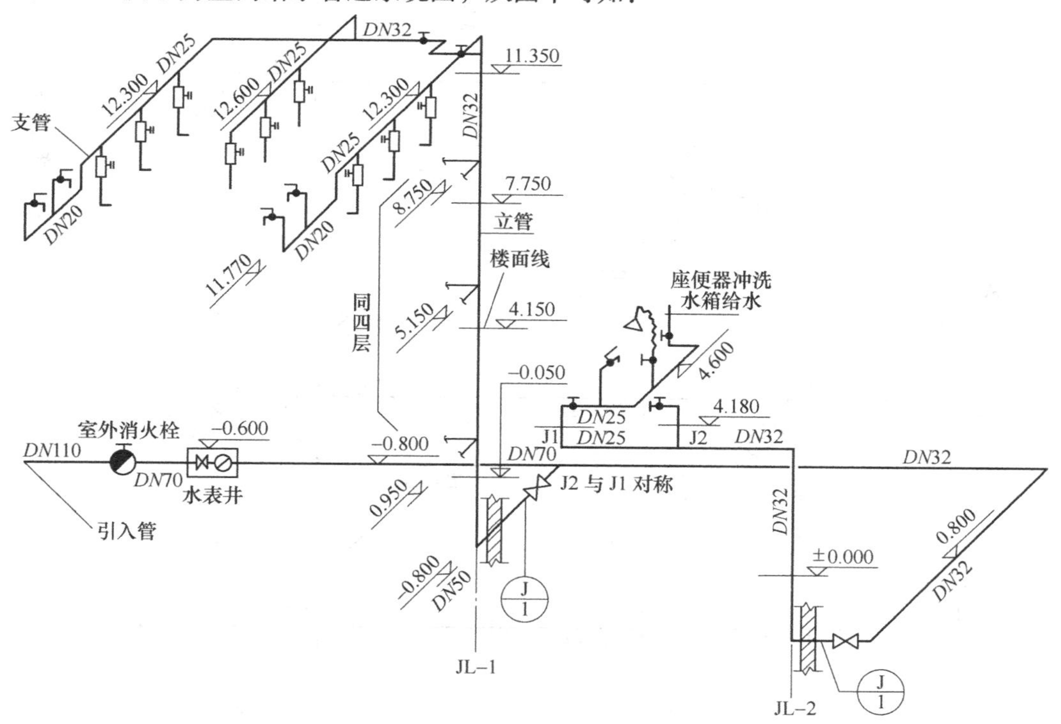

图 11-8　室内给水管道系统图

1）给水系统图与给水平面图标注的立管编号相对应，系统编号 JL-1、JL-2 表示该图有两个给水系统，图中没有画出卫生器具的图例，只按这些卫生器具的实际位置画出了给水管道和卫生器具以外的配件图例，如水龙头等图例。

2）由图中可见，相交的两根管道线，如有一根管线断开，表明被断开的管线在没有断开管线的后面或下面，表明两根管线在空间是交叉的。

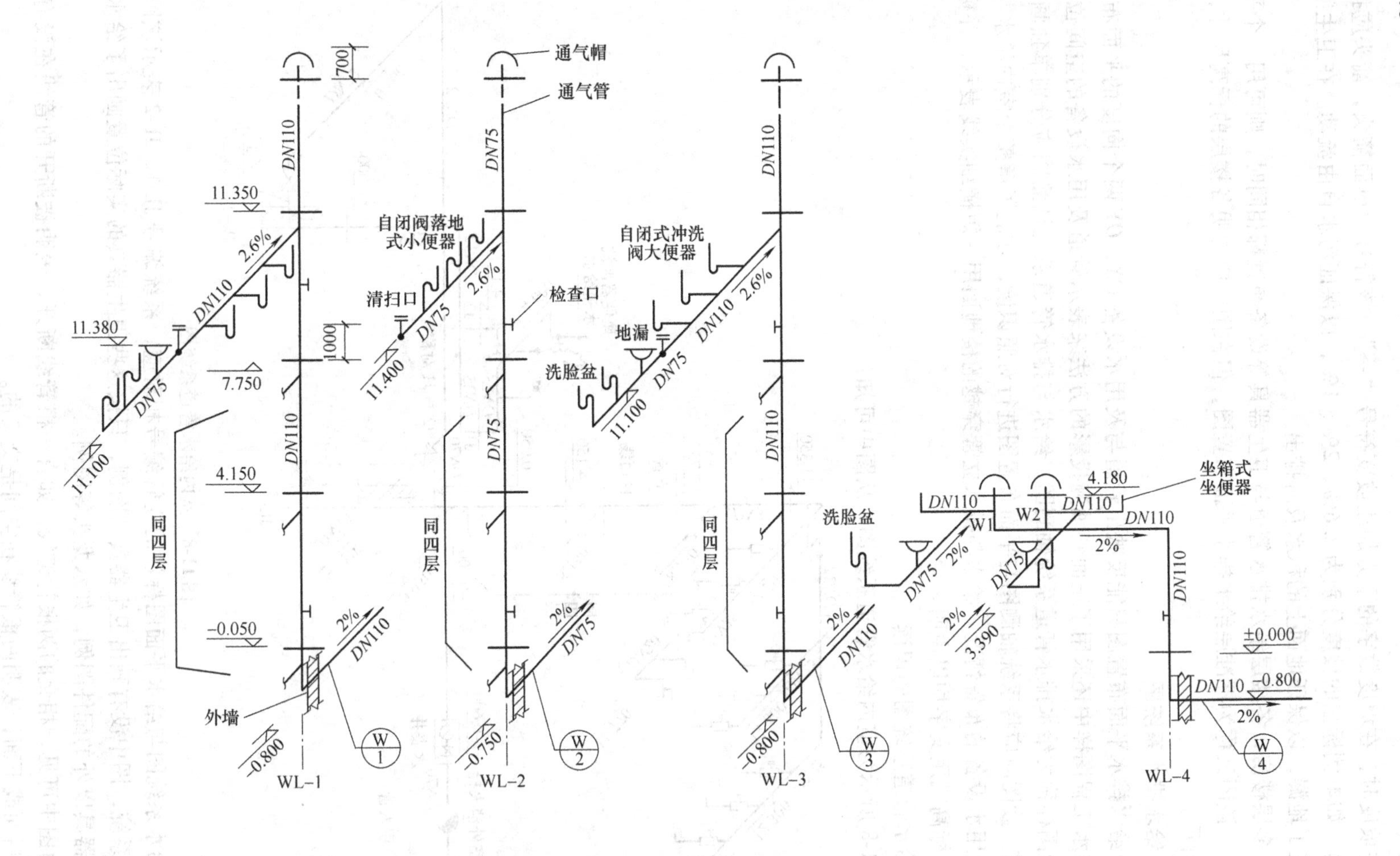

图 11-9 排水管道系统图

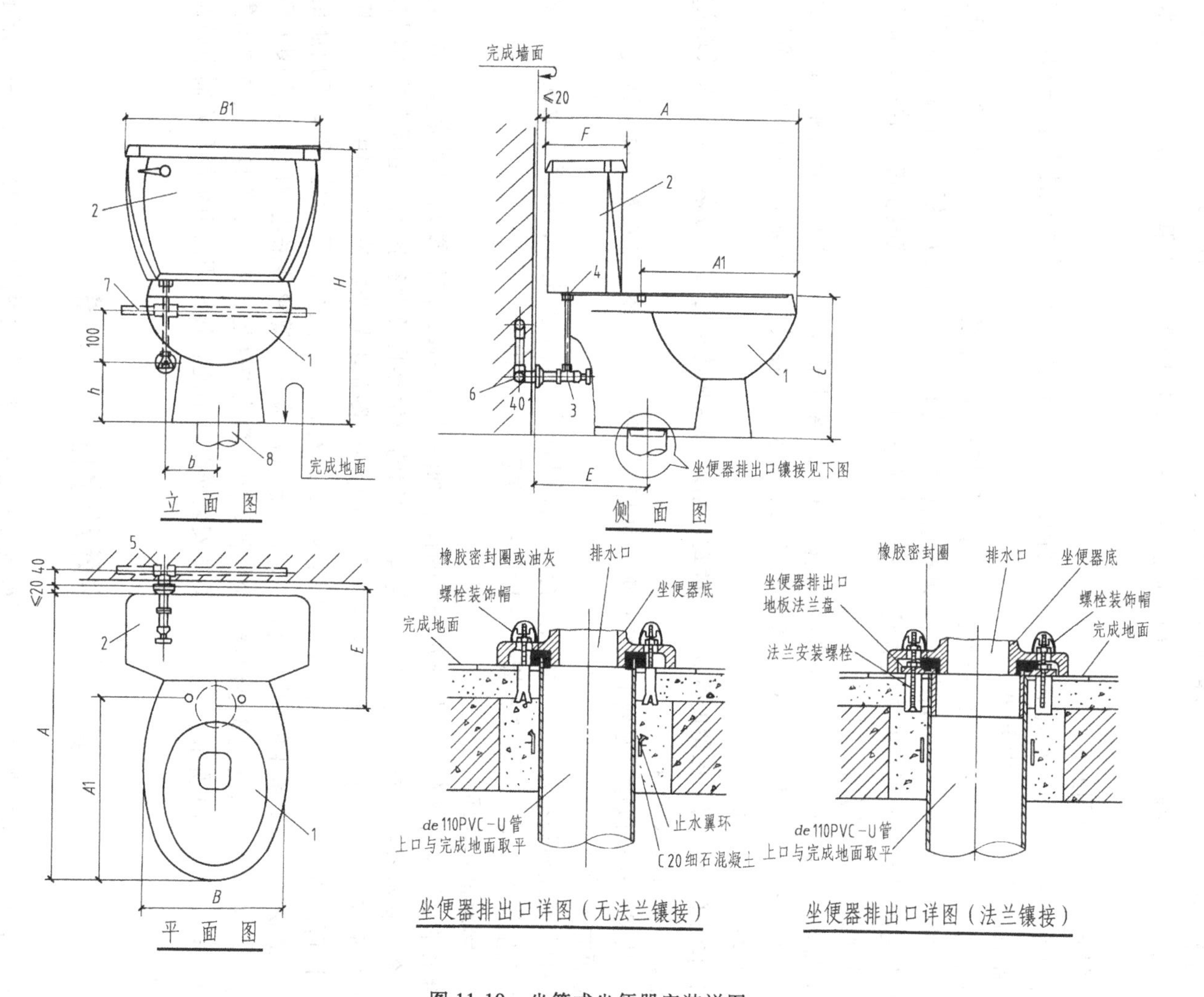

图 11-10 坐箱式坐便器安装详图

1—坐便器 2—坐箱式低水箱 3—角式截止阀 4—进水阀配件 5—异径三通 6—内螺纹弯头 7—冷水管 8—排水管

3）当管道穿越墙体时，按穿越管道的轴测方向绘制了墙体的剖面图例。

4）还可读到必要的文字说明，如标注了给水管管径、楼地面标高尺寸、给水管管中心标高等。

当给水系统图与给水平面布置图进行对照读图时，一般先从引入管开始，沿给水走向顺序读图，即室外引入管——阀门井（或水表井）——水平干管——立管——支管——用水设备。

2. 排水管道系统图的识读

图 11-9 所示为室内排水管道系统图，其图示方法与给水系统图有相同之处，一般不画出卫生器具的图例。从图中可知：

1）排水系统图与排水平面图标注的立管编号相对应，系统编号 WL-1、WL-2、WL-3，WL-4 表示有四个排水系统，画图时，如果排水管道与卫生器具在各楼层的平面布置均相同，则只画出第四层管线及器具的布置情况，一至三层的水平干管均用波浪线折断，并在该系统波浪线旁加注括号，写出同四层字样。

2）排水立管超出屋面的部分称为通气管，并在距离屋面 700mm 处安上通气帽，距离楼地面 1m 处设置立管检查口。WL-1、WL-2、WL-3 排水系统各设置了 2 处立管检查口，WL-4 设置了 1 处立管检查口。

3）图中的存水弯中保留的水相当于液封，用来隔绝和防止有害、易燃气体及虫类通过卫生器具、管口侵入室内。

4）从图中还可以读到必要的文字说明，如标注了排水管管径、排水管标高、通气帽中心距屋面的尺寸等。

当排水系统图与排水平面布置图进行对照读图时，一般从上至下，沿污水流向顺序读图，即卫生排水设备——承接支管——干管——立管——排出管。

三、给水排水详图

给水排水施工详图的画法与建筑施工图详图画法基本一致，同样要求图样完整、详尽、尺寸齐全、材料规范、有详细的施工说明等。常用的卫生器具及设备施工详图可直接套用有关给水排水标准图集，只需在详图索引符号上注写所选图集编号或在施工说明中写明采用图集编号即可。本章给水排水详图直接选用国家建筑标准设计图集，可参见 2012 年出版的《卫生设备安装》第 2 版中的详图。洗脸盆采用台式洗脸盆，蹲便器采用自闭式冲洗阀大便器，小便器采用自闭阀落地式小便器，坐便器采用坐箱式坐便器，各卫生器具安装详图图集号为 09S304。图 11-10 所示为坐箱式坐便器安装详图。不能直接套用的卫生器具则需自行画出详图。

第三节　室外给水排水施工图

室外给水工程是指取水、净水、储水最后通过输配水管网送到建筑物的系统。室外排水系统可分为污水排除系统和雨水排除系统。室外给水排水施工图主要由室外给水排水管道平面图、纵断面图及详图等组成。

一、室外给水排水管网平面布置图

图 11-11 所示为某小区（即在建筑红线范围内）室外给水排水管网平面布置情况。建筑

总平面图是小区室外给水排水管网平面布置的设计依据，由于作用不同，建筑总平面图重点在于表示建筑群的总体布置（如道路交通、周围地理地貌和绿化等），小区室外给水排水管网平面布置图则以管网布置为重点。

室外给水排水管网平面布置图识读的主要内容和注意事项如下：

1）查明管路平面布置与走向。给水管道通常用中粗实线表示，排水管道用中粗虚线表示，检查井用直径2～3mm的小圆表示。给水管道的走向是从大管径到小管径，与室内引水管相连；排水管道的走向则是从建筑物排出污水管道连接检查井，管径是从小管径到大管径，直通城市排水管道。

2）要查看与室外给水管道相连接的消火栓、水表井、阀门井的具体位置。图中管道、阀门、水表、消火栓的测量单位以mm计，距离、长度以m计（精确度可取至cm）。图中排水管标高是指管内底标高，其管径以mm计，标高单位应以m计（精确度可取至cm）。

3）小区设2个室外SS100-16型消火栓，其中设一个*DN*100栓口和两个*DN*65栓口。管道控制阀门采用GSD341X-10手动蝶阀，阀门井采用S143（17-5）*DN*150，市政给水管网提供0.3MP水压。

4）给水主管道采用铸铁给水管，给水支管道离建筑外墙1.5m，管材采用镀锌钢管。消防管材采用镀锌钢管，消防栓接口采用钢管。

5）室外排水管采用PVC-U双壁波纹排水管，排水管道基础及接口安装见95S516-8图集。室外排水管的起端、两管相交点和转折点均设置了检查井，排水管是重力自流管，因此设置了适当的坡度，并用箭头表示流水方向。

雨水管均设在道路路边，雨水口为偏沟式双箅雨水口，安装方法见95S518-1-8图集偏沟式双箅雨水口。

图中的雨水管与污水管为分别排放，这种排放方式通常称为分流制。

二、纵断面图

从图11-11中可读到检查井的编号P_{12}、P_{15}、P_{16}，与之相对应的图11-12排水管道纵断面图中的检查井P_{12}，是从西北角出发向南来到编号P_{15}；检查井编号P_{16}，是从西南角出发向北来到编号P_{15}。而检查井编号P_{15}中的污水经排水管流入$10^{\#}$化粪池。

管道纵断面图中的重力自流管道，除建筑物排出管外，不分管径大小均宜以中粗实线双线表示。由于管道的长度比直径方向大得多，在绘制管道纵断面图时，通常采用纵向与竖向两种不同的比例，纵向比例常用1∶1000、1∶500、1∶300；竖向比例常用1∶200、1∶100、1∶50等。

图11-12上部为埋地铺设的排水管道纵断面图，其左部为标高尺寸，下部为有关排水管道的设计数据表格。读图时，可直接查出有关排水管道每一节点处的设计地面标高、管底标高、管道埋深、管径、坡度、距离、检查井编号等。如编号P_{12}检查井处的设计地面标高为4.10m，管底标高为2.85m，管道埋深为1.25m。此外，在图下方画出管道的平面图，与管道纵断面图对照，这样可补充表达该污水干管及沿途的检查井污水进入或流出的情况。

室外给水排水工程详图主要表示管道节点、检查井、室外消火栓、阀门井等，其识读方法与给水排水详图的识读方法相同。

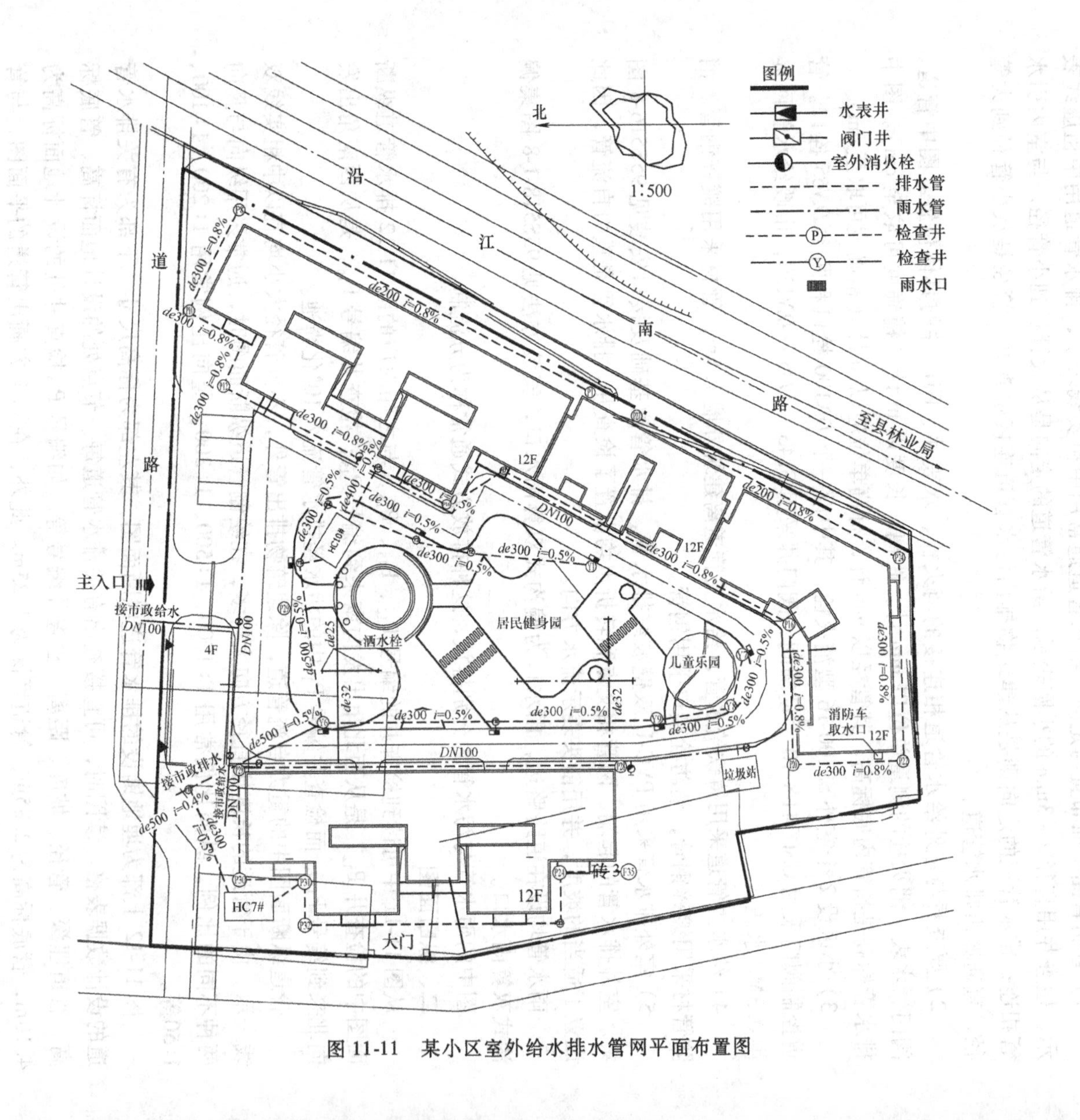

图 11-11　某小区室外给水排水管网平面布置图

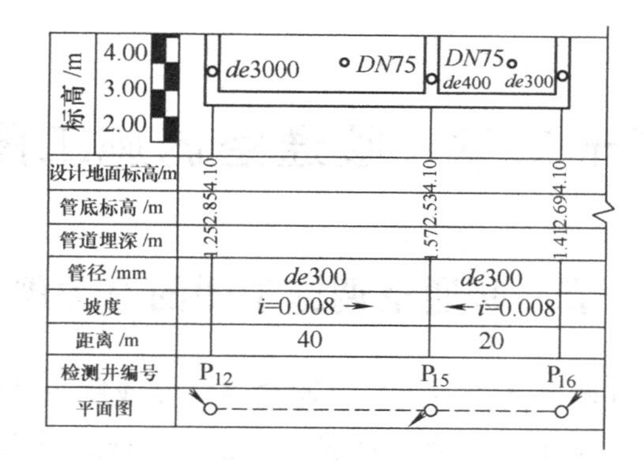

图 11-12　排水管道纵断面图

思考题与习题

11-1　室内给水系统由哪几个基本部分组成?

11-2　室内排水系统由哪几个基本部分组成?

11-3　室内给水排水管道平面图识读的主要内容和注意事项是什么?

11-4　室内给水排水管道系统图识读的主要内容和注意事项是什么?

11-5　室外给水排水管道纵断面图包括哪些内容?

第十二章　暖通空调施工图

第一节　暖通空调施工图的有关规定

为了使供暖通风与空气调节（以下简称暖通空调）专业制图做到基本统一、清晰简明，提高制图效率，满足设计、施工、存档等要求，以适应工程建设需要，国家制定了《暖通空调制图标准》（GB/T 50114—2010）。标准适用于供暖室内部分、通风与空调的下列工程制图：新建、改建、扩建工程的各阶段设计图、竣工图；原有建筑物、构筑物等的实测图；通用图、标准图。

暖通空调专业制图还应符合《房屋建筑制图统一标准》（GB/T 50001—2010）及国家现行的有关标准、规范的规定。

一、图线

1）同一张图纸内，各不同线宽组的细实线可统一采用最小线宽组的细实线。

2）暖通空调专业制图采用的线型及含义宜符合《暖通空调制图标准》（GB/T 50114—2010）的规定，见表12-1。

表12-1　线型及含义

名称		线型	线宽	一般用途
实线	粗	——————	b	单线表示供水管线
	中粗	——————	$0.7b$	本专业设备轮廓、双线表示管道轮廓
	中	——————	$0.5b$	尺寸、标高、角度等标注线及引出线、建筑物轮廓
	细	——————	$0.25b$	建筑布置的家具、绿化等，非本专业设备轮廓
虚线	粗	----------	b	回水管线及单根表示的管道被遮挡的部分
	中粗	----------	$0.7b$	本专业设备及双线表示的管道被遮挡的轮廓
	中	----------	$0.5b$	地下管沟、改造前风管的轮廓线，示意性连线
	细	----------	$0.25b$	非本专业虚线表示的设备轮廓等
波浪线	中	～～～～	$0.5b$	单线表示软管
	细	～～～～	$0.25b$	断开界线

（续）

名　称	线　型	线　宽	一般用途
单点长画线	——·——	0.25b	轴线、中心线
双点长画线	——··——	0.25b	假想或工艺设备轮廓线
折断线	——\/——	0.25b	断开界线

3）图样中也可使用自定义图线及含义，但应明确说明，且其含义不应与标准发生矛盾。

二、比例

总平面图、平面图的比例宜与工程项目设计的主导专业图一致，其余可按表12-2选用。

表12-2　比例

图　　名	常用比例	可用比例
剖面图	1:50、1:100	1:150、1:200
局部放大图、管沟断面图	1:20、1:50、1:100	1:25、1:30、1:100、1:150、1:200
索引图、详图	1:1、1:2、1:5、1:10、1:20	1:3、1:4、1:15

三、常用图例

1）水、汽管道可用线型区分，也可用代号区分。暖通空调专业制图水、汽管道代号宜按表12-3、表12-4选用。

2）自定义水、汽管道代号不应与表12-3、表12-4的规定矛盾，并应在相应图面说明。

3）暖通空调专业制图常用图例宜按表12-5、表12-6选用。

表12-3　暖通空调专业制图水、汽管道代号

序号	代号	管道名称	序号	代号	管道名称
1	RG	采暖热水供水管	22	Z2	二次蒸汽管
2	RH	采暖热水回水管	23	N	凝结水管
3	LG	空调冷水供水管	24	J	给水管
4	LH	空调冷水回水管	25	SR	软化水管
5	KRG	空调热水供水管	26	CY	除氧水管
6	KRH	空调热水回水管	27	GG	锅炉进水管
7	LRG	空调冷、热水供水管	28	JY	加药管
8	LRH	空调冷、热水回水管	29	YS	盐溶液管
9	LQG	冷却水供水管	30	XI	连续排污管
10	LQH	冷却水回水管	31	XD	定期排污管
11	n	空调冷凝水管	32	XS	泄水管
12	PZ	膨胀水管	33	ys	溢水（油）管
13	BS	补水管	34	R_1G	一次热水供水管
14	X	循环管	35	R_1H	一次热水回水管
15	LM	冷媒管	36	F	放空管
16	YG	乙二醇供水管	37	FAQ	安全阀放空管
17	YH	乙二醇回水管	38	O1	柴油供油管
18	BG	冰水供水管	39	O2	柴油回油管
19	BH	冰水回水管	40	OZ1	重油供油管
20	ZG	过热蒸汽管	41	OZ2	重油回油管
21	ZB	饱和蒸汽管	42	OP	排油管

表 12-4　风道代号

序号	代号	管道名称	序号	代号	管道名称
1	SF	送风管	6	ZY	加压送风管
2	HF	回风管	7	P（Y）	排风排烟兼用风管
3	PF	排风管	8	XB	消防补风风管
4	XF	新风管	9	S（B）	送风兼消防补风风管
5	PY	消防排烟风管			

表 12-5　水、汽管道阀门和附件图例

序号	名称	图　例	序号	名称	图　例
1	截止阀		29	上出三通	
2	闸阀		30	下出三通	
3	球阀		31	变径管	
4	柱塞阀		32	活接头或法兰连接	
5	快开阀		33	固定支架	
6	蝶阀		34	导向支架	
7	旋塞阀		35	活动支架	
8	止回阀		36	金属软管	
9	浮球阀		37	可屈挠橡胶软接头	
10	三通阀		38	Y 形过滤器	
11	平衡阀		39	疏水器	
12	定流量阀		40	减压阀（左高右低）	
13	定压差阀		41	直通型（或反冲型）除污器	
14	自动排气阀		42	除垢仪	
15	集气罐、放气阀		43	补偿器	
16	节流阀		44	矩形补偿器	
17	调节止回关断阀（水泵出口用）		45	套管补偿器	
18	膨胀阀		46	波纹管补偿器	
19	排入大气或室外		47	弧形补偿器	
20	安全阀		48	球形补偿器	
21	角阀		49	伴热管	
22	底阀		50	保护套管	
23	漏斗		51	爆破膜	
24	地漏		52	阻火器	
25	明沟排水		53	节流孔板、减压孔板	
26	向上弯头		54	快速接头	
27	向下弯头		55	介质流向	→ 或 ⇨
28	法兰封头或管封		56	坡度及坡向	i=0.003 → 或 → i=0.003

表 12-6　暖通空调设备图例

序号	名称	图　例
1	散热器及手动放气阀（左为平面图画法，中为剖面图画法，右为系统图画法）	15　15　15
2	散热器及温控阀	15　15
3	轴流风机	
4	轴（混）流式管道风机	
5	离心式管道风机	
6	吊顶式排风扇	
7	水泵	
8	手摇泵	
9	变风量末端	
10	空调机组加热、冷却盘管（从左到右分别为加热、冷却及双功能盘管）	
11	空气过滤器（从左至右分别为粗效、中效及高效）	
12	挡水板	
13	加湿器	
14	电加热器	
15	板式换热器	
16	立式明装风机盘管	
17	立式暗装风机盘管	
18	卧式明装风机盘管	
19	卧式暗装风机盘管	
20	窗式空调器	
21	分体空调器	室内机　室外机
22	射流诱导风机	
23	减振器（左为平面画法，右为剖面图画法）	

第二节　供暖施工图

在冬季气温较低的地区，为了满足人们工作、生活及生产的需要，常需要采用供暖的方法来提高室内的温度。

一、供暖系统的分类及基本形式

所有的供暖系统都是由热媒制备（热源）、热媒输送和热媒利用三个主要部分组成。根据以上三个部分的相互位置，供暖系统又可分为局部供暖系统（如烟气供暖、电热和煤气供暖）和集中供暖（如采用锅炉、供热管道、散热器等供暖）。根据供暖系统散热的方式不同，可分为对流和辐射供暖。

集中供暖系统由三大部分组成：热源、热力网（如供热管线系统）、热用户（供热、通风空调、热水供应、生产工艺的用热系统等）。

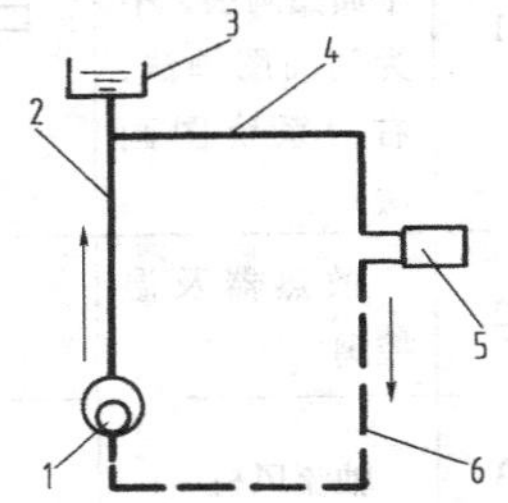

供暖系统的基本形式有以下几种：

（1）热水供暖系统　热水供暖系统可分为：

1）自然循环热水供暖系统。图 12-1 所示为自然循环热水供暖系统工作原理图。

图 12-1　自然循环热水供暖系统工作原理图
1—热水锅炉　2—供水立管　3—膨胀水箱　4—供水干管　5—散热器　6—回水立管

2）机械循环热水供暖系统。图 12-2 所示为机械循环热水供暖系统示意图。

根据管道布置方式不同，机械循环热水供暖系统主要分为机械循环上供下回式热水供暖系统（图 12-3）；机械循环下供下回式热水供暖系统（图 12-4）；机械循环中供式热水供暖系统（图 12-5）；机械循环下供上回式热水供暖系统（图 12-6）；机械循环同程式热水供暖系统（图 12-7）；水平串联式热水供暖系统（图 12-8）。

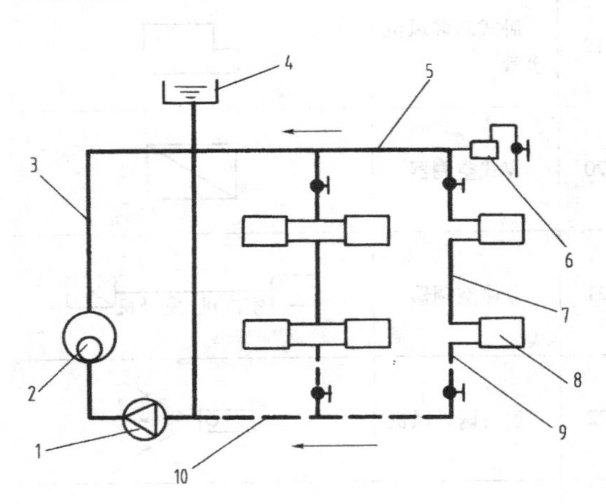

图 12-2　机械循环热水供暖系统示意图
1—循环水泵　2—热水锅炉　3—供水总立管　4—膨胀水箱　5—供水干管　6—集气罐　7—供水立管　8—散热器　9—回水立管　10—回水干管

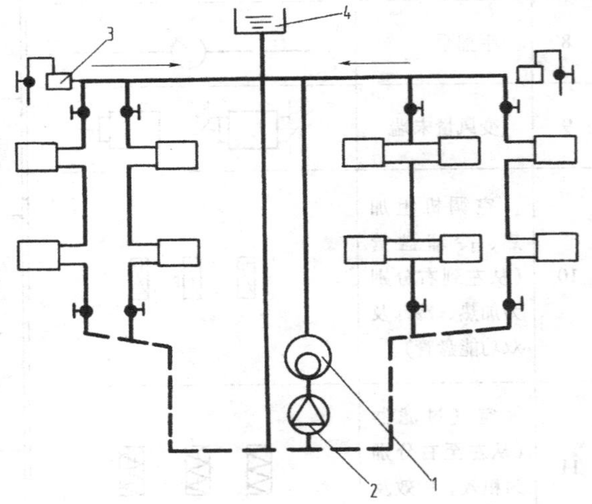

图 12-3　机械循环上供下回式热水供暖系统
1—热水锅炉　2—循环水泵　3—集气罐　4—膨胀水箱

（2）蒸汽供暖系统　图 12-9 所示为机械回水双管上供下回式蒸汽供暖系统示意图。

二、锅炉房管道施工图

锅炉是专业性很强的大型热源设备。组成锅炉系统的各种设备交织在一起，形成一个复杂的系统。

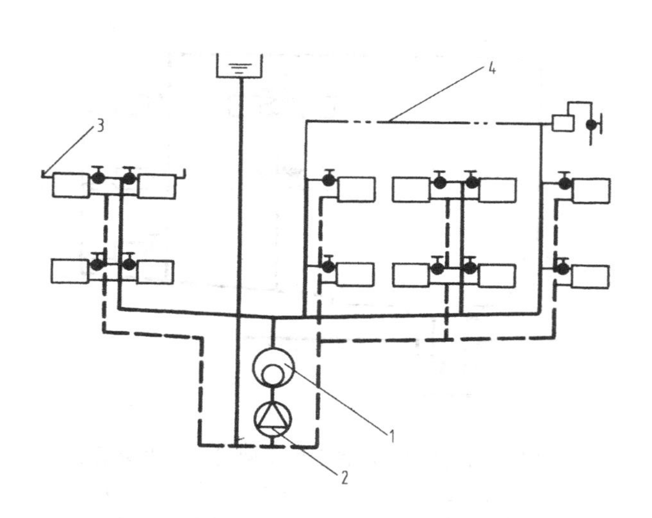

图 12-4　机械循环下供下回式热水供暖系统
1—热水锅炉　2—循环水泵　3—冷风阀　4—空气管

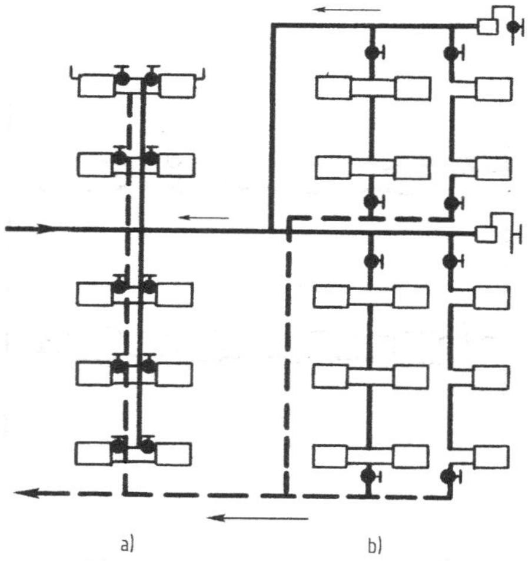

图 12-5　机械循环中供式热水供暖系统
a）上部系统—下供下回式双管系统
b）下部系统—上供下回式单管系统

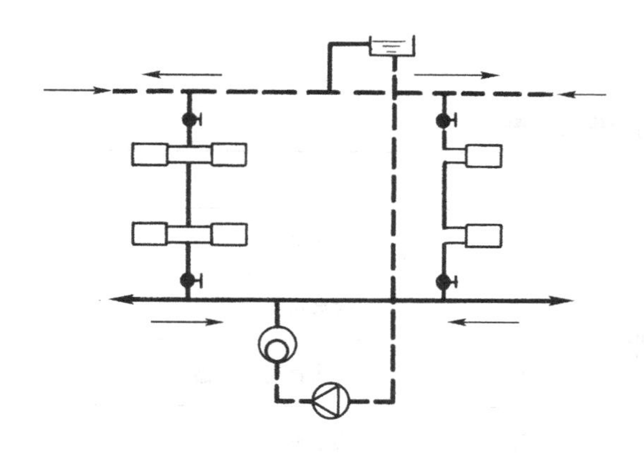

图 12-6　机械循环下供上回式热水供暖系统

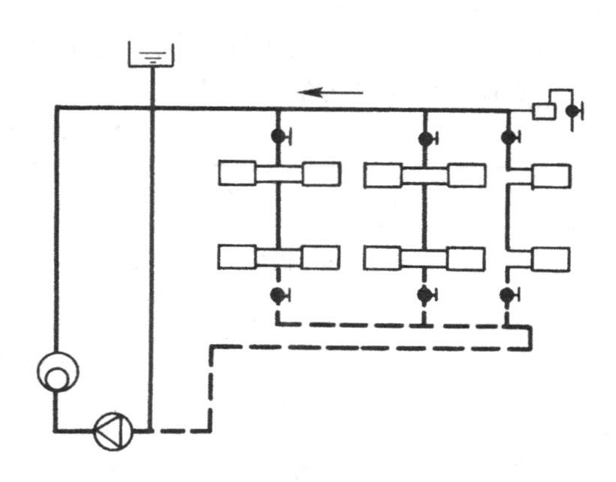

图 12-7　机械循环同程式热水供暖系统

锅炉房的管道系统有动力管道系统、水处理系统、锅炉排污系统等。识读锅炉房管道施工图时，必须弄清楚这些系统的组成。

动力管道系统是指锅炉房内自锅炉供热水（蒸汽）主要经各种设备（装置）送往供热地点，从供热地点回来的回水经过各种设备（装置）回到锅炉的管道系统。

锅炉给水软化处理广泛采用钠离子交换法。钠离子交换软化系统一般由钠离子交换器、盐液配比池、盐液泵、生水加压泵、反洗水箱等组成。

锅炉排污分为定期排污和连续排污两种。定期排污口设在锅炉最低处，定期排污的污水温度和压力都很高，必须经过降温减压后才能排入下水道，通常采用室外冷水井或扩散器进行降温减压。连续排污口设在炉水中含盐浓度最高的地方。

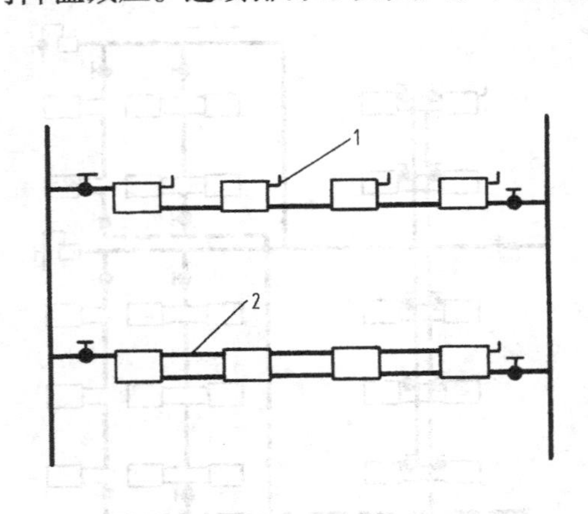

图 12-8 水平串联式热水供暖系统

1—冷风阀 2—空气管

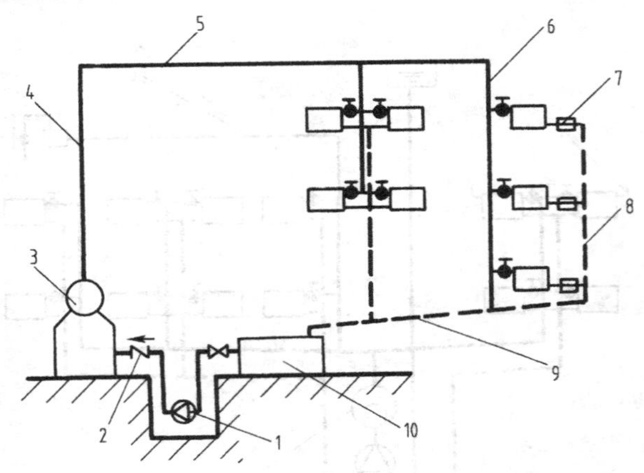

图 12-9 机械回水双管上供下回式蒸汽供暖系统

1—循环水泵 2—止回阀 3—蒸汽锅炉 4—总立管 5—蒸汽干管 6—蒸汽立管 7—疏水器 8—凝水立管 9—凝水干管 10—凝结水箱

锅炉房管道施工图包括管道流程图、平面图、剖面图、详图等，也可以不绘制剖面图而绘制管道系统轴测图。

下面以某锅炉房主要图样为例作简单介绍。

该锅炉房内的设备编号见表 12-7。

表 12-7 锅炉房设备表

编号	名　　称	编号	名　　称
①	热水锅炉	⑫	盐液泵
②	炉排电动机	⑬	软水箱
③	鼓风机	⑭	立式直通除污器
④	引风机	⑮	集水缸
⑤	除尘器	⑯	分水缸
⑥	螺旋出渣器	⑰	供暖变频调速稳压装置
⑦	上煤机	⑱	液压式水位控制阀
⑧	循环水泵	⑲	安全阀
⑨	补水泵	⑳	压力变送器
⑩	离子交换器	㉑	淋浴储水箱
⑪	盐液箱	㉒	淋浴加压泵

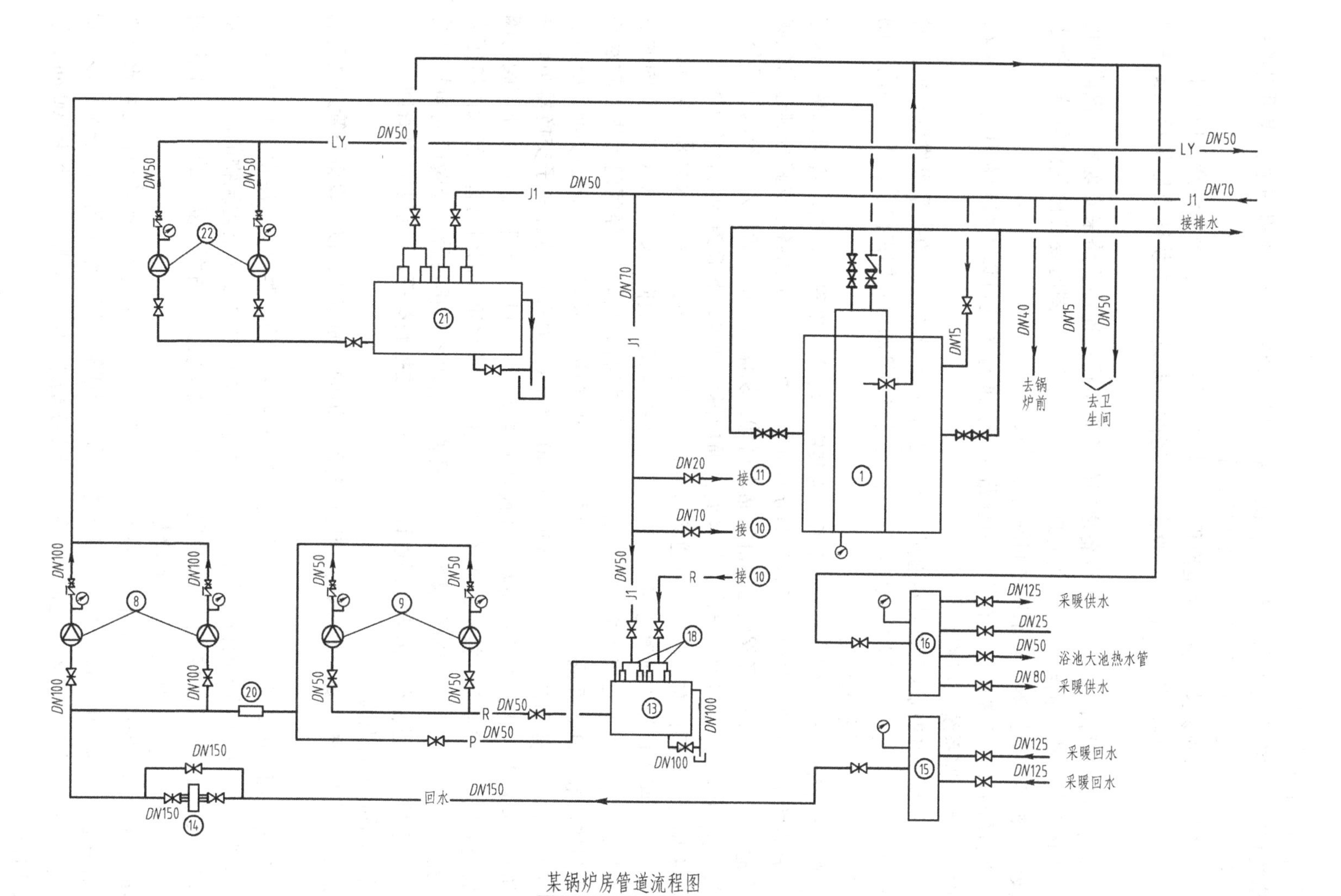

图 12-10　某锅炉房管道流程图

1. 管道流程图的识读

管道流程图又称汽水流程图或热力系统图。锅炉房内管道系统的流程图主要表明锅炉系统的作用和汽水的流程，同时反映设备之间的关系。

（1）管道流程图的识读方法　管道流程图识读时要掌握的主要内容和注意事项如下：

1）查明锅炉的主要设备。流程图一般将锅炉房的主要设备以方块图或形状示意图表现出来。

2）了解各设备之间的关系。锅炉设备之间的关系是通过连接管路来实现的。识读时可先从锅炉本体看起。锅炉的给水及软化处理系统较为复杂，识图时要找出盐溶解器、盐水箱、盐液泵、钠离子交换器、软水箱之间的管路联系。

3）流程图的管道通常都标注有管径和管路代号，通过图例可以了解管路代号的涵义，从而有助于了解管路系统的流程和作用。

4）流程图所表示的汽水流程是示意的。图中表示的各设备之间的关系可供管道安排时查对管路流程之用，另外阀门方向也要依据流程图安装。管路的具体走向、位置、标高等则需要查阅平、剖面图或系统轴测图。

（2）管道流程图阅读实例　图12-10所示为某锅炉房管道流程图。供水管从锅炉①顶部出来向后分为两路，其中一路向右经阀门到分水缸⑯。由分水缸引出各个支路分别通向供暖地点、浴池等。另一路向左经阀门通向淋浴储水箱㉑，从储水箱引出管向左，经阀门后分两路通过阀门接两台并列淋浴加压泵㉒，再经阀门通向淋浴地点，此管道的直径为*DN*50。从集水缸⑮引出管经阀门向左，经立式直通除污器⑭后，通向两台并列循环水泵⑧，循环水泵入口加阀门，水泵出口加止回阀与阀门，之后经止回阀与阀门通向锅炉回水入口。从图的右侧可以看到，给水管引入自来水向右分别经阀门进入淋浴储水箱㉑、经阀门后进入软水箱⑬、经阀门接盐液箱⑪、经阀门接离子交换器⑩、经阀门进入锅炉①、引向锅炉前、引向卫生间，管道公称直径分别是：*DN*70、*DN*50、*DN*40、*DN*20、*DN*15。水经离子交换器⑩后进入软水箱⑬，从底部引出经阀门通向两台并列补水泵⑨。泵入口加阀门，出口加止回阀与阀门，之后通向压力变送器⑳，接两台并联循环水泵⑧。从软水箱顶部引出管，经阀门接压力变送器⑳。循环水泵⑧出口管通向锅炉①。从锅炉①引出各条排污管，经阀门通向排水管道。在设备上按规定还装有压力表、温度计、液压式水位控制阀等，一定要认真查阅。

2. 管道平面图的识读

锅炉房管道平面图主要表示锅炉、辅助设备和管道的平面布置，以及设备与管路之间的关系。

（1）管道平面图的识读方法　管道平面图识读时要掌握的主要内容和注意事项如下：

1）查明锅炉房设备的平面位置和数量。通过各个设备的中心线至建筑物的距离，确定设备的定位尺寸，了解设备接管的具体位置和方向。设备较多、图面较复杂的图样，识读时可参考设备平面布置图，对设备逐一弄清楚。

锅炉本体大都布置在锅炉间内，水处理设备及给水箱、给水泵等一般单独布置在水处理间内。如果是大型锅炉房，换热器设备多布置在第一层或第二层，给水箱、反洗水箱多布置在第三层，水处理设备一般布置在底层。钠离子交换器之间的中心距应不小于700mm，以便安装和检修。

2）了解供暖管道的布置、管径及阀门位置，查明分水缸的安装位置、进出管道位置和方向。

3）查明水处理及其他系统的平面布置，了解管路的位置、走向、阀门设置以及管径、标高等。

（2）管道平面图阅读实例　图 12-11 所示为某锅炉房设备、管道平面布置图。从平面图中可知锅炉房的总体布局分成 6 个房间。锅炉等所在房间面积最大；引风机、除尘器等布置在一个房间；软水箱、离子交换器等布置在一个房间；电控室一个房间，内有供暖变频调速稳压装置；还有卫生间和休息室。从图上看此锅炉房设计比较合理，结合系统图，煤从南门运入后，通过运煤机送进锅炉燃烧，燃烧后的烟气经除尘器到引风机排至烟囱。燃烧后的炉渣通过除渣机排除，经人工运至室外。从鼓风机出来的风通向锅炉炉排底部。从图中还可以了解各种设备在锅炉房内的平面位置。如锅炉中心线到右墙轴线距离为 4200mm。锅炉前端距前墙轴线距离为 500mm。其他设备定位尺寸依此类推。从图上可知各个房间的面积。在图上还可以找到剖面图的剖切位置等。

3. 剖面图的识读

剖面图是设计人员根据需要有选择地绘制的，用来表示设备及其接管的立面布置。

（1）剖面图的识读方法　剖面图识读时要掌握的主要内容和注意事项如下：

1）查明锅炉及辅助设备的立面布置及标高，了解有关设备接口的位置和方向。

2）了解管路的立面布置，查明管路的标高、管径、阀门设置。特别是泵类在管路上的止回阀、闸阀、截止阀等，识图时更要注意。同时，各设备上的安全阀、压力表、温度计、调节阀、液位计等也都会在剖面图上反映出来，识读时要搞清各种阀门和仪表的类型、型号、连接方法及相对位置。

（2）剖面图阅读实例　图 12-12 所示为某锅炉房烟、风道剖面图。在平面图上找到Ⅰ—Ⅰ的剖切位置。从Ⅰ—Ⅰ剖面图看到从锅炉下方出来的烟气从烟道升至标高为 3.400m 处，穿墙进入除尘器；在图的下方中间有鼓风机，标高 0.500m。从鼓风机排出的风向左穿墙后向下通向风道；还可以看到引风机的标高及引风机出口烟道的标高。从Ⅱ—Ⅱ剖面图上看，在除尘器标高为 3.900m 处出来的烟气经弯头向下到引风机，引风机与电动机用联轴器连接，电动机的标高为 0.728m。在剖面图上可以找到一些定位尺寸及标高等，如电动机、引风机、除尘器、鼓风机、烟囱等的定位尺寸；除尘器顶部、锅筒中心线标高、烟囱的尺寸等。

4. 系统图的识读

锅炉房管道系统图多用正等测画法，也可用斜等测或斜二测画法。

（1）系统图的识读方法　系统图识读时要掌握的主要内容和注意事项如下：

1）识读时根据不同的系统分别进行识读。对于每一个系统按照汽水流程一步步进行识读，有时可以把系统轴测图和管道流程图对照起来进行识读。

2）查明各系统管路的走向、标高、坡度、阀门及仪表情况等。

（2）系统图阅读实例　图 12-13 所示为某锅炉房动力管道系统图。从动力系统图左侧可看到，锅炉供水经阀门、压力表向上到标高为 4.400m 处，向左分为两个支路，一支路通向淋浴水箱，另一支路通向分水缸；图左下方，供暖回水、浴池回水经阀门接入集水缸，集水缸上设有压力表，回水从集水缸出来后经阀门向上至标高为 4.400m 处，再向下至标高为 0.640m 处，接立式旁通阀，阀门的标高为 2.000m，向左再向后接入两台并联循环水泵，循

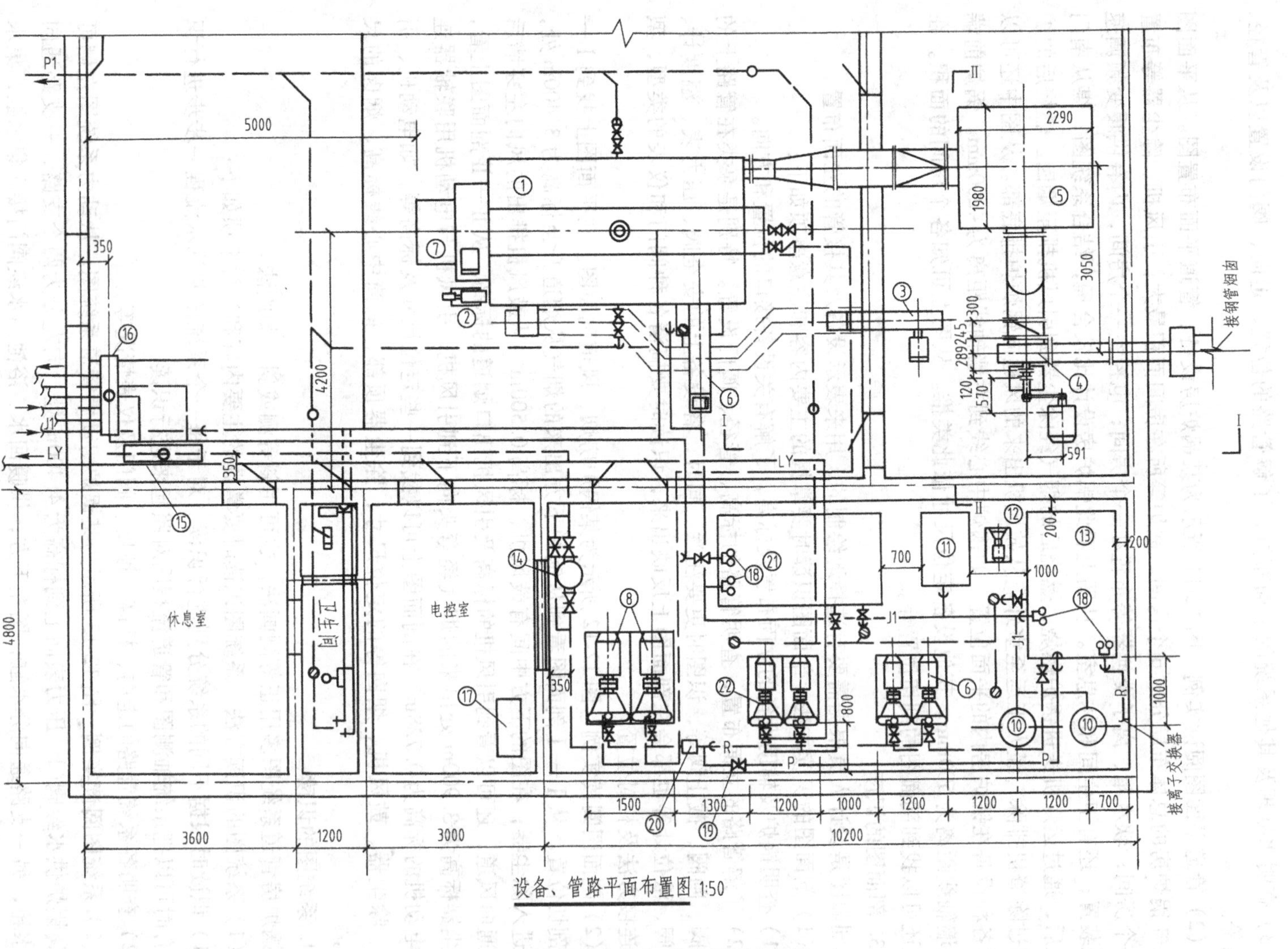

设备、管路平面布置图 1:50

图 12-11　某锅炉房设备、管道平面布置图

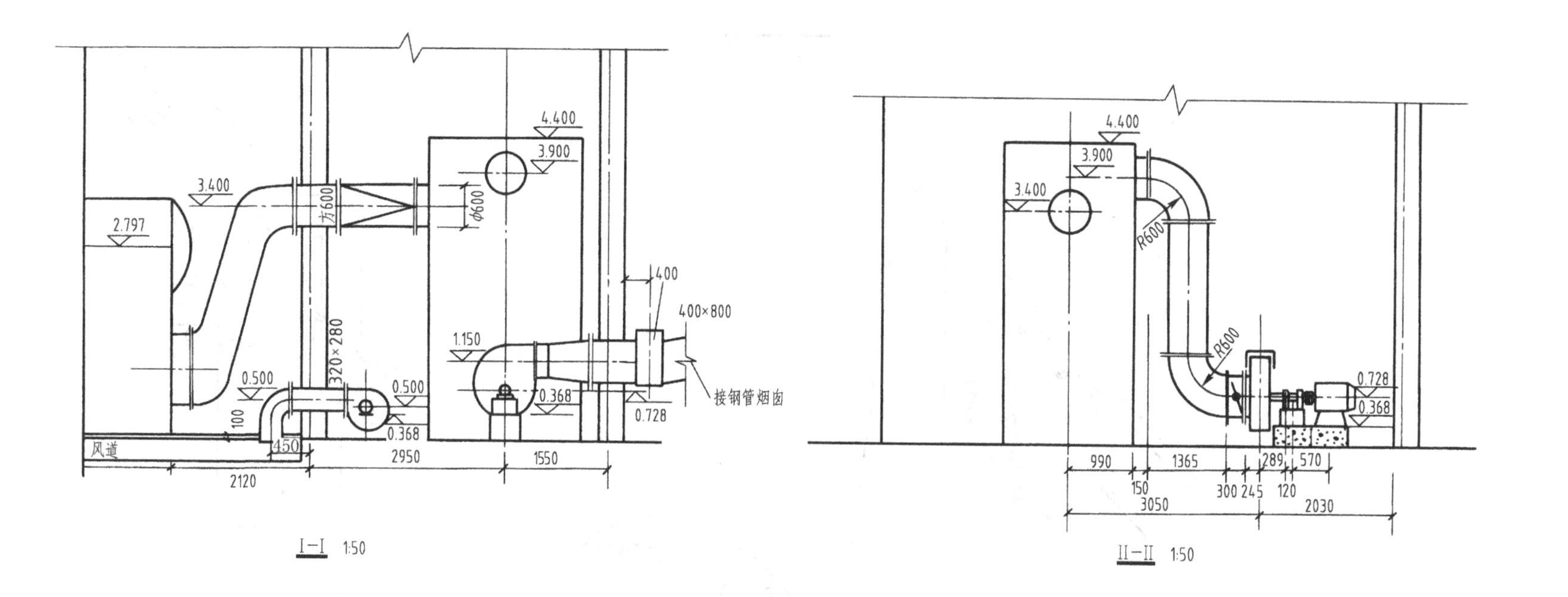

图 12-12 某锅炉房烟、风道剖面图

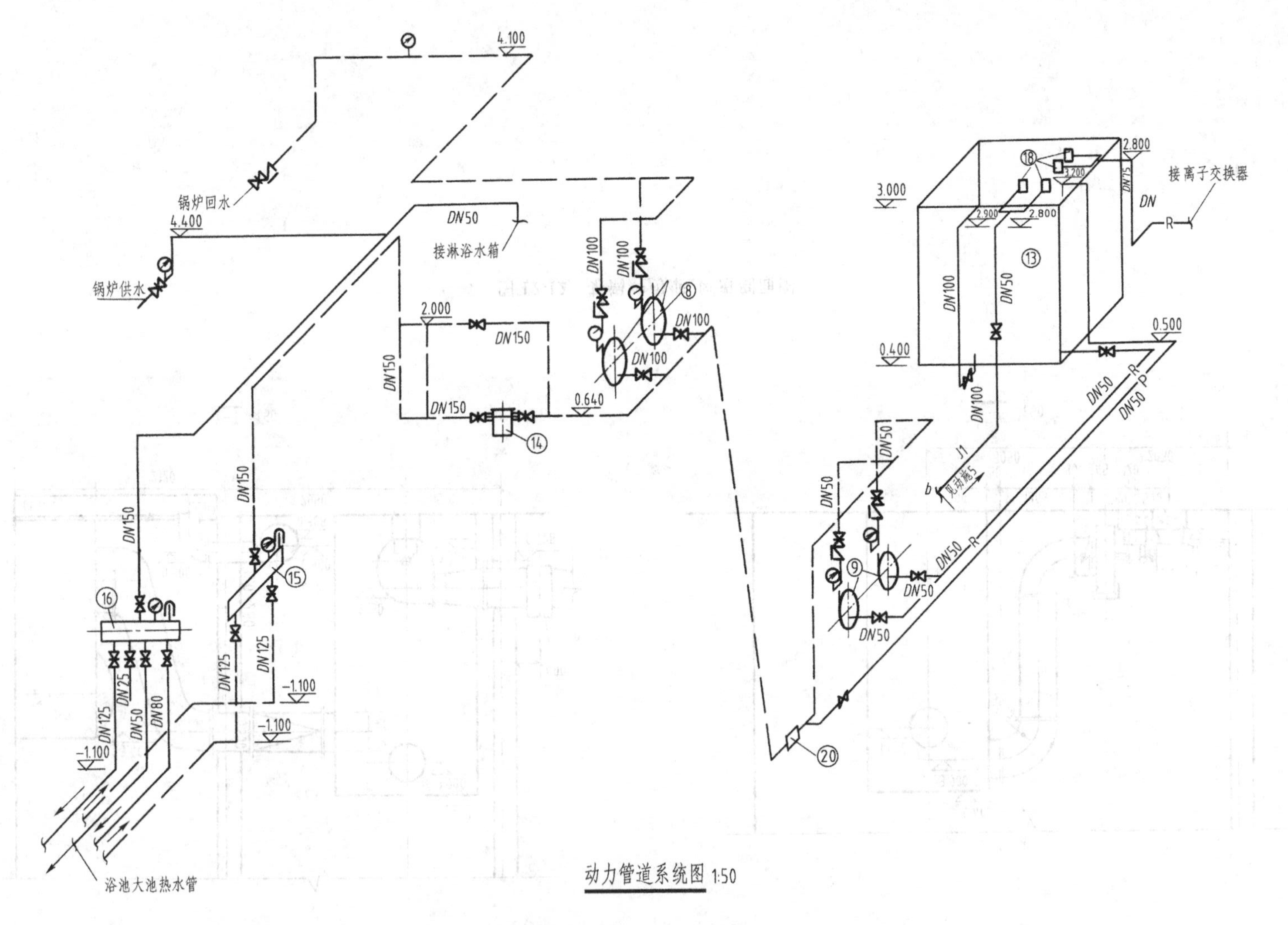

图 12-13 某锅炉房动力管道系统图

环水泵出来的回水升至标高为4.100m处，向左、向后、再向左接压力表后，通向锅炉。软化水箱的进水为J1管，经阀门在标高为2.800m的连接液压水位控制阀进入水箱；从离子交换器出来的经过软化处理的水在标高2.800m处接入控制阀进入水箱，从软化水箱底部引出管经阀门连接两台补水泵后接入压力变速器，压力变速器连接循环水泵；软化水箱标高3.200m处到压力变速器设有旁通管，中间有阀门。

淋浴管路系统图读法相同，不再叙述。

三、室内供暖施工图

室内供暖施工图是指建筑物内供暖管道的平面图、管道系统图、详图等。供暖管道、散热器和附件示意性地画在给定的建筑平面图上，系统图则反映系统的全貌，并反映管道与散热器的连接。

（一）室内供暖施工图的表示方法

1）平面图上本专业所需的建筑物轮廓应与建筑图一致。但该图中的房屋平面图不是用于土建施工，故只要求用细实线把建筑物与供暖有关的墙、门窗、平台、柱、楼梯等部分画出来。平面图原则上应分层绘制，管道系统布置相同的楼层平面可绘制一个平面图。

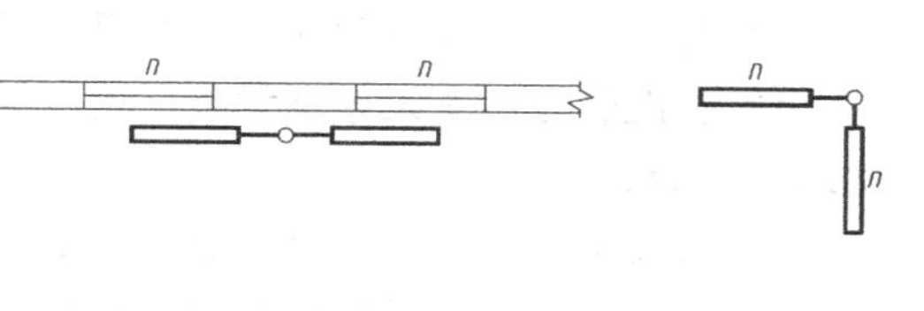

图12-14　散热器画法

n—散热器的规格、数量

2）散热器宜按图12-14所示方法绘制。

3）平面图中散热器的供水（供汽）管道、回水（凝结水）管道宜按图12-15所示方法绘制。

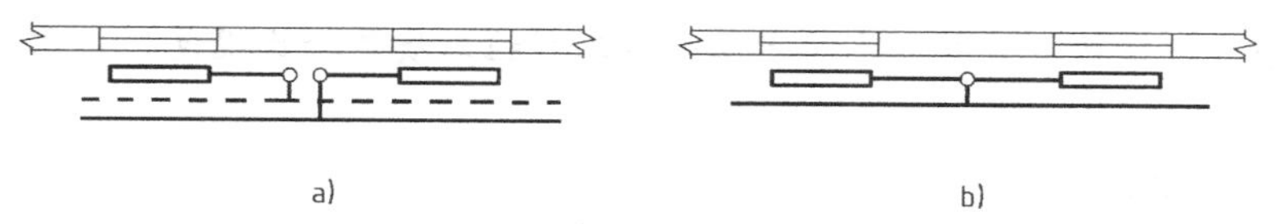

图12-15　平面图中散热器的画法

a）双管系统　b）单管系统

4）供暖入口的定位尺寸应为管中心至所邻墙面或轴线的距离。

5）供暖系统图宜用单线图绘制。

6）供暖系统图宜采用与相对应的平面图相同的比例绘制。

7）供暖系统图中的散热器宜按图12-16所示方法绘制。

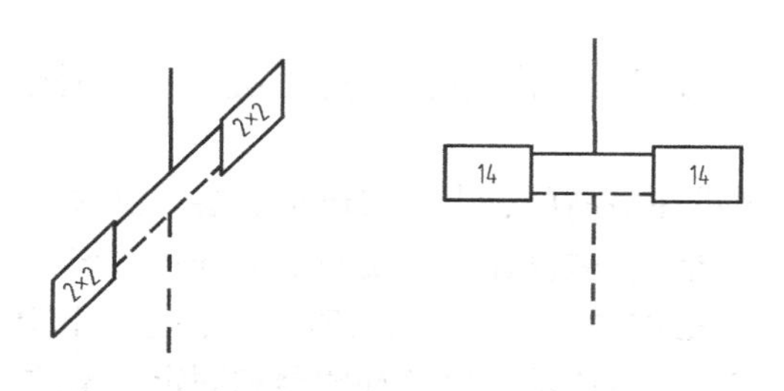

图12-16　供暖系统图中的散热器画法

（二）室内供暖施工图的识读

1. 供暖设计说明书

供暖设计说明书用来说明图样的设计依据和施工要求，也是图样的补充。读图时要认真、仔细地阅读设计说明书。作为例子，下面摘录了某办公楼采暖设计说明书。

供暖设计说明书（摘录）

1）本工程供暖形式为机械循环上供下回单管同程式，供暖热水（85 °C/60 °C），共分1个系统：$R_1=155\text{kW}$，$P_1=6000\text{Pa}$。

2）供暖系统管道采用焊接钢管，$DN\leqslant32\text{mm}$ 为螺纹联接；$DN>32\text{mm}$ 为焊接，接散热器的支管应有坡度。当支管全长小于500mm时，坡度值为5mm；大于500mm时，坡度值为10mm。

3）散热器选用四柱760型散热器，每组设手动放气阀一个。

4）明设管道及支架等刷樟丹一遍、银粉二遍，在刷油前应将表面铁锈、污物等除净并刷红色调和漆两遍。

5）供暖系统排气采用自动放气阀。

6）系统装完后，尚需进行综合试验，试验压力为0.6MPa。

7）散热器组装后，以0.6MPa压力进行水压试验，3min内不渗漏为合格，5min内压力降不超过0.02MPa。

8）系统综合试压后应进行冲洗，冲洗至排放水不含杂质、水色不浑浊，然后进行试运行及初调整。

9）未尽事宜，请按《建筑给水排水及采暖工程施工质量验收规范》（GB 50242—2002）执行。

2. 平面图的识读

室内供暖管道平面图主要表示管道、附件及散热器在建筑平面上的位置以及它们之间的相互关系，是施工图中的主体图样。

（1）平面图的识读方法　平面图识读时要掌握的主要内容和注意事项如下：

1）查明建筑物内散热器的平面位置、种类、片数以及散热器的安装方式，即散热器是明装、暗装还是半暗装的。

散热器一般布置在各个房间的窗台下，有的也沿内墙布置，以明装较多。

散热器的种类较多，有翼型散热器、柱型散热器、光滑管散热器、钢管串片散热器、扁管式散热器、板式散热器、钢制辐射板以及热风机等。散热器的种类除可用图例识别外，一般在施工说明中注明。

2）了解水平干管的布置方式，干管上的阀门、固定支架、补偿器等的平面位置和型号，以及干管的管径。

识读时需注意干管是敷设在最高层、中间层还是底层。供水、供气干管敷设在最高层说明是上分式系统；供水、供气干管敷设在底层说明是下分式系统。在底层平面图上还会出现回水干管或凝结水干管（用粗虚线表示），识读时也要注意。识读时还应搞清补偿器的种类、形式和固定支架的形式、安装要求，以及补偿器和固定支架的平面位置等。

3）查清系统立管数量和布置位置。复杂系统有立管编号，简单的系统可不进行编号。

4）在热水供暖系统平面图上还标有膨胀水箱、集气罐等设备的位置、型号以及设备上连接管道的平面布置和管道直径。

5）在蒸汽供暖系统平面图上还标有疏水装置的平面位置、规格尺寸等。

6）查明热媒入口及入口地沟情况。热媒入口无节点图时，平面图上一般将入口组成的设备如减压阀、混水器、疏水器、分水器、分汽缸、除污器和控制阀门表示清楚，并注有规格，同时注出管径、热媒来源、流向、参数等。如果热媒入口主要配件、构件与国家标准图相同，则注明规格及其标准图号，识读时可按给定的标准图号查阅标准图。当有热媒入口节点详图时，平面图上注有节点详图的编号，识读时可按给定的编号查找热媒入口节点详图进行识读。

（2）平面图阅读实例，图 12-17 ~ 图 12-20 所示为某办公楼一至四层供暖平面图。

一层供暖平面图：散热器布置在各个房间的窗台下，种类为四柱 760 型散热器，片数 13 ~ 50 片，明装；供水干管用粗实线表示，在 R1 处从后向前穿墙到墙内侧，向上；回水水平干管用粗虚线表示，两路在南侧中间汇集，向北穿墙至 R1 处，可见有 14 个立管，11 个立管一侧接散热器，1 个立管两侧接散热器。供暖供水总立管处于北侧中间部位。

二层供暖平面图：对应一层各立管接散热器，散热器片数与一层不同，分别是 12 ~ 34 片。北侧散热器全部布置在窗台下，立管与一层对应。南部东西两侧分别有水平供水管与两个立管相连，应注意画法，靠东西墙两个立管由此向下，另两个立管向上。

三层供暖平面图：散热器片数为 11 ~ 30 片，在中型培训室两侧布置散热器，其余散热器与二层布置相同。各立管与二层对应。

四层供暖平面图：采暖供水总立管从下上来后分两路，一路向左，另一路向右，为两水平供水干管（用粗实线表示）。对应三层的各立管接于水平供水干管。在水平供水干管末端接至集气罐。各组散热器的片数为 9 ~ 36 片。

3. 供暖系统图的识读

供暖系统图表示热媒入口至出口的供暖管道、散热设备、主要附件的空间位置和相互关系。供暖系统图一般为斜等测图。

（1）系统图的识读方法　系统轴测图识读时要掌握的主要内容和注意事项如下：

1）查明管道系统的连接，各段管路的管径大小、坡度、坡向、水平管道和设备的标高，以及立管编号等。

识读供暖系统轴测图可以对管道的布置一目了然。它清楚地表明了干管与立管之间以及立管、支管与散热器之间的连接方式，阀门的位置和数量，散热器支管的坡度等。

2）了解散热器的类型、规格及片数。当散热器为光滑管散热器时，要查明散热器的型号、管径、排数及长度；当散热器为翼型散热器或柱型散热器时，要查明规格与片数以及带脚散热器的片数，当采用其他特殊的供暖散热设备时，应弄清设备的构造和底部或顶部的标高。

3）注意查清其他附件与设备在系统中的位置，凡注明规格尺寸者，都要与平面图和材料表等进行核对。

4）查明热媒入口处各种设备、附件、仪表、阀门之间的关系，同时搞清热媒来源、流向、坡度、标高、管径等，如有节点详图时要查明详图编号，以便查找。

（2）系统图阅读实例　图 12-21、图 12-22 所示为某办公楼供暖系统图。供水管从供暖入口（标高为 -1.800m）穿墙进入室内，向上（供暖供水总立管）至四层顶部， 管径为

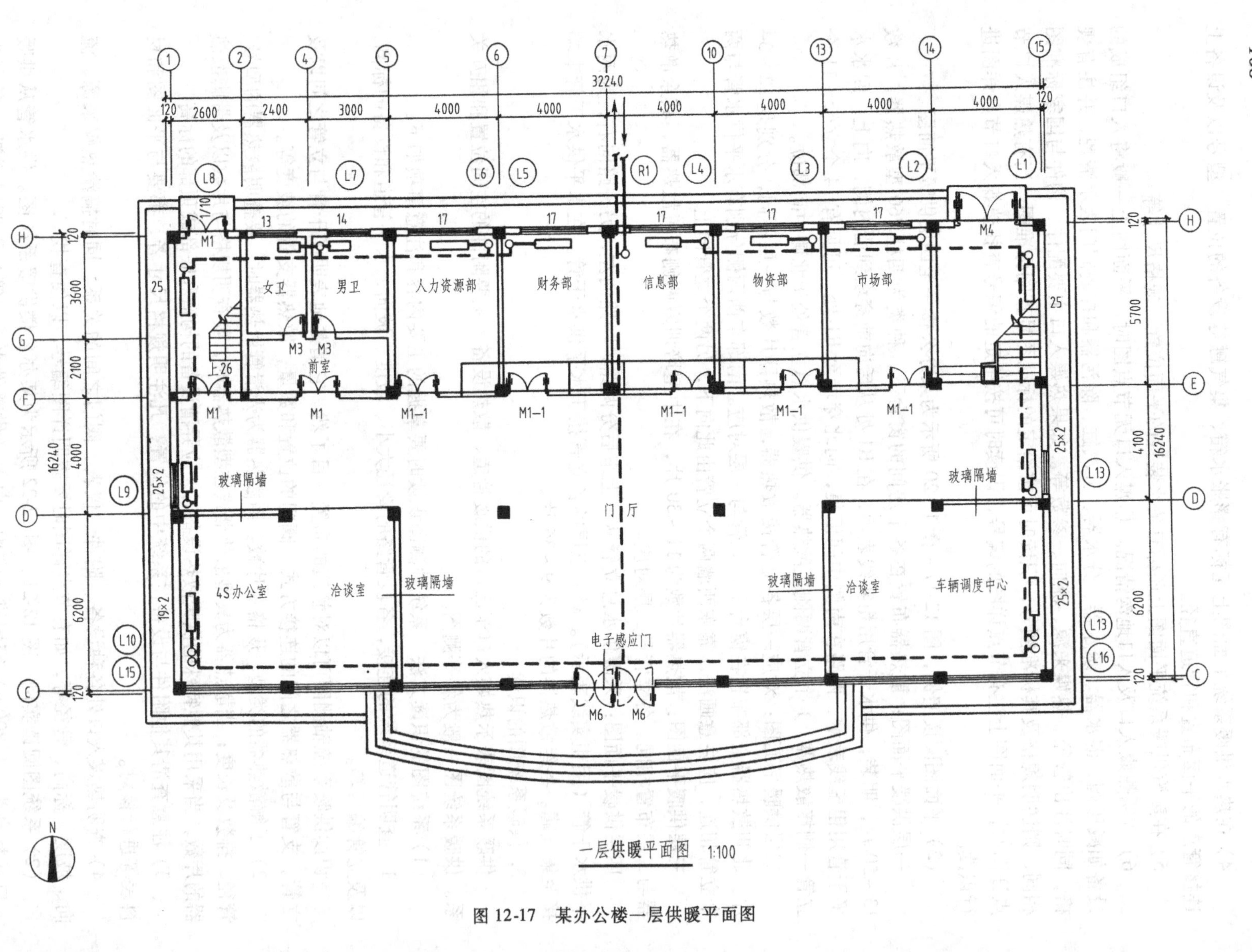

图 12-17 某办公楼一层供暖平面图

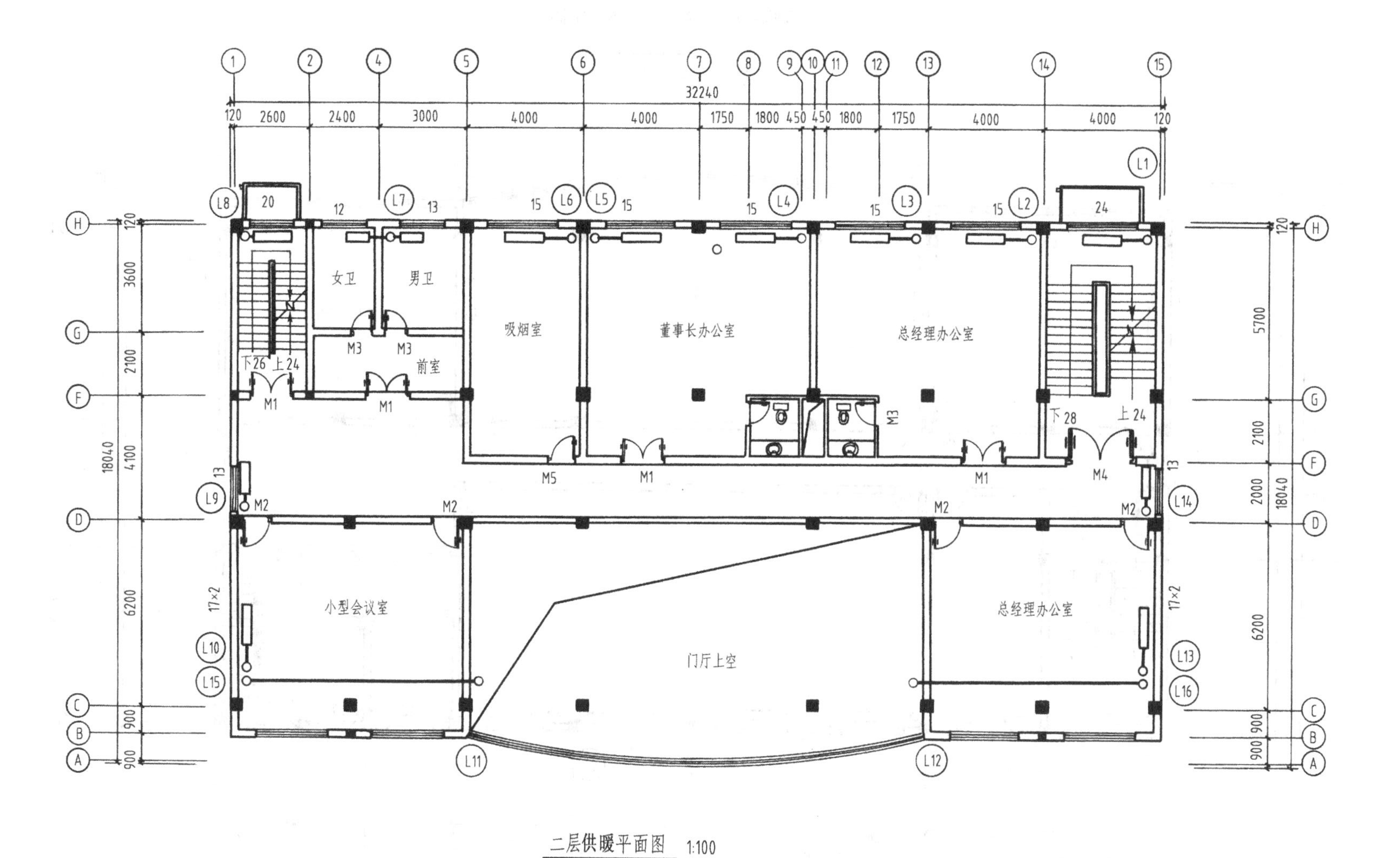

二层供暖平面图 1:100

图 12-18 某办公楼二层供暖平面图

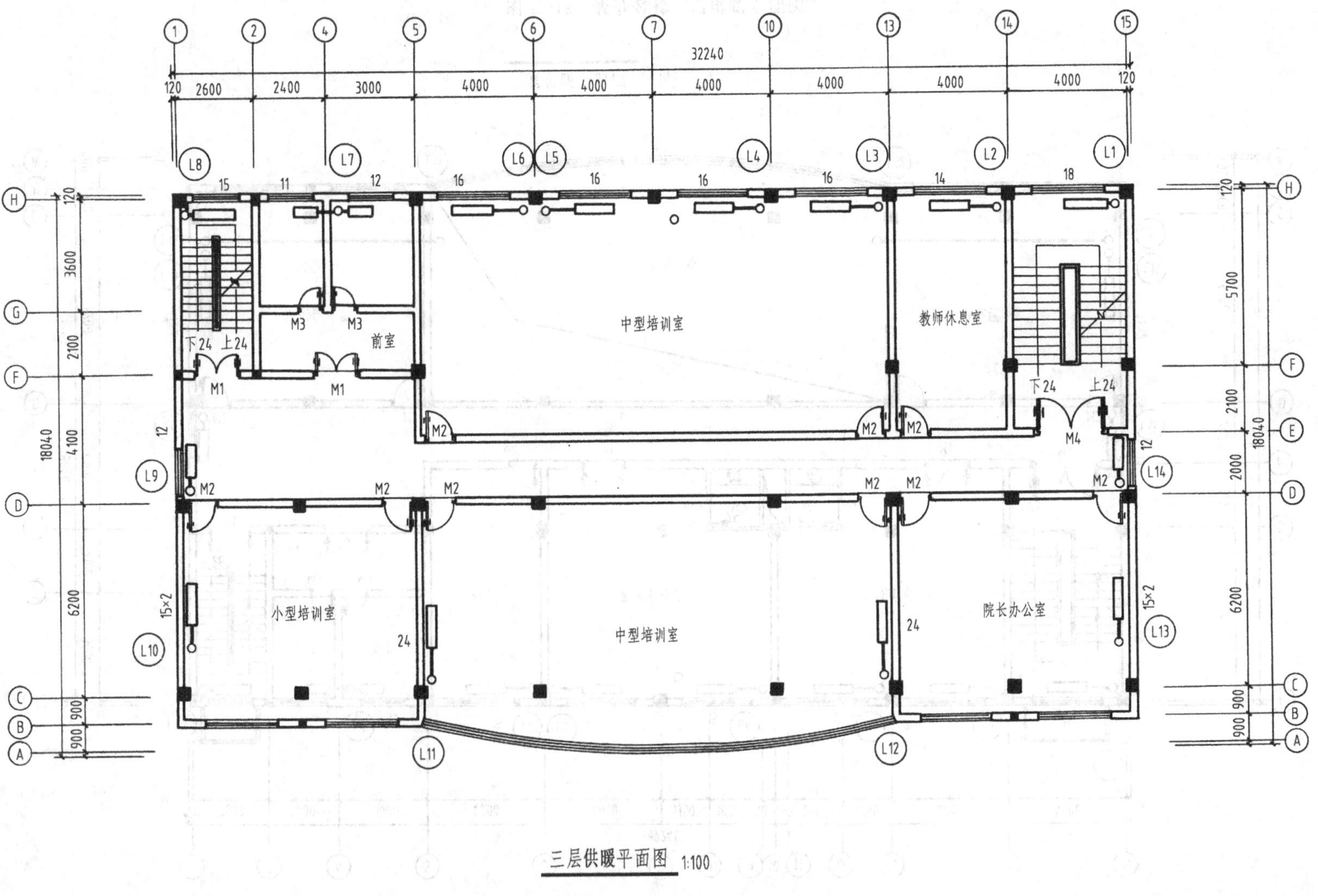

图 12-19　某办公楼三层供暖平面图

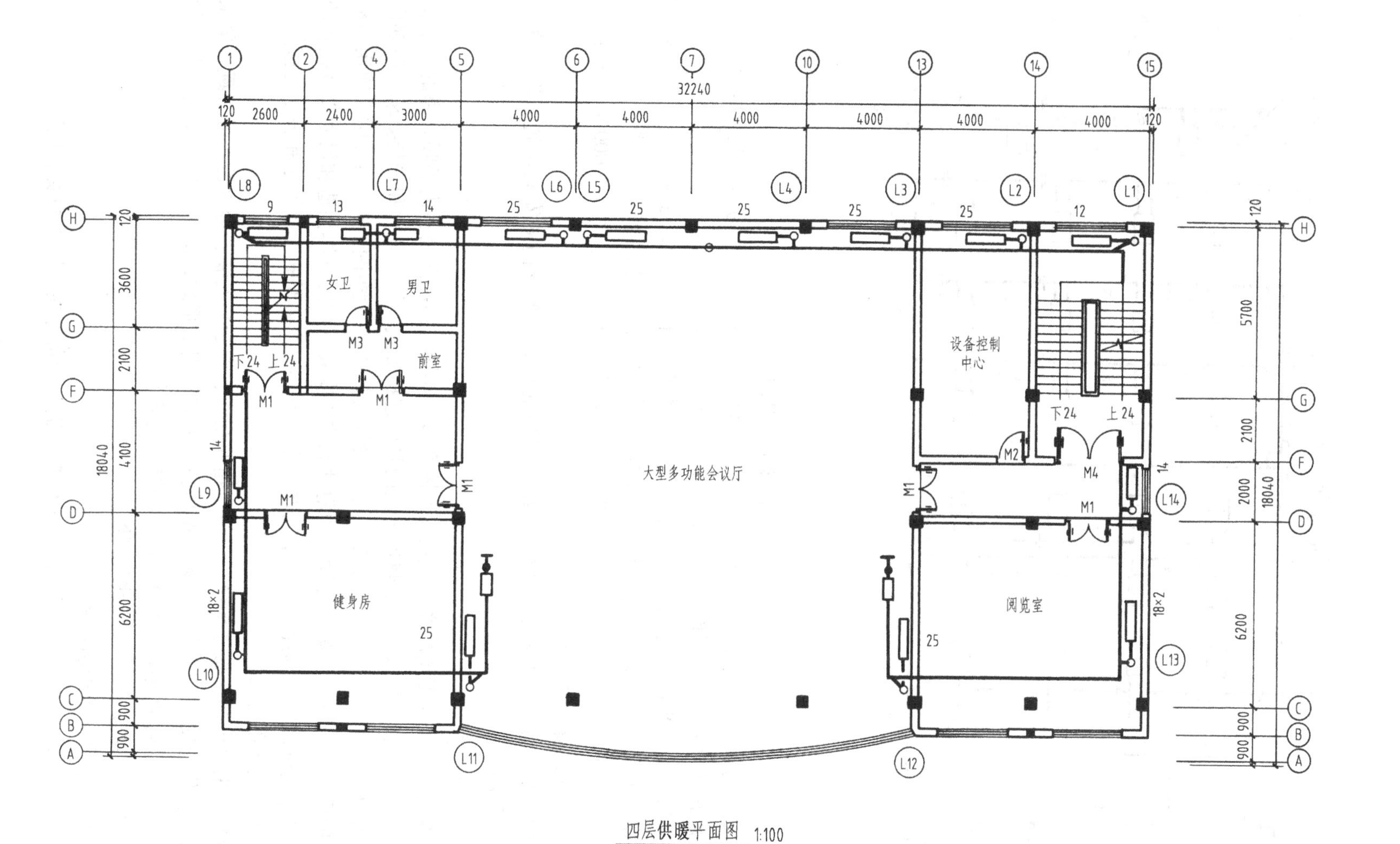

图 12-20 某办公楼四层供暖平面图

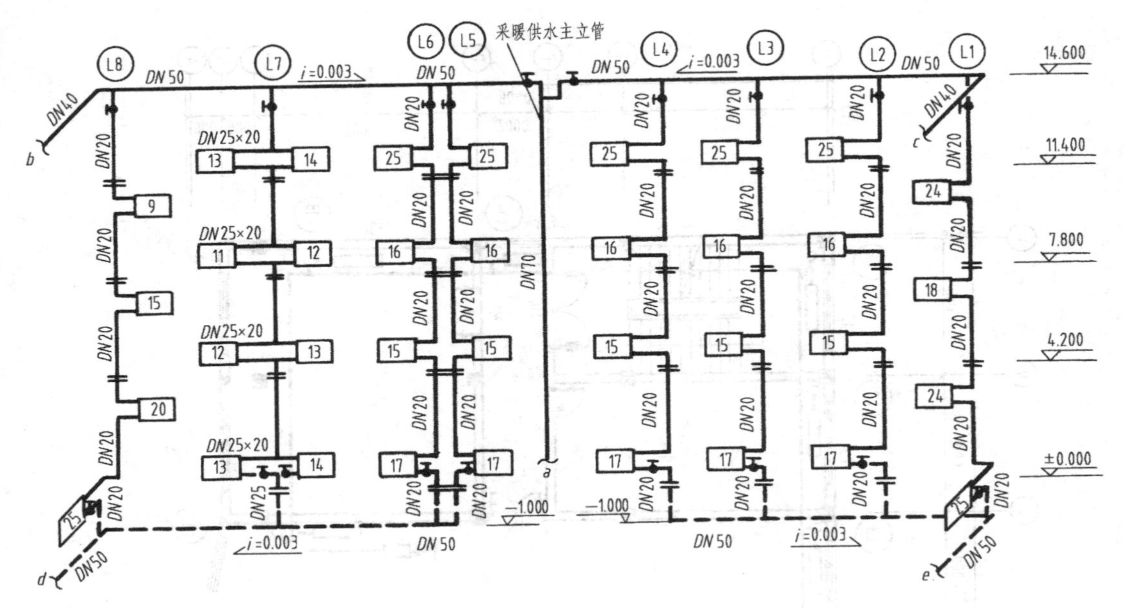

图 12-21　供暖系统图（一）

*DN*70，之后分两路（供水水平干管）至自动排气阀，管径分别为 *DN*50、*DN*40、*DN*32、*DN*25，坡度为 0.003，排气阀为最高点（标高为 11.400m）。

各立管编号与平面图对应，上下分别接至供水水平干管、回水水平干管，L11 与 L15、L12 与 L16 在标高 7.400m 处用供水水平管连接。各立管在各楼层接有散热器。

两条回水水平干管（坡度为 0.003）汇集后，向北（标高 -1.000m）、向下（标高 -1.800m）穿墙至供暖入口。

图中反映了散热器的安装方位及各组散热器的片数、各阀门的安装位置、集气罐的位置、各楼层的标高等。

4. 详图的识读

室内供暖管道施工图的详图包括标准图和节点详图。标准图是室内供暖管道的一个重要组成部分，供水管、回水管与散热器之间的具体连接形式、详细尺寸和安装要求一般都由标准图反映出来。作为室内供暖管道施工图，设计人员通常只画平面图、系统图和通用标准图中没有的局部节点图。供暖系统设备和附件制作与安装方面的具体构造和尺寸以及接管的详细情况要参阅标准图。因此，必须掌握这些标准图，记住必要的安装尺寸和管道连接用的管件，以便做到运用自如。

标准图主要包括：膨胀水箱和凝结水箱的制作、配管与安装；分水器、分气罐、集水器的构造、制作与安装；疏水器、减压调压板的安装和组成形式；散热器的连接与安装；供暖系统立、支、干管的连接；管道支吊架的制作与安装等。

（三）室内供暖施工图的绘图步骤

1. 供暖平面图的绘图步骤

1）按比例画出建筑平面图，以表示供暖管道及设备等在房屋中的安装位置。

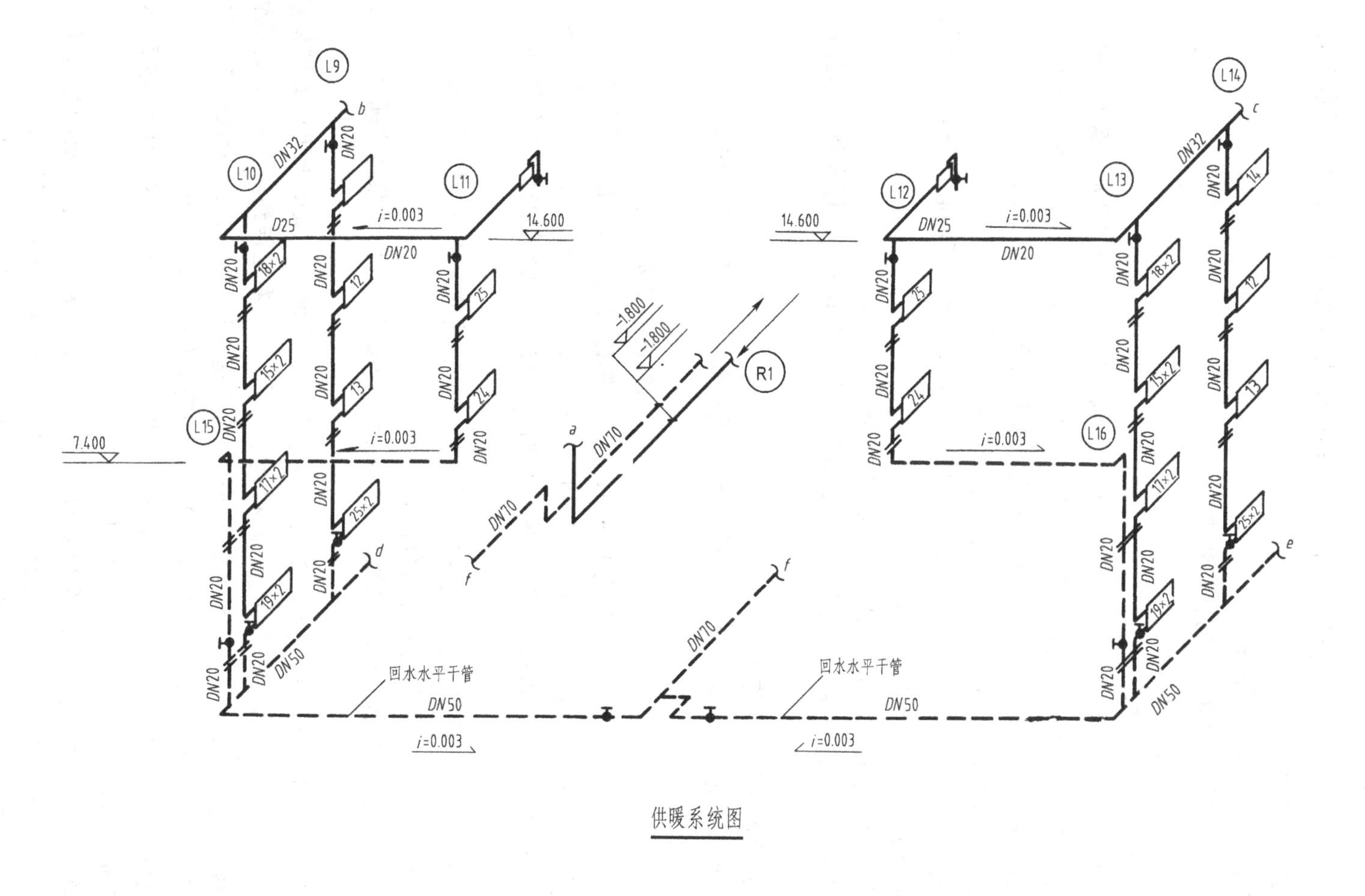

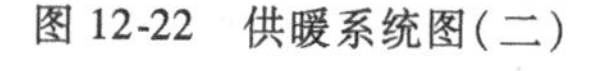
图 12-22 供暖系统图(二)

2）画出平面图中各组散热器的位置。

3）画出各立管的位置。

4）若是顶层供暖平面图或底层供暖平面图，还要画出供水总管、干管或回水总管、干管的位置，并与立管连接。

5）画出管道上的部件及设备。

6）按有关规定完成管道相关内容的标注。

7）填写技术要求与说明等。

2. 供暖系统图的绘图步骤

1）量取供水干管在建筑平面图上的长、宽尺寸，按顺序画出全部供水干管的位置。

2）在供水干管上，按照平面图的立管位置和编号将全部立管画出来，根据建筑剖面图的楼地面标高等尺寸确定立管的高度尺寸，并在立管上画出楼地面标高线。

3）按照散热器安装的立面尺寸，画出所有支管和散热器。

4）画出回水管道。画回水管道时，若为双管系统应从回水支管画起，若为单管系统应从立管末端画起，顺序画出回水干管直到回水总管。

5）画出图例。如管道系统上的阀门、集气罐和管道中的固定支点等。

6）完成其他规定的内容。如立管的编号、管径大小、管道坡度、标高及散热器的规格数量等。

四、室外小区供热管网施工图

室外供热管道施工图主要有管道平面图、纵（横）断面图、管道安装详图等。

1. 管道平面图的识读

管道平面图是室外供热管道的主要图样，用于表示管道的具体走向。

（1）管道平面图的识读方法　管道平面图识读时应掌握的主要内容和注意事项如下：

1）查明管道名称、用途、平面位置、管道直径和连接方式。室外供热管道中有蒸汽管道和凝结水管道或供水管道和回水管道，同时还要注意室外供热管道中有无其他不同用途的管线，必须一一看清楚。

2）了解管道的敷设情况、辅助设备布置情况。管道的辅助设备有补偿器、排水和放气装置、阀门等，在平面图上都有具体的布置情况。

3）看清平面图上注明管道节点及纵（横）断面图的编号，以便按照这些编号查找有关图样。

（2）管道平面图阅读实例　图 12-23 所示为供热管道平面图。从图上可以看到供热水管、回水管道的走向，即两管平行布置。从检查室 3 开始，向右延伸到检查室 4，此段管道距离为 73. 00m、直径为 426mm、壁厚为 8mm；经检查室 4 后继续向右，经波纹管补偿器，距离为 47. 50m；再向右 15. 00m，向前转 90°后，向前 9. 0m，向右转 90°，经 9. 0m 后，向前转 90°；继续向前到检查室 5，距离为 37. 50m。继续向前。从检查室 4 到检查室 5，管道直径为 325mm，壁厚 7mm，图上的尺寸以热水管道为准。

从管道平面图上的坐标可以看出具体位置。即检查室 3 固定支架的坐标为 $X-52417.90$、$Y-32469.70$，第一个转弯处的坐标为 $X-54354.40$、$Y-32457.80$。

从设计说明可知管道采用直埋敷设，波纹管补偿器，固定支架用 GZ 表示，长度单位为 m。

从图上看到检查室内设有固定支架、排水装置等。

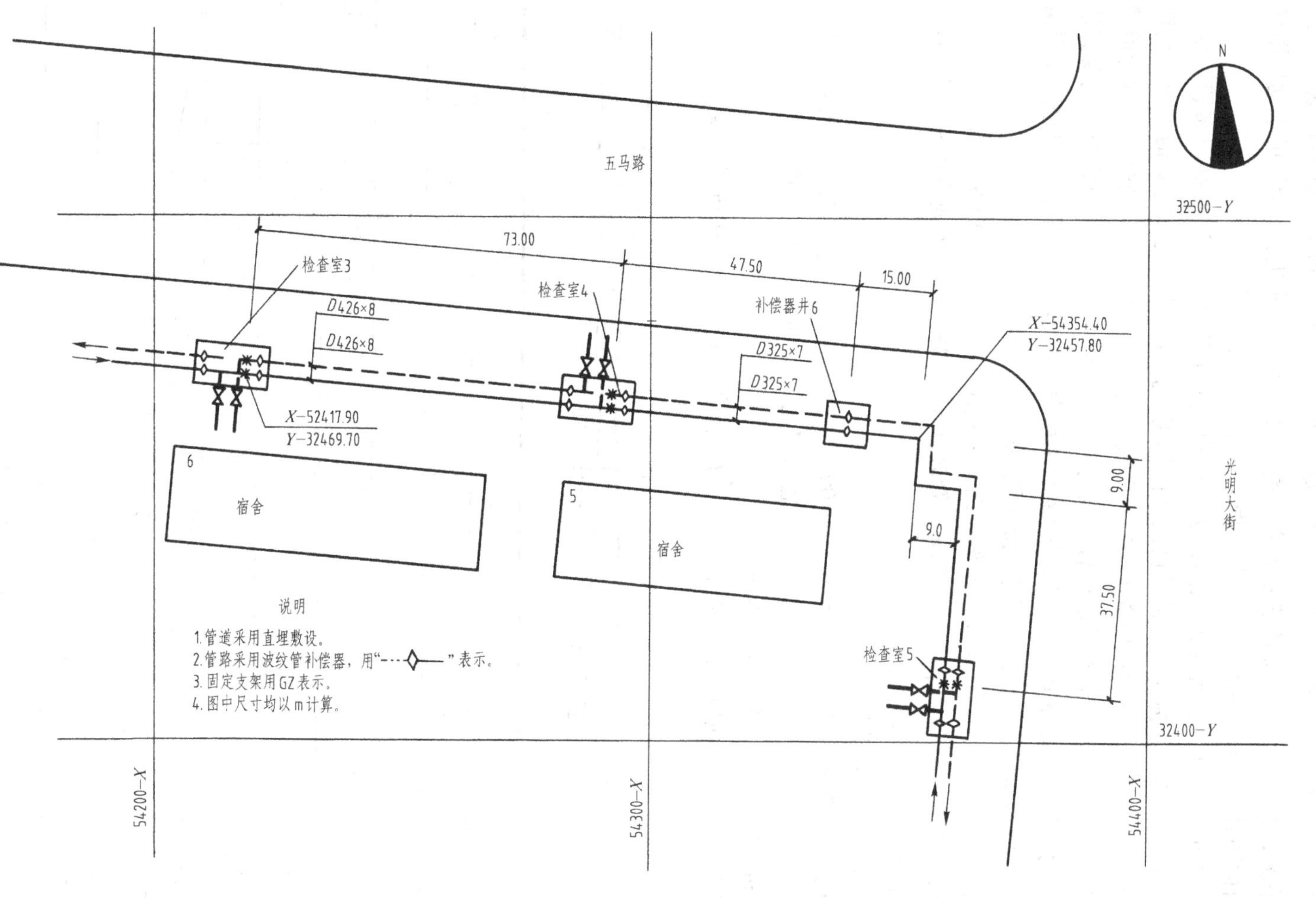

图 12-23 供热管道平面图

2. 管道纵（横）断面图的识读

室外供热管道的纵（横）断面图主要反映管道及构筑物（地沟、管架）纵（横）立面的布置情况，并将平面图上无法表示的立体情况表示清楚，所以是平面图的辅助性图样。纵（横）断面图并不对整个系统都作绘制，而只绘制某些局部地段。

（1）管道纵（横）断面图的识读方法　管道纵断面图表示管道的纵向布置。据此，要查明管道底或管道中心标高、管道坡度及地面标高。直埋敷设、地沟敷设时，要查明地沟底标高、地沟深度及地沟坡度；架空敷设时，要查明管架间距和标高。同时要了解管道辅助设备如补偿器及疏、排水管装置等的位置，当有配件室、阀门平台等构筑物时，还要查清楚这些构筑物的位置、标高及其编号。识图时要与平面图对照起来一起看，可以进一步弄清管道及辅助设备的具体位置、标高以及它们的相互关系。

（2）管道纵（横）断面图阅读实例　图 12-24 所示为供热管道纵断面图。从左检查室 3 开始：节点为 J49，地面标高为 150. 21m，管底标高为 148. 12m，检查室底标高为 147. 52m，距热源出口距离为 799. 35m。

其他检查室读法相同。

J49 到 J50 距离为 73. 00m，坡度为 0. 008，左低右高。其他坡度读法相同。从 J49 到 J50，管径、壁厚分别为 426mm、8mm，保温外径为 510mm。从 J50 到 J54，管径、壁厚分别为 325mm、7mm，保温外径为 410mm。

在图上还标有其他内容，如固定支座推力、标高、坐标等，识图时要注意。

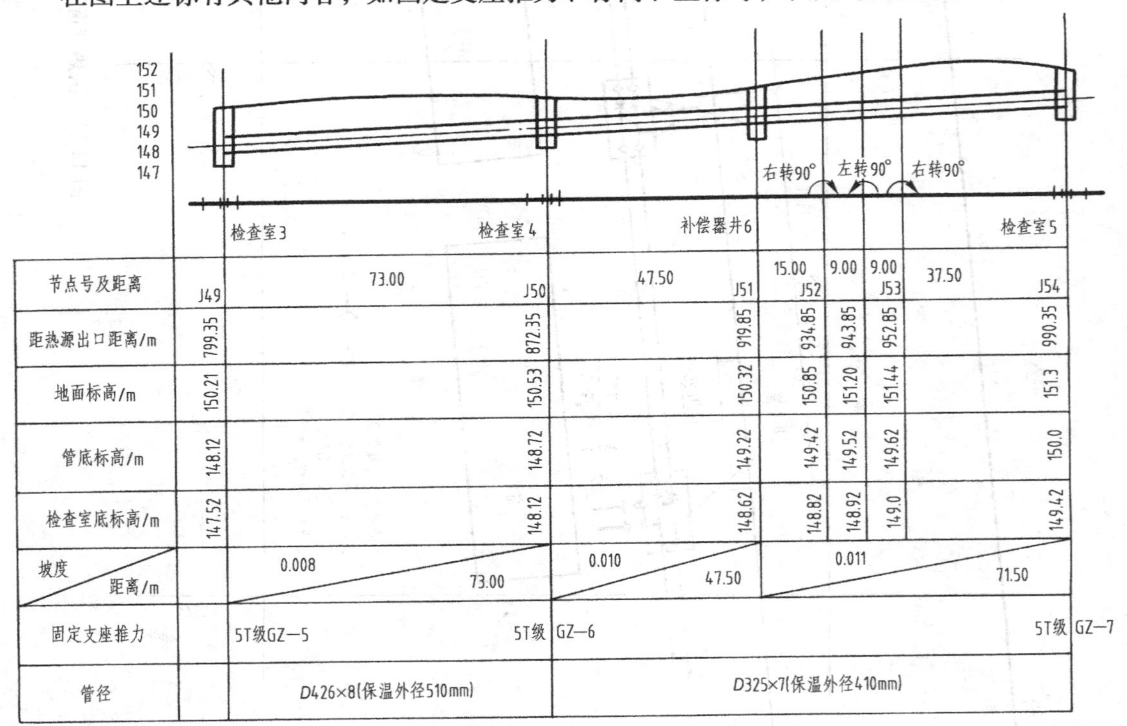

图 12-24　供热管道纵断面图

第三节　通风施工图

一、概述

人类生活在空气中，空气的成分和性质如不符合一定的条件，将会影响人们的健康。同人类一样，许多生产过程对空气环境也有一定要求。如果空气环境达不到要求，产品就保证不了质量，甚至无法进行生产。

所谓通风，就是把室外新鲜空气进行适当处理后送进室内，把室内的废气排至室外，从而保持室内空气的新鲜及洁净度。通风系统一般由进风百叶窗、空气过滤器（加热器）、通风机（离心式、轴流式、贯流式）、风道以及送风口等组成（图 12-25）。

排风系统一般由排风口（排气罩）、风道、过滤器（除尘器、空气净化器）、风机、风帽等组成（图 12-26）。

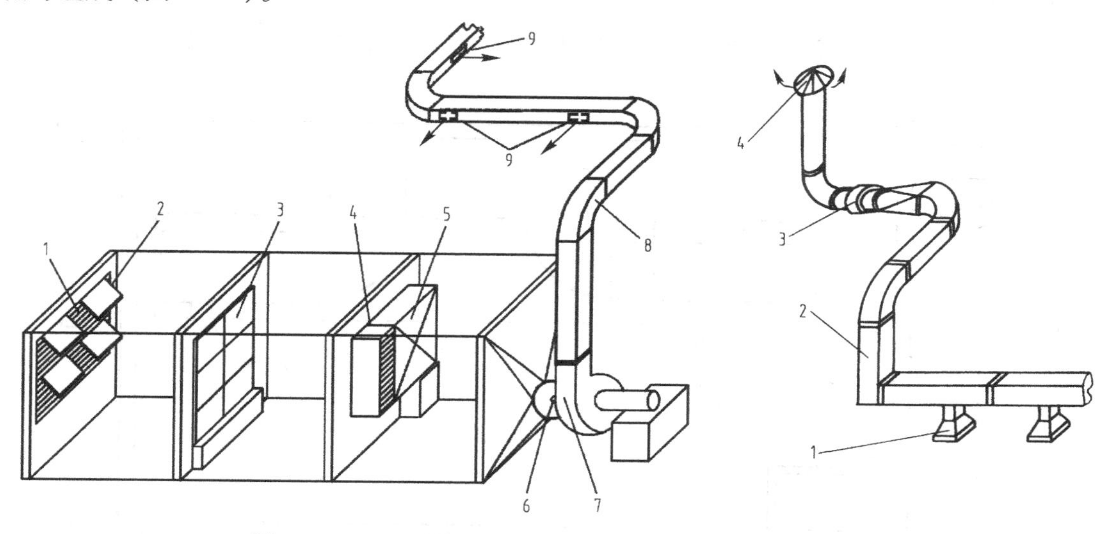

图 12-25　通风系统

1—进风百叶窗　2—保温阀　3—空气过滤器　4—加热器　5—旁通阀　6—启动阀　7—通风机　8—风道　9—送风口

图 12-26　排风系统

1—排气罩　2—风道　3—风机　4—风帽

二、通风施工图的组成

通风施工图由基本图、详图及文字技术说明等组成。基本图包括通风平面图、剖面图和通风系统图；详图包括构配件的安装或制作加工图，当详图采用标准详图或其他工程的图样时，在图样目录中应附有说明；文字技术说明包括设计所采用的气象资料、工艺标准等基本数据，通风系统的划分方式，通风系统的保温、涂装等统一做法和要求，以及风机、水泵、过滤器等设备的统计表等。

三、通风施工图的识读

1. 通风平面图的识读

通风平面图表明通风管道系统等的平面布置。

（1）识读方法　通风平面图识读时应掌握的内容和注意事项如下：

1）查清建筑平面轮廓、轴线编号与尺寸。

2）查清通风管道与设备的平面布置及连接形式，风管上构件的装配位置，风管上送风口或回风口的分布及空气流动方向。

3）查清通风设备、风管与建筑结构的定位尺寸，风管的断面或直径尺寸，管道和设备部件的编号，送风系统、排风系统的编号。

4）详细阅读设计或施工技术说明。

（2）阅读实例　图12-27所示为某人防工程风机室平面图。图中风机系统被分为八个部分：第一部分为新回风混合段，新风与回风在此混合，新风由通风管道从室外引入（图中左前方管道），回风则由回风管道自各个房间送回（图中左后方管道）；第二部分为初效过滤段，对混合后的风进行初效过滤；第三部分为回风消声段，对回风进行消声处理；第四部分为回风机段；第五部分为表冷挡水板段；第六部分为送风机段，对处理后的风进行加压；第七部分为送风消声段；第八部分为送风段。平面图上还反映了风道的有关尺寸（如定位尺寸、截面尺寸等）和剖面图的剖切位置。

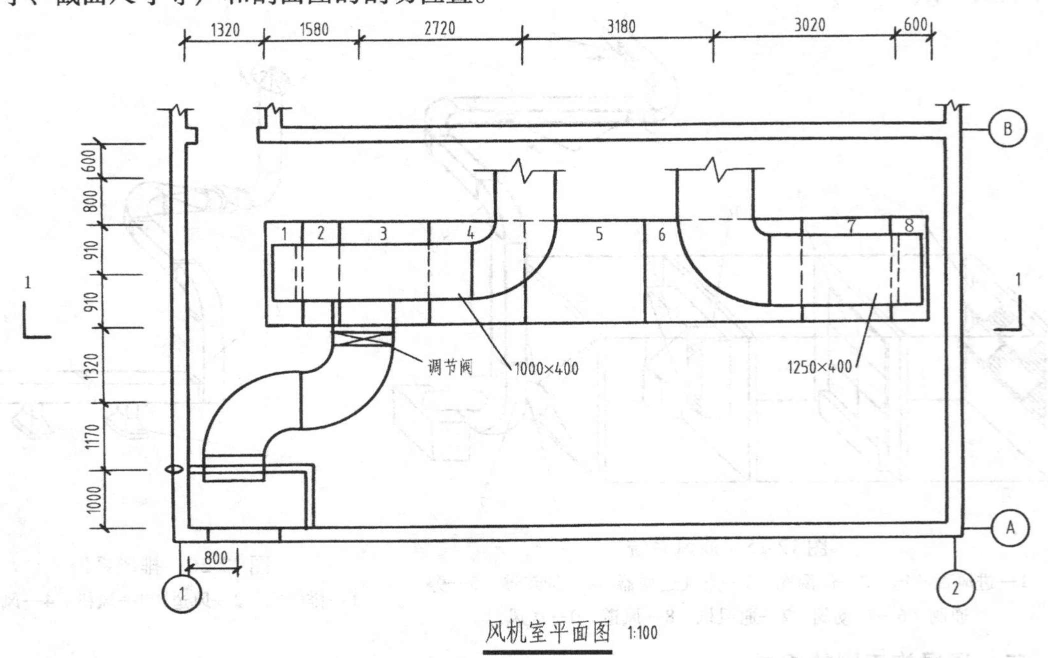

图12-27　某人防工程风机室平面图

1—新回风混合段　2—初效过滤段　3—回风消声段　4—回风机段
5—表冷挡水板段　6—送风机段　7—送风消声段　8—送风段

2. 通风剖面图的识读

通风剖面图表明了通风管道、通风设备及部件在竖直方向的连接情况，管道设备与建筑结构的相互位置及高度方向的尺寸关系等。

图12-28所示为某人防工程风机室剖面图。从图中可以看出八个部分的剖面情况和回风管、送风管的高度位置。与第一部分相接的是回风管（规格1000mm×400mm），与第八部分相连的是送风管（规格1250mm×400mm）。在风管与机组连接处各设一个调节阀，调节回、送风的风量。

3. 通风系统图的识读

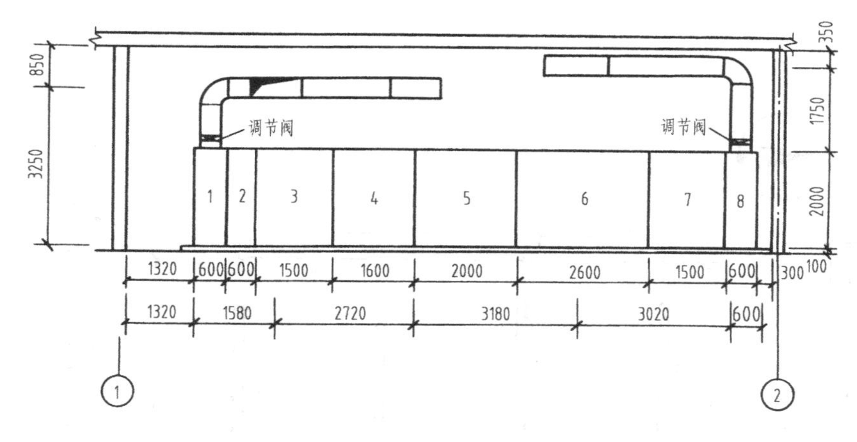

图 12-28　某人防工程风机室剖面图

1—新回风混合段　2—初效过滤段　3—回风消声段　4—回风机段
5—表冷挡水板段　6—送风机段　7—送风消声段　8—送风段

通风系统图是用投影的方法绘制的通风系统全部管道、设备和部件的轴测图（图 12-25、图 12-26），以表明通风管道、设备和部件在空间的连接及纵横交错、高低变化等情况。图中应注有通风系统的编号、设备部件的编号、风管的截面尺寸、设备名称及规格型号、风管的标高及设备材料明细表等。

4. 通风详图的识读

通风详图由平面图、立面图、详图和技术说明组成。通风详图一般有调节阀、检查门等构件的加工详图；风机减振基础、进风室的构造、加热器的位置；过滤器等设备的安装详图。各种详图常有标准图可选用。

第四节　空调施工图

空气调节简称空调，是指为了满足人们的生活、生产需要，改善环境条件，用人工的方法使室内的温度、相对湿度、洁净度和气流速度等参数达到一定要求的技术。

现行的空调系统有集中式、半集中式和分散式三种形式。

集中式空调又称中央空调。空调机组集中安置在空调机房内，空气经过处理后通过管道送入各个房间。一些大型的公共建筑如宾馆、影剧院、商场、精密车间等，大多采用集中式空调。

半集中式空调系统有两种，一种是风机盘管系统，另一种是诱导器系统。大部分空气处理设备在空调机房内，少量设备在空调房间内，既有集中处理又有局部处理。

局部空调机组有窗式空调机、壁挂式空调机、立柜式空调机及恒温恒湿机组等。它们都是小型的空调设备，适用于小的空调环境。局部空调机组安装方便，使用简单，适用于空调房间比较分散的场合。

一、空调施工图的特点

空调施工图与其他工程图总体接近。空调机房施工图类似于锅炉房施工图；送、回风管

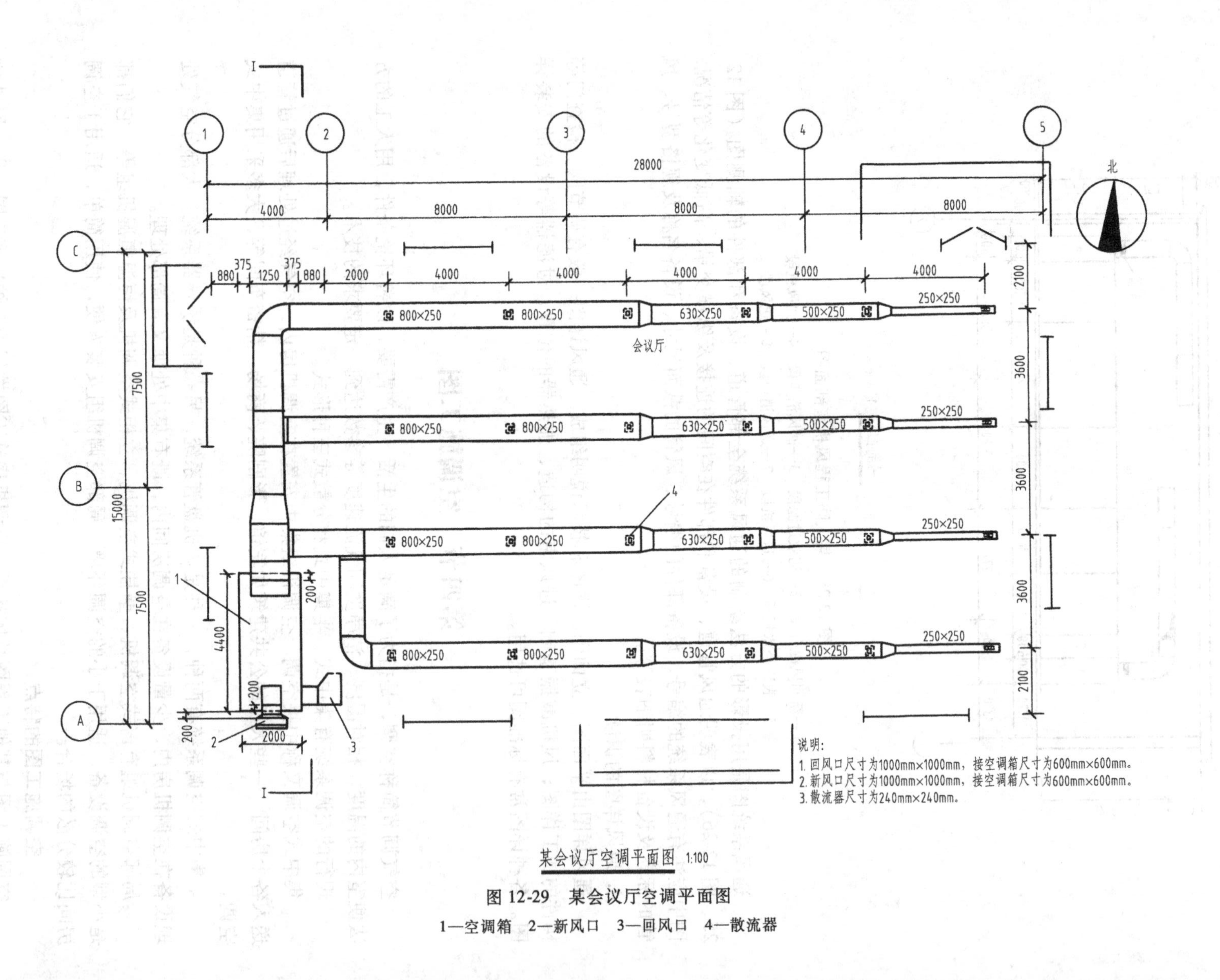

图 12-29 某会议厅空调平面图

1—空调箱 2—新风口 3—回风口 4—散流器

道施工图与通风管道施工图基本一致；冷、热水管道施工图与给水施工图差别不大。在识读时可参照上述图样，但不能生搬硬套，要做到仔细、认真，不放过一个细节。

二、空调施工图的识读

1. 空调施工图识读方法

在读图时，应首先对照图样目录，检查图样是否完整。每张图样的名称是否与图样目录所列的图名相同，确定无误后再正式读图。通常首先看设计说明书，然后粗略看一遍整套图样，在头脑中有一个整体的轮廓，再按顺序读平面图、剖面图、系统图、详图等。在读图时，也可对图样交叉识读。如读平面图时可参照系统图及其他图，形成正确的结论，在读到不懂的地方时可先放下，按顺序读下一张图，整套图样读完后再重新整理不懂的地方，直到弄懂为止。回过头来从头读起，细化内容，这时会变得容易，不懂的问题可顺利解决。再有不清楚的地方可查阅有关资料，千万不能马马虎虎，似懂非懂，一定要仔细认真，不放过一个线条、一个符号。有些工程图由于种种原因会出现一些错误，在读图时一定把它找出来，作好记录。不能轻易下结论，要反复查阅资料或请教同行，直到确认为止。

2. 空调施工图阅读实例

下面以某会议厅的空调施工图为例说明空调施工图的识读方法。

（1）平面图的识读　图12-29所示为某会议厅空调平面图。从图中可以看出，空调箱等布置在机房内（图的左侧），通风管道从空调箱起向后分四条支路延伸到会议厅右端，通过散流器向会议厅送出经过处理的风。空调机房南墙设有新风口，尺寸为1000mm×1000mm，通过变径接头与空调箱连接，连接处尺寸为600mm×600mm，空调系统由此新风口从室外吸入新鲜空气，以改善室内的空气质量。在空调机房右墙前侧设有回风口，通过变径接头与空调箱连接，连接处尺寸为600mm×600mm，新风与回风在空调箱混合段混合，经冷、热、净化等处理后，由空调箱顶部的出风口送至送风干管。空调箱及送风干管的布置位置如图所示，空调箱距前墙200mm、距左右墙各880mm，空调箱的平面尺寸为4400mm×2000mm，

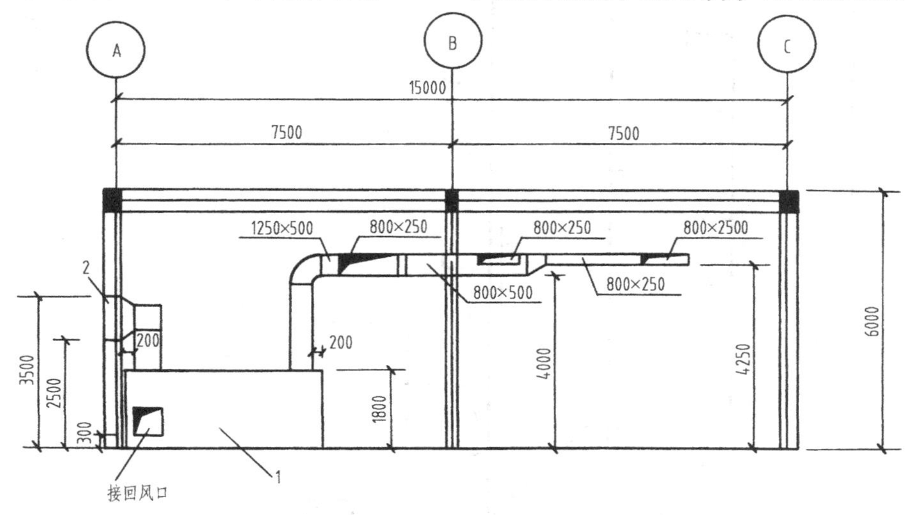

图12-30　某会议厅空调剖面图

1—空调箱　2—新风口

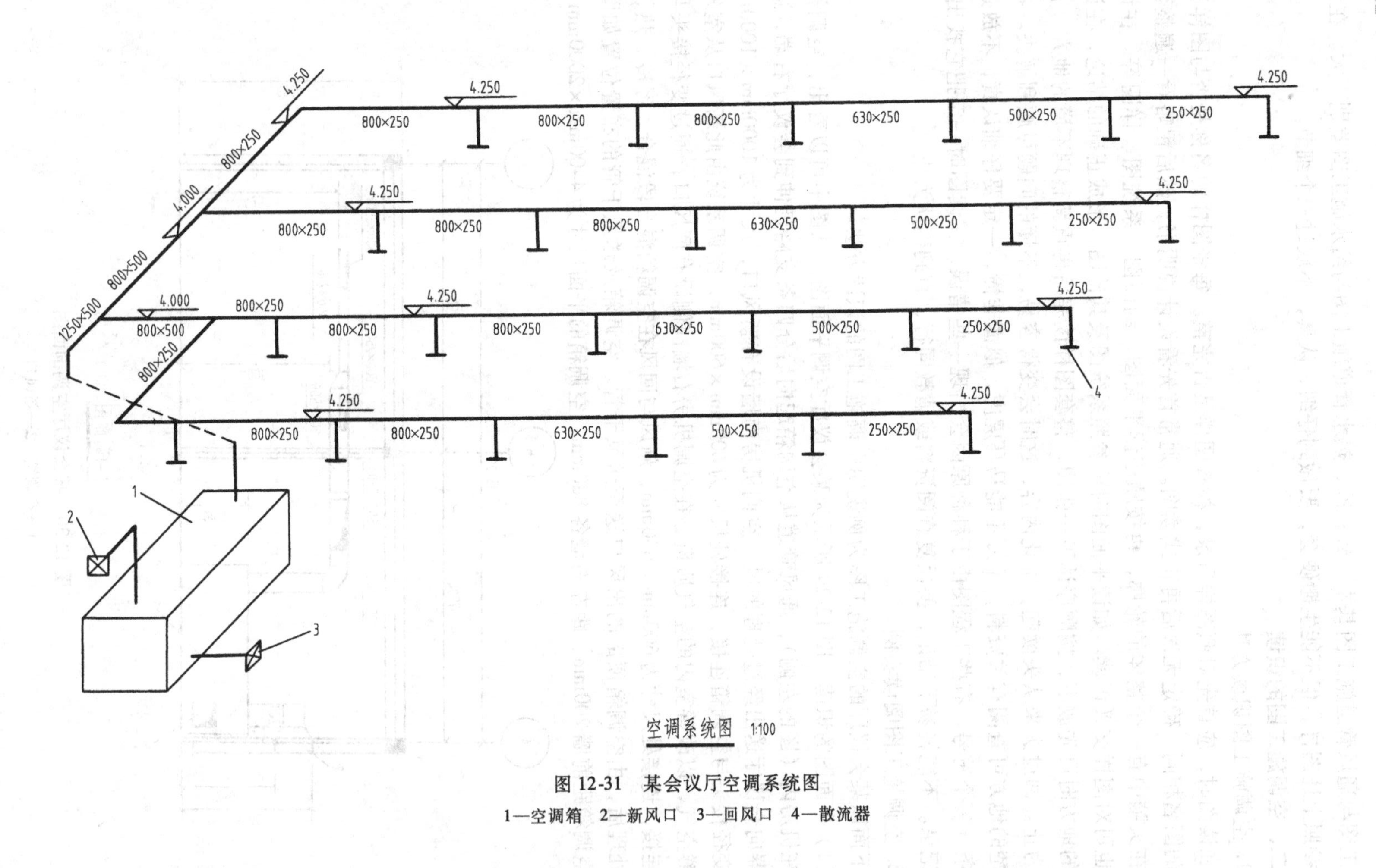

图 12-31 某会议厅空调系统图

1—空调箱 2—新风口 3—回风口 4—散流器

其他尺寸读法相同。送风干管从空调箱起向后分出第一个分支管，第一个分支管向右通过三通向前另分出一个分支管，前面的分支管向前、向右。送风干管再向后分出第二个送风分支管。四路分支管一直通向右侧。在四路分支管上布置有尺寸为240mm×240mm的散流器。管道尺寸从起始端到末端逐渐缩小，相关尺寸如图所示。

（2）剖面图的识读　图12-30所示为某会议厅空调剖面图。从Ⅰ—Ⅰ剖面图上可以看出，空调箱的高度为1800mm，送风干管从空调箱上部接出，送风干管截面尺寸分别为1250mm×500mm、800mm×500mm、800mm×250mm，高度分别为4000mm、4250mm。三路分支管从送风干管接出，前一路接口尺寸为800mm×500mm，后两路接口尺寸为800mm×250mm。从该剖面图上可以看出三个送风支管在这根风管上接口的位置，图上用▭标出。图上还标有新风口、回风口接口的高度及其他相关尺寸等。

（3）系统图的识读　图12-31所示为某会议厅空调系统图。系统图清晰地表示出该空调系统的构成、管道空间走向及设备的布置情况，如标高分别为4.000m、4.250m，各段管道截面尺寸分别为1250mm×500mm、800mm×500mm、800mm×250mm、630mm×250mm、500mm×250mm、250mm×250mm等。

（4）综合读图　将平面图、剖面图、系统图等对照起来看，我们就可以清楚地了解这个带有新、回风的空调系统的情况。综合读图是识图中不可缺少的一个环节。

三、空调施工图的绘制步骤

空调施工图的绘图的顺序为：首先绘制工艺流程图，并列出主要设备情况；绘制平面图，根据流程图及工艺要求对主要设备进行合理排布，并画出设备布置平面图；设备布置合理之后，画出管道设备平面图；根据设备及实际情况、工艺要求，结合平面图画出系统图，在画平面图时也可考虑如何绘制系统图，这样绘制系统就会胸有成竹，少走弯路，更快捷；绘制必要的详图。

现在多采用计算机绘图，方便、快捷、精度高、质量好且修改方便，绘制的图样更应准确无误。绘图时要随时查阅国家有关制图标准，如《房屋建筑制图统一标准》（GB/T 50001—2010）、《暖通空调制图标准》（GB/T 50114—2010）等。

思考题与习题

12-1　供暖施工图的表达特点是什么？

12-2　锅炉房管道施工图包括哪些图样？各表明哪些内容？

12-3　室内供暖施工图主要包括哪些图样？各表明哪些内容？

12-4　熟悉室内供暖施工图中常用的图例。

12-5　室外小区供热管网施工图主要包括哪些图样？各表明哪些内容？

12-6　试述通风施工图的组成。

12-7　试述空调施工图的识读方法。

12-8　试比较锅炉房管道施工图、室内供暖施工图、室外小区供热管网施工图、通风施工图、空调施工图有何异同。

第十三章　室内燃气管道施工图

随着人们生活水平的提高，使用燃气的用户越来越多。对于使用燃气的建筑，在建设施工中，燃气管道的施工图是必不可少的内容之一，本章将介绍室内燃气管道施工图。

第一节　概　　述

按燃气的成分不同，可把燃气分为天然气和人工燃气两大类。天然气在我国分布很广，储量丰富。人工燃气是固体燃料及液体燃料加工所产生的可燃气体。

工业与民用燃气的各组成成分包括可燃气体、少量的惰性气体和混杂气体。可燃气体由各种碳氢化合物（C_nH_m）、氢气（H_2）和一氧化碳（CO）等组成。同时还含有少量其他气体（包括有毒气体）。

燃气组成中的一氧化碳、硫化氢及氰化氢都是有毒气体，人吸入后会中毒，严重时会死亡。燃气中的有些气体在高温下能对金属起腐蚀作用，可能造成燃气的泄漏。

一、室内燃气系统的组成

室内燃气系统由钢管、阀门、燃气表、灶具、接灶管、补偿器及各种管件等组成。

1. 钢管

钢管具有强度高、韧性好、抗抗击和严密性好、便于加工等优点。燃气管道一般采用低碳钢或低合金结构钢管等，根据情况不同可选用无缝钢管、有缝钢管、镀锌焊接钢管（即水、煤气钢管，多用于配气支管、用气管等）及其他材质的钢管。

2. 燃气表

燃气表按用途分有焦炉煤气表、液化石油气燃气表和两用煤气表等；按计量工作原理分为容积式和流速式两种；按形式又分为干式和湿式两种。

3. 补偿器

补偿器可以补偿温差变形量。高层建筑的燃气管道的立管长、自重大，需要在立管底端设置支撑墩，安装补偿器。多层建筑可不用安装补偿器。

4. 燃气灶

燃气灶可分为家用灶具和公共建筑灶具。燃气灶的种类很多，详见有关资料。

5. 阀门

阀门是燃气管道中重要的控制设备，用于切断和接通气源，调节燃气的压力和流量；在维护中切断气源以便分段施工；在意外情况下，可随时切断气源，限制管道事故危害的后果。

二、室内燃气管道安装的有关规定

1）建（构）筑物内部的燃气管道应明设，当建筑和工艺有特殊要求时可暗装，但必须便于安装和检修。

2）室内燃气管道不得穿越易燃易爆品仓库、配电间、变电室、电缆沟、烟道和进风道等地方。

3）室内燃气管道严禁引入卧室。当燃气水平管道穿过卧室、浴室或地下室时，必须采取焊接连接方式，且管道外应设套管。燃气管道的立管不得敷设在卧室、浴室或厕所中。

4）输送干燃气的管道可不设置坡度。输送湿燃气（包括液化石油气气体）的管道，其敷设坡度不应小于0.003。

5）室内燃气管道和相邻电气设备管道之间的净距离不应小于有关规定。

6）室内燃气管道阀门的设置位置应位于①燃气表前；②用气设备和燃烧器前；③点火器和测压点前；④放散管前；⑤燃气引入管上。

掌握了以上规定，识图与绘图时才能准确无误。

第二节　室内燃气管道施工图的识读

室内燃气管道施工图与给水排水施工图很接近，两者的平面图、剖面图、详图的表达方法基本相同，不同的地方有管道材质、器具以及施工安装时的密封要求等。

室内燃气管道施工图没有统一的制图标准，在设计时除参照其他标准（如给水排水制图标准），还应在施工图中通过文字或图例加以说明。

一、室内燃气管道平面图的识读

图13-1所示为某住宅燃气管道平面布置图。从图上看，有燃气热水器、燃气表、燃气灶的布置位置，管道的走向等标志。

在该图上可以看到，管道是由两条立管引上来的，室外管道引入室内的位置及室内两个立管的位置在图中也清楚地表达了出来，结合系统图可找到管道上下位置。

燃气管道从建筑物后（这里的方位按投影图确定）穿墙而入，在墙角处设有立管，从平面图上可以看到，管道从立管引出接燃气表，经燃气表向前接三通，其中一支管接燃气灶，另一支管向前到厨房左、前墙角，向左穿墙进入餐厅，直到餐厅左、前墙角，接热水器。图上部(RQ/1)、(RQ/2)中，RQ为“燃气”汉语拼音的缩写，1、2表示管道编号。

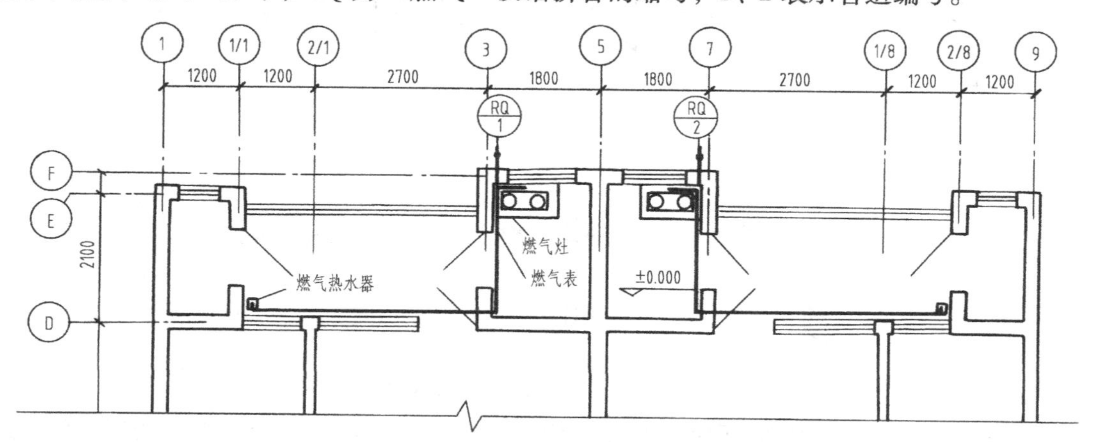

图13-1　某住宅燃气管道平面图

二、系统图的识读

图13-2所示为某住宅燃气管道系统图。此图是按照一定比例画出的正面斜轴测图，从图中可以看出每根引入管各成一个独立系统，故此燃气管道系统由两个系统组成。

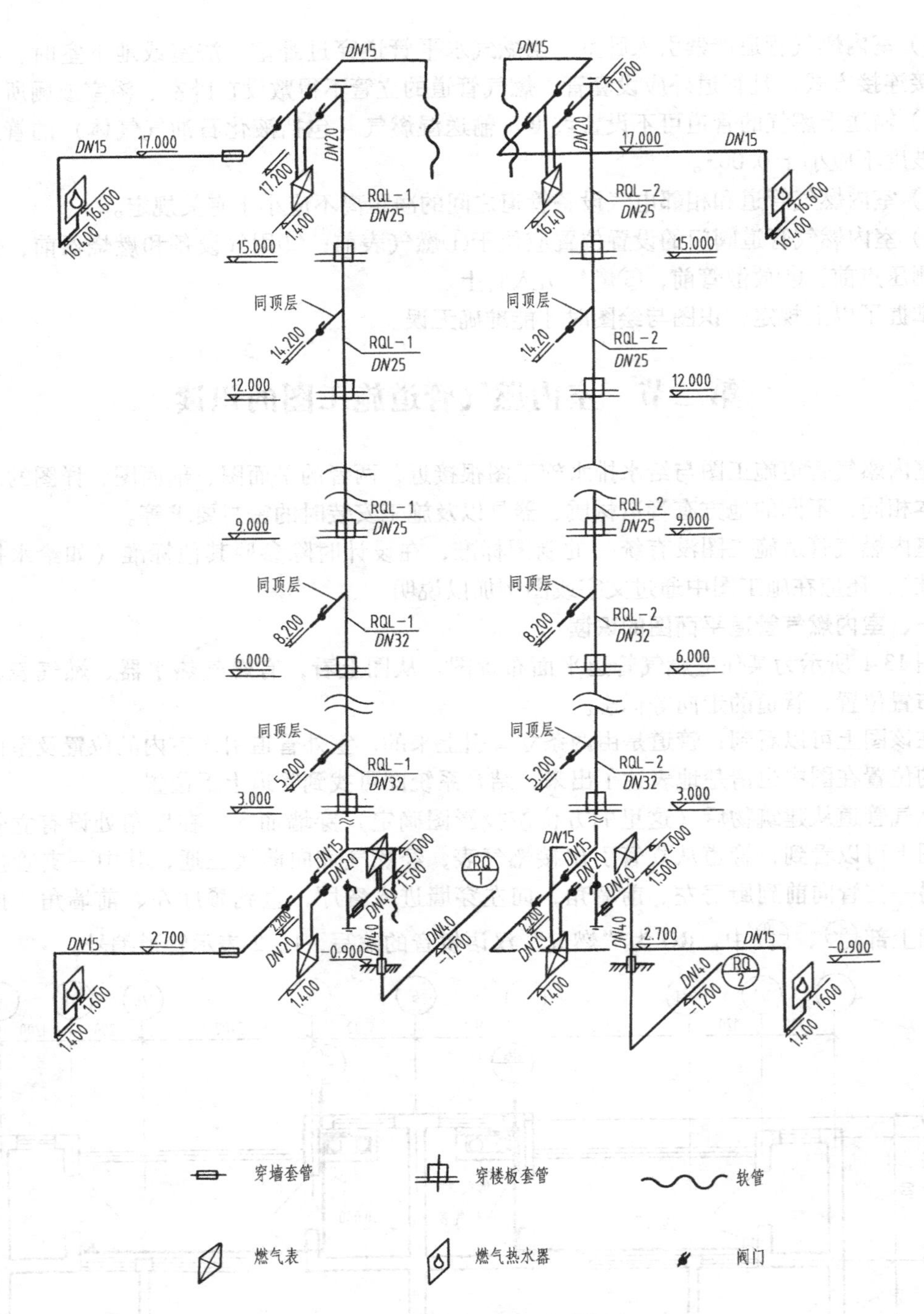

图 13-2 某住宅燃气管道系统图

从系统图上看，只能看到底层和顶层横支管全部，在图样上可以标出其他楼层同顶层或同一层，不用详细画出。下面以(RQ/1)为例读图：室外引入管，从室外开始主管直径为 40mm，标高为 -1.200m，向前经 90°弯头，向上穿过室外地坪（加套管）。继续向上在标高 2.000m 处接总燃气表，燃气表引出管向下，在标高 1.500m 处经 90°弯头向前接入立管 RQL-1，立管可在下方（即平面图上表示的厨房左、后墙角的位置）做支撑加补偿器（楼层不高的可不加），立管向上经阀门（阀门的安装按有关规定）继续向上，穿过各层楼板到顶楼相应的位置，立管直径为32mm（一至三层）、25mm（四至六层）；底层横支管在标高2.200m处从立管RQL-1引出向前，经阀门（在设计时可绘出阀门的平面定位）继续向前，经90°弯头向下接燃气表，表底标高为1.400m，从表上面引出管，向上到标高2.700m处接三通，分两个支路，其中一支路向前，经阀门，再向前经90°弯头后，向右穿墙（加套管）进入餐厅，继续向左到餐厅左、前墙角（平面图上示），经90°弯头后向下，在标高1.400m处，经90°弯头向后、向上接热水器，热水器底标高为1.600m；另一支路，向后经阀门向后，经90°弯头向右，再经90°弯头向下，在标高1.500m处接软管引向燃气灶，支路管直径均为15mm。其他支管与此相同不再叙述。编号(RQ/2)系统基本相同，但应注意方向。

三、详图的识读

图13-3所示为燃气管道进墙及穿过楼板、地坪的做法。前面所叙述的系统是在地坪上穿墙入户的，在北方地区由于冬季寒冷，管道温度很低，再者从美观角度着想，多采用从地坪下（冻层以下）穿墙入户，此详图介绍的就是后者。从图中可知，引入管在标高-1.300m处向右穿墙（加套管）进入户内，经90°弯头向上穿过室内地坪，进入室内。

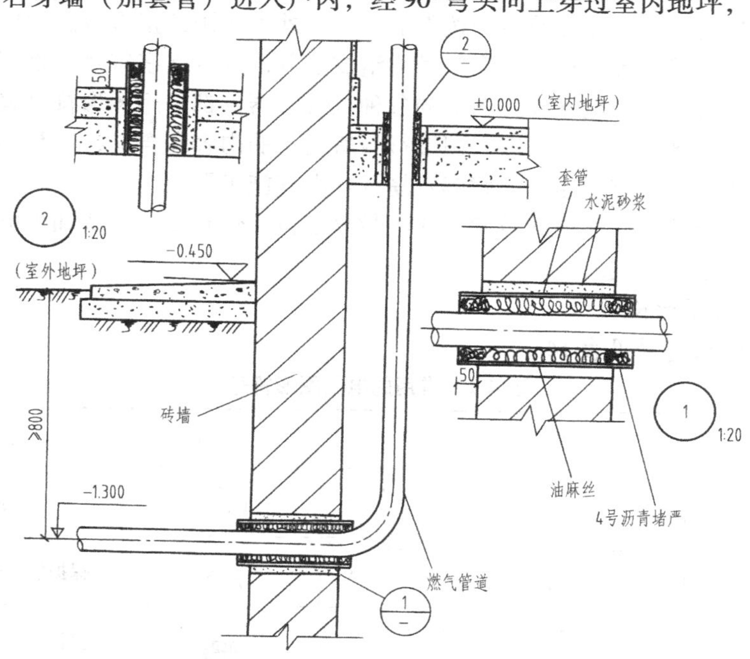

图13-3 燃气管道进墙做法详图

思考题与习题

13-1 在布置室内燃气管道时，应注意哪些问题？

13-2 燃气管道施工图与给水排水施工图有何异同？

13-3 非冻结地区、冻结地区燃气管道引入室内的做法有什么不同？

第十四章 室内电气施工图

室内电气施工图分为室内电气照明施工图和室内弱电施工图两部分。室内电气照明施工图分为设备用电和照明用电两个分支，设备用电主要指空调、冰箱、电热水器、电烤炉等高负荷用电设备，照明用电则指各种灯具的用电。室内弱电施工图主要介绍三种弱电系统，即有线电视系统（简称为 CATV 系统）、电话系统和火灾自动报警控制系统（联动型）。

第一节 室内电气施工图的有关规定

近年来，我国已经发布了《电气简图用图形符号》（GB/T 4728—2005）以及《建筑电气制图标准》（GB/T 50786—2012），该系列标准是绘制电气图的工程语言。

建筑电气专业制图除应符合《建筑电气制图标准》（GB/T 50786—2012）外，尚应符合国家现行有关标准的规定。图形符号均按无电压、无外力作用的正常状态示出。图形符号中的文字符号、物理量符号等应视为图形符号的组成部分，这些文字符号、物理符号等宜根据实际需要按相应规定标注。电气施工图上的各种电气元器件都是用图形符号表示的，因此在读图之前，首先要明确和熟悉有关电气图形符号所表达的内容和含义，这是读图的基础。电气图形符号掌握得越多，记得越牢，就越容易读懂电气施工图。

常用的电气图形符号、线缆的敷设方式、敷设部位、灯具安装方式和配电线路照明灯具标注的有关规定分别见下列表格。

1. 常用的电气图形符号

常用的电气图形符号见表 14-1。

表 14-1 常用的电气图形符号

序号	图 例	名 称
1	IN	白炽灯
2	L	花灯
3		壁灯
4		顶棚灯
5		单管荧光灯 双管荧光灯
6	S	五管荧光灯
7		投光灯
8		带保护极的电源插座（明装）
9		带保护极的电源插座（暗装）
10		带保护极和单极开关的电源插座
11		带接地插孔的三相插座（明装）
12		带接地插孔的三相插座（暗装）
13	AX	插座箱（板）

（续）

序号	图　例	名　称	序号	图　例	名　称
14		断路器	24		照明配电箱（屏）
15		隔离开关	25	Wh	电度表（瓦时计）
16		调光器	26		熔断器
17		单极开关（明装）	27		导线
18		单极开关（暗装）	28		三根导线（形式 1）
19		双极开关（暗装）	29	3	三根导线（形式 2）
20		单极拉线开关	30		向上配线或布线
21		带指示灯的开关	31		向下配线或布线
22		风扇	32		地线
23		动力配电箱	33		电铃
			34		按钮

2. 线缆敷设方式、敷设部位和灯具安装方式的标注

除了了解常用的电气图形符号外，我们还应该熟悉图样中线缆敷设方式、敷设部位和灯具安装方式的标注。线缆敷设方式、敷设部位和灯具安装方式的标注宜采用表 14-2 ~ 表 14-4 的文字符号。

表 14-2　线缆敷设方式标注的文字符号

名称	文字符号	名称	文字符号	名称	文字符号
穿低压流体输送用焊接钢管（钢导管）敷设	SC	穿塑料波纹电线管敷设	KPC	钢索敷设	M
穿普通碳素钢管电线套管敷设	MT	电缆托盘敷设	CT	直埋敷设	DB
穿可挠金属电线保护套管敷设	CP	电缆梯架敷设	CL	电缆沟敷设	TC
穿硬塑料导管敷设	PC	金属槽盘敷设	MR	电缆排管敷设	CE

表 14-3　线缆敷设部位标注的文字符号

名称	文字符号	名称	文字符号	名称	文字符号
沿或跨梁（屋架）敷设	AB	沿墙面敷设	WS	暗敷设在柱内	CLC
沿或跨柱敷设	AC	沿屋面敷设	RS	暗敷设在墙内	WC
沿吊顶或顶板面敷设	CE	暗敷设在顶板内	CC	暗敷设在地板或地面下	FC
吊顶内敷设	SCE	暗敷设在梁内	BC		

表 14-4　灯具安装方式标注的文字符号

名称	文字符号	名称	文字符号	名称	文字符号
线吊式	SW	吸顶式	C	支架上安装	S
链吊式	CS	嵌入式	R	柱上安装	CL
管吊式	DS	吊顶内安装	CR	座装	HM
壁装式	W	墙壁内安装	WR		

3. 配电线缆上的标注

配电线缆上的标注方式如下所示：

$$ab\text{-}c\ (d\times e+f\times g)\ i\text{-}jh$$

其中，a 为参照代号；b 为型号；c 为电缆根数；d 为相导体根数；e 为相导体截面面积（mm^2）；f 为 N、PE 导体根数；g 为 N、PE 导体截面面积（mm^2）；i 为敷设方式和管径（mm）；j 为敷设部位，见表 14-3；h 为安装高度（m）。

如某配电线上标注有 BV（3×16+1×4）SC32-WC，其中 BV（3×16+1×4）表示有 3 根 $16mm^2$ 和 1 根 $4mm^2$ 截面的铜芯塑料绝缘导线；SC32 表示直径为 32mm 的焊接钢管；WC 表示暗敷在墙内。

4. 照明灯具的标注

照明灯具的标注方式如下所示：

$$a\text{-}b\,\frac{c\times d\times l}{e}f$$

其中，a 为灯具数；b 为灯具型号（无则省略）；c 为每盏灯的灯泡数量或灯泡数；d 为灯具光源安装容量（W）；l 为光源种类；e 为安装高度（m），安装壁灯时为灯具中心与地面距离，安装吊灯时为灯具底部与地面距离，“-”表示吸顶安装；f 为安装方式，见表 14-4。

灯具标注一般不写型号，如 $5\,\frac{1\times 40W}{2.8}CS$ 表示 5 个灯具，容量为 40W，荧光灯，安装高度为2.8m，链吊式。

第二节　电气照明施工图

室内电气照明施工图主要包括电气照明系统图、电气照明平面图和电气照明施工说明等内容。

一、电气照明系统图

对于平房或电气设备较为简单的建筑，一般按照明平面图即可施工；而多层建筑或电气设备较为复杂的建筑，则需要画出电气照明系统图。

电气照明系统图主要用来表达房屋室内的照明及其日用电器等的配电的基本情况，包括所用的配电系统和容量分布情况、配电装置、导线型号、导线截面、敷设方式及穿线管管径，开关与熔断器的规格、型号等。

图14-1所示为某四层综合办公楼电气照明系统图。由于各楼层的用电设备、照明灯具的数量、功率大小不尽相同，故一至三楼各安装了配电箱一个，四楼安装二个配电箱，一个配电箱就是一个配电系统，它控制了该楼层的电气用电。另外还有AX插座箱系统图、配电干线系统图。

现以一楼1MX配电箱电气系统图为例，说明电气照明系统图的组成与识读方法。

办公楼的电源进户线参数为VV22—1kV（4×70）—SC70—FC，它表示该进户线采用工频50Hz耐压1kV的聚氯乙烯护套电缆，三根相线一根零线的截面均为70mm^2，电源采用380/220V三相四线制，护套电缆穿直径为70mm的钢管埋地引入室内，直接进入1MX配电箱。按照本栋办公楼电气设计施工说明的要求，在进户处将护套电缆金属外皮与保护钢管焊接，一并作重复接地，接地线电阻应小于4Ω。另专设接地线与电源零线且同管道进入1MX配电箱，入1MX配电箱后为三相五线制。在1MX配电箱内，装有两台DZ20L系列的断路器（又称自动开关），电源进户线首先与一台DZ20L-250/4P断路器相连接（D表示断路器、Z表示塑料外壳式，20表示设计序号，L表示漏电保护，250表示壳架额定电流为250A，4P表示极数为4极），然后分成两路：一路连接型号为DZ20L-125/4P断路器，形成2MX、3MX、4MX配电箱的配电干线；一路连至1MX配电箱主断路器，其型号为C45N-40/3P。

1MX配电系统图中标注的N1符号表示第一条分支路，N2符号表示第二条分支路，依此类推。各支路根据不同的负荷功率配置了与之相适应的C45N系列断路器。

各条支路上都标注了断路器的型号和导线编号。如N1分支线路上标注的断路器型号为C45N—10/1P，其中C45N为产品型号，10为壳架额定电流，1P表示极数为1极。标注的导线编号为BV（2×2.5）—PVC16—SCE/WC，它表示该分支线路采用聚氯乙烯绝缘铜芯导线，2根导线截面分别为2.5mm^2，穿直径为16mm的PVC阻燃塑料管暗敷设在墙体与吊顶内。

为了使A、B、C三相电源的负荷基本平衡，系统图中注明了每相的负荷名称、负荷功率。如1MX配电系统图中，A相分管N1、N4两条支路，即公共照明负荷功率为1kW、照明负荷功率为1kW；B相分管N2、N5两条支路，即花灯负荷功率为3kW、插座负荷功率为2kW；C相分管N3、N7两条支路，即雨篷灯负荷功率为0.5kW，照明负荷功率为1kW；N6、N8两条支路分别接ABC三相电源，即空调插座负荷功率为8kW、插座负荷功率为6kW。

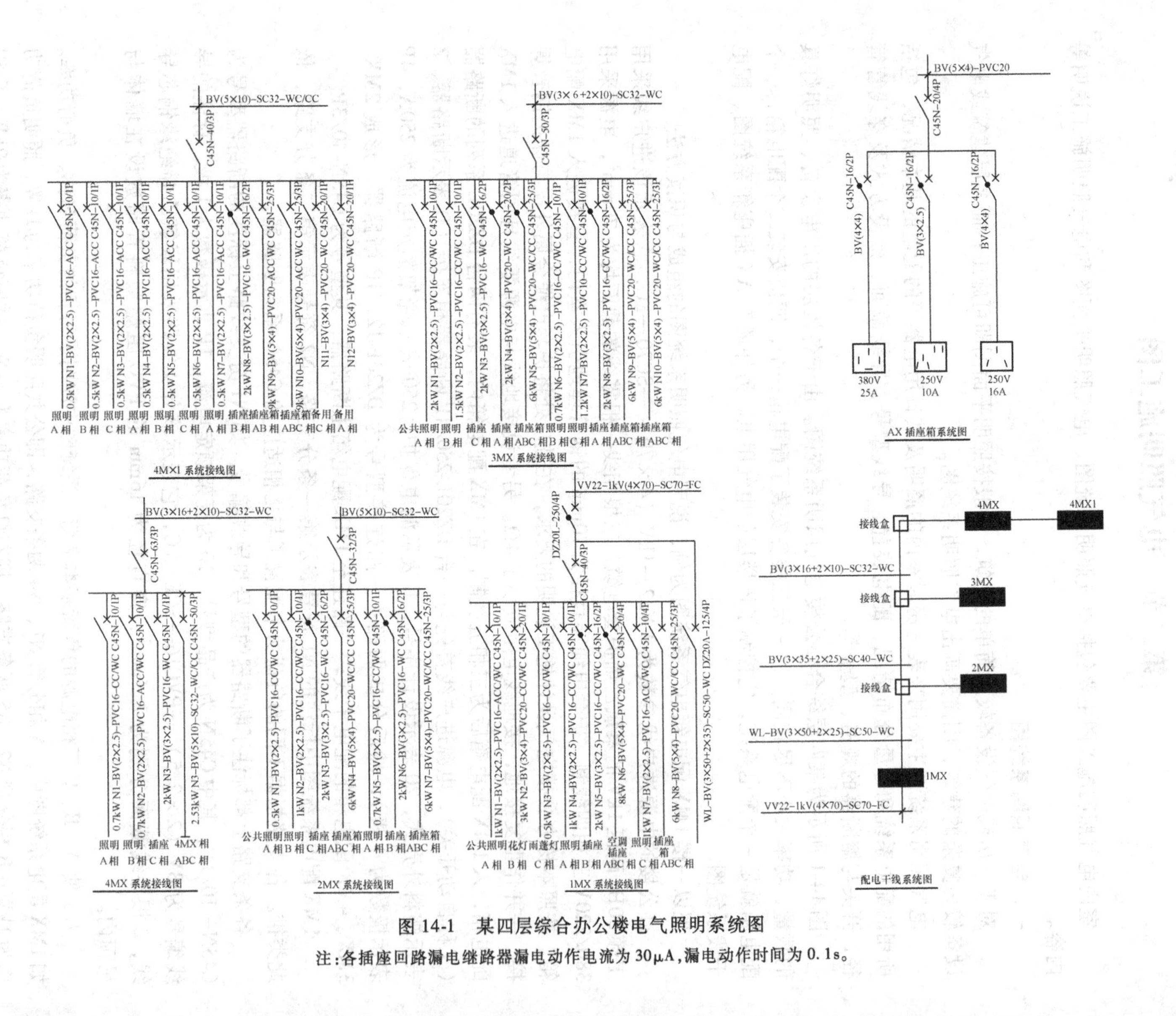

图 14-1　某四层综合办公楼电气照明系统图

注：各插座回路漏电继路器漏电动作电流为 30μA，漏电动作时间为 0.1s。

配电干线系统图上标注的配电导线 WL—BV（3×50+2×35）—SC50—WC，它表示该导线采用聚氯乙烯绝缘铜芯导线，3 根相线的截面均为 50mm²，一根电源零线与一根地线的截面积均为 35mm²，穿直径为 50mm 钢管敷设在墙内，从 1MX 配电箱直达二楼接线盒内。再用一根参数为 BV（5×10）—SC32—WC 聚氯乙烯绝缘铜芯导线，从二楼接线盒连接到 2MX 配电箱主断路器上。依次，从二楼接线盒到三楼接线盒所用导线编号为 BV（3×35+2×25）—SC40—WC，三楼接线盒到 3MX 配电箱所用导线编号为 BV（3×16+2×10）—SC32—WC，三楼接线盒到四楼接线盒所用导线编号为 BV（3×16+2×10）—SC32—WC，四楼接线盒到 4MX 配电箱所用导线编号为 BV（3×16+2×10）—SC32—WC，4MX 到 4MX1 配电箱所用导线编号为 BV（5×10）—SC32—WC。AX 插座箱系统图的识读方法同 1MX 系统接线图。根据设计说明，楼内配电导线均采用 BV—500 型绝缘铜导线，未注明线径者，至灯、电扇等的分支线路截面积为 1.5mm²，至普通插座的分支线路截面积为 2.5mm²，至空调插座的分支线路截面积为 4mm²。

二、电气照明平面图

电气照明平面图是表示建筑物内照明及用电设备的平面布置、线路走向的工程图样。图上标出电源实际进线的位置、规格、穿线管径、配电线路的走向，干支线路的编号、敷设方法，开关、插座、照明器具的位置、型号、规格等。一般照明线路走向是室外电源从建筑物某处进户后，经总配电箱和分配电箱，由干线、支线连接起来，通向各用电设备。其中干线是外线引入总配电箱及由总配电箱到分配电箱的连接线，支线是从配电箱引至各用电设备的连接导线。

图 14-2～图 14-5 所示为某四层综合办公楼电气照明平面图，由于每层的灯具及用电设备其数量和平面布置情况各不相同，本例重点说明一层配电平面图的灯具及用电设备平面布置情况与识读方法。在办公楼的北向靠东侧画有带箭头的线指向进楼梯门口与室内 1MX 配电箱相连，带箭头的线旁边标有文字代号 VV22（4×70）—SC70—FC（同电气系统图），说明该线为耐压 1kV 聚氯乙烯护套电缆，三根相线一根零线的截面均为 70mm²，电源采用 380V/220V 三相四线制，穿直径为 70mm 的钢管埋地引入室内，直接进入 1MX 配电箱。地线符号（同电气系统图）说明进户处将电缆金属外皮与保护钢管焊接一并作重复接地，入户后为三相五线制。从平面图上可以读到 N1、N2、…、N8 代号，是指与一层电气系统图相对应的 N1 表示第 1 分支路、N2 表示第 2 分支路、…、N8 表示第 8 分支路。平面图中布置的灯具有吸顶灯、格栅荧光灯、花灯，布置的插座有空调插座、插座、插座箱。在插座前注有 K（A）、K（B）、K（C）文字符号，分别表示电源是 A 相、B 相、C 相的空调插座。AX 文字符号表示插座箱。若在导线符号线条上加画倾斜的 3 笔短画线，表示该导线为 3 根；也可加画 1 笔，在旁边写上 3，同样表示 3 根导线，在旁边写上 5 表示有 5 根导线。

熟悉了常用的图例，清楚了上述规定及识图内容，并结合电气系统图把这几个方面所获得的知识综合起来思考，就可以把电气照明设备平面布置图读出来。例如南向雨篷安装了 3 盏吸顶灯，北向雨篷各安装了 1 盏吸顶灯，楼梯间、厕所、洗手间分别装了吸顶灯。大厅安装了 3 盏花灯，走廊装了 4 盏格栅荧光灯（荧光灯具装上格栅能消除弦光，故称为格栅荧光灯），靠北向的办公室分别安装了 2 盏格栅荧光灯、1 个暗装的插座、1 个暗装的空调插座等器件。还可识读各种灯具和插座的规格与型号，即可了解灯具的数量、功率大小、安装高度以及安装方式。如吸顶灯的标注 11—HD3239 $\frac{1\times60\mathrm{W}}{—}$C，表示第一层平面共有 11 盏灯，其型号为 HD3239、每盏灯的功率为 60W 吸顶安装。格栅荧光灯的型号 22—HD5203—1 $\frac{4\times20\mathrm{W}}{—}$R，表示第一层平面共有 22 盏格栅荧光灯，型号为 HD5203—1，每盏装有 4 根荧光灯，功率各为 20W，吸顶、嵌入式安装。大厅装有三盏花灯，其标注为 3—HD2229—$\frac{4\times40\mathrm{W}}{e}$f，表示三盏花灯的型号为 HD2229，每盏花灯共有 4 盏灯，其功率各为 40W，安装高度与安装方式由二次装修时确定。大门雨篷装有 3 盏吸顶灯等。另外读图之前还要仔细看设计说明，如室内布线采用穿 PVC 阻燃塑料管暗敷设，配电箱安装距地 1.5m，照明及吊扇墙壁开关距地 1.4m 等要求。

二至四层配电平面图的读图方法与一层基本相同，不相同的地方是各配电箱的安装、进电源线的位置都在靠右楼梯休息平台上方，带箭头的短画线指向图例配电箱，表示电源由此引入配电箱。二楼的空调由 AX 插座箱提供电源，配备的灯具有吸顶灯、单管荧光灯，另有一般插座、排风扇插座，安装高度为 1.8m，各房间安装了电风扇。三楼配备的灯具有双管荧光灯等电气设备。四楼的大会议室安装了嵌入式栅格荧光灯和嵌入式射灯等。

三、电气照明施工说明

电气照明施工说明主要用来说明图样的设计依据及相关注意事项和施工要求，也是施工图样的补充内容。读图时要仔细阅读电气照明施工说明。下面以某综合办公楼电气照明施工说明（摘录）为例。

1）在安装电气照明或电风扇装置时，应采用预埋吊钩、螺栓、尼龙塞固定，严禁使用木楔。固定花灯的吊钩，其圆钢直径不应小于灯具吊挂销钩的直径，且不得小于 6mm；吊扇悬挂销钉应装设防振橡胶垫，严禁改变扇叶角度，运转时扇叶不应有明显颤抖。

2）每个灯具固定用的螺钉或螺栓不应少于 2 个，当绝缘台直径为 75mm 及以下时，可采用 1 个螺钉或螺栓固定。

3）室内灯具的安装场所及用途，引向每个灯头的导线线芯最小截面为：铜芯软线 $0.4\mathrm{mm}^2$、铜线 $0.5\mathrm{mm}^2$、铝线 $2.5\mathrm{mm}^2$。

4）螺口头的接线相线应接在中心触点的端子上，零线应接在螺纹的端子上。对装有白炽灯泡的吸顶灯具，灯泡不应紧贴灯罩；当灯泡与绝缘台之间的距离小于 5mm 时，灯泡与绝缘台之间应采取隔热措施。对嵌入顶棚内的装饰灯具应固定在专设的框架上，导线不应贴近灯具外壳，且在灯盒内应留有余量，灯具的边框应紧贴在顶棚面上。

5）单向两孔插座，面对插座的右孔或上孔与相线相接，左孔或下孔与零线相接；单向三孔插座，面对插座的右孔与相线相接，左孔与零线相接。单向三孔、三相四孔及三相五孔插座的接地线或接零线均应在上孔，插座的接地端子不应与零线端子直接连接。同一场所的三相插座，其接线的相位必须一致。

6）照明配电箱应安装牢固，其垂直偏差不应大于 3mm；暗装时，照明配电箱四周应无空隙，其面板四周边缘应紧贴墙面，箱体与建筑物接触部分应涂防腐漆。照明配电箱底边距地面高度宜为 1.5m。

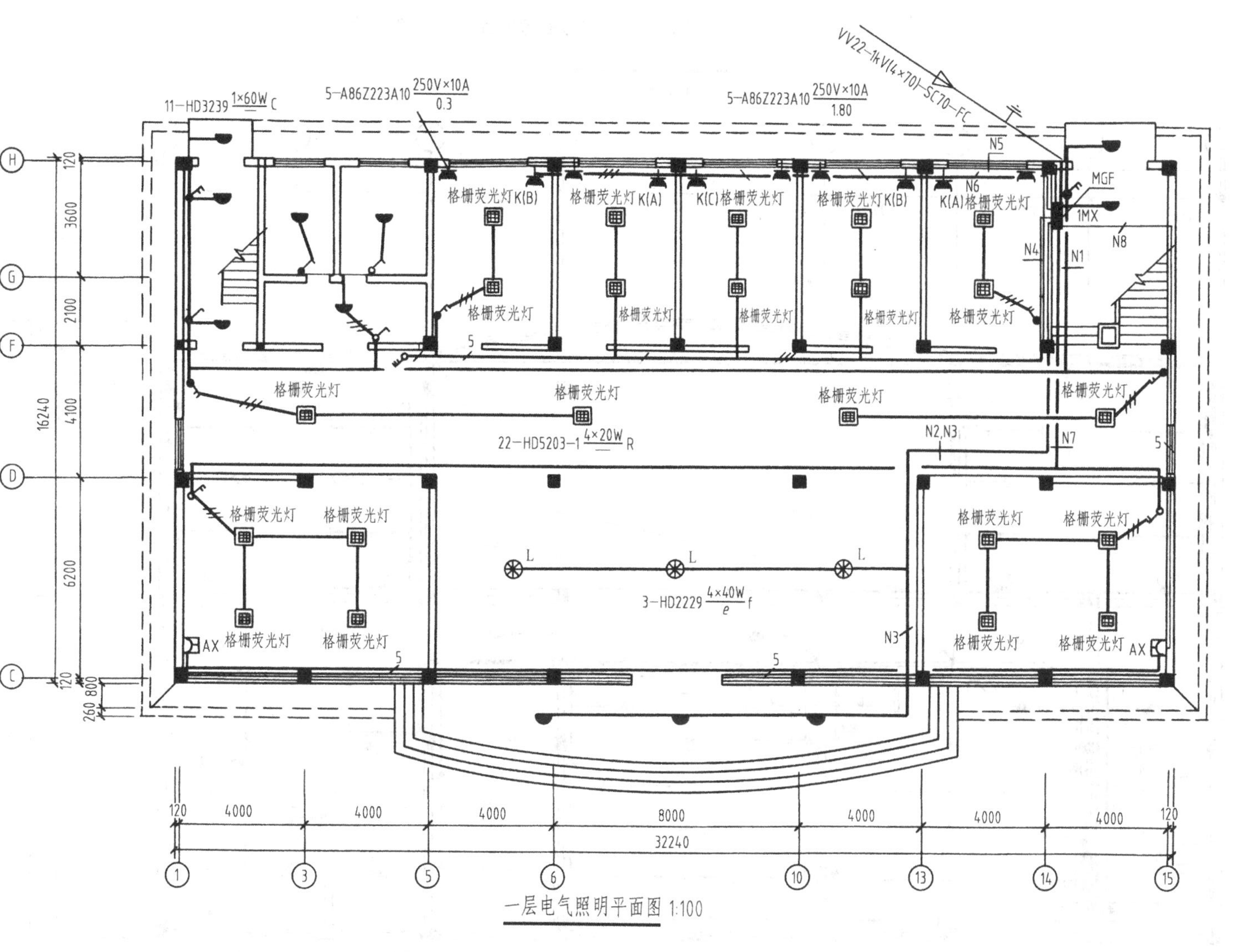

图 14-2　某四层综合办公楼一层电气照明平面图

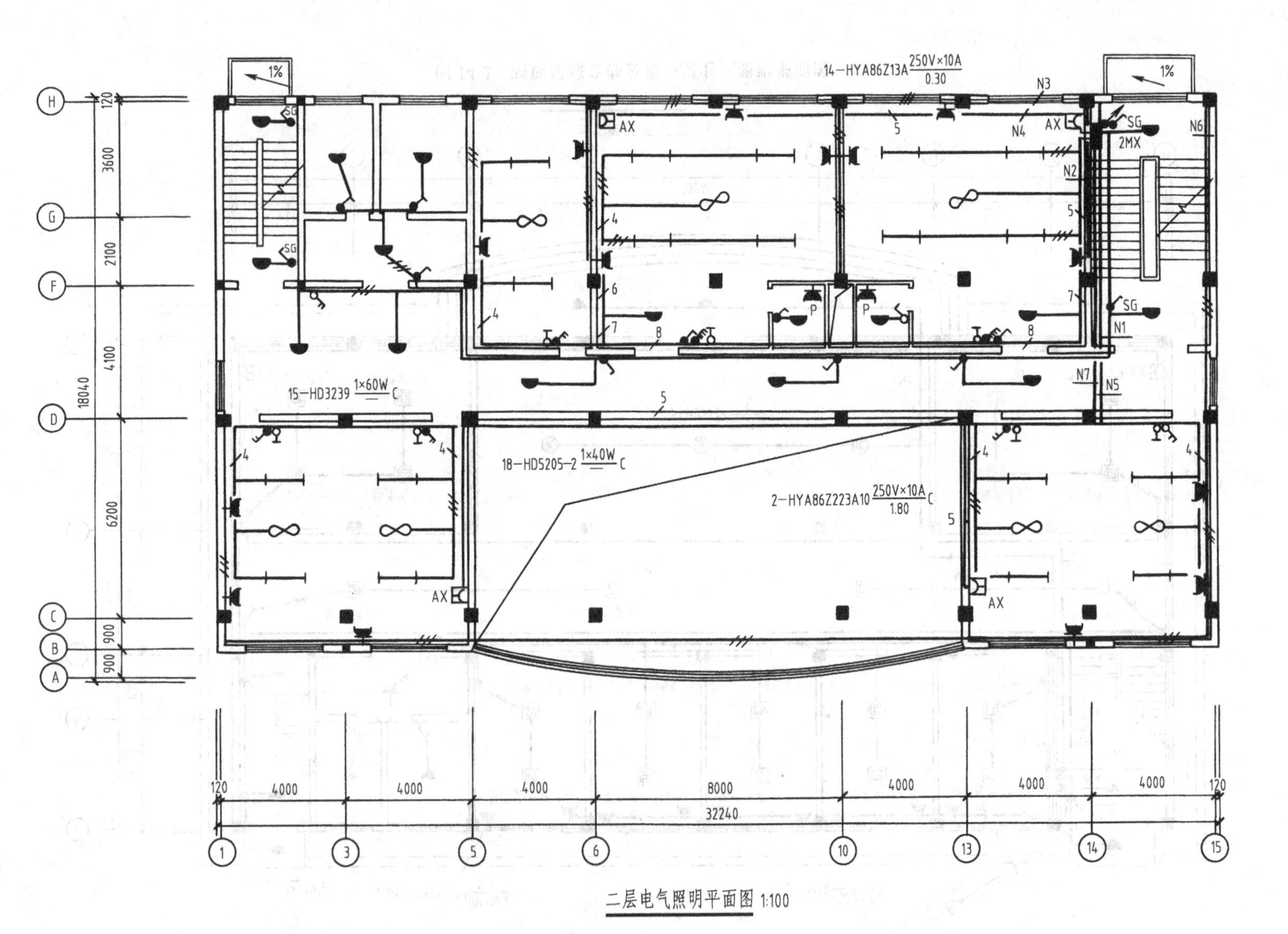

图 14-3　某四层综合办公楼二层电气照明平面图

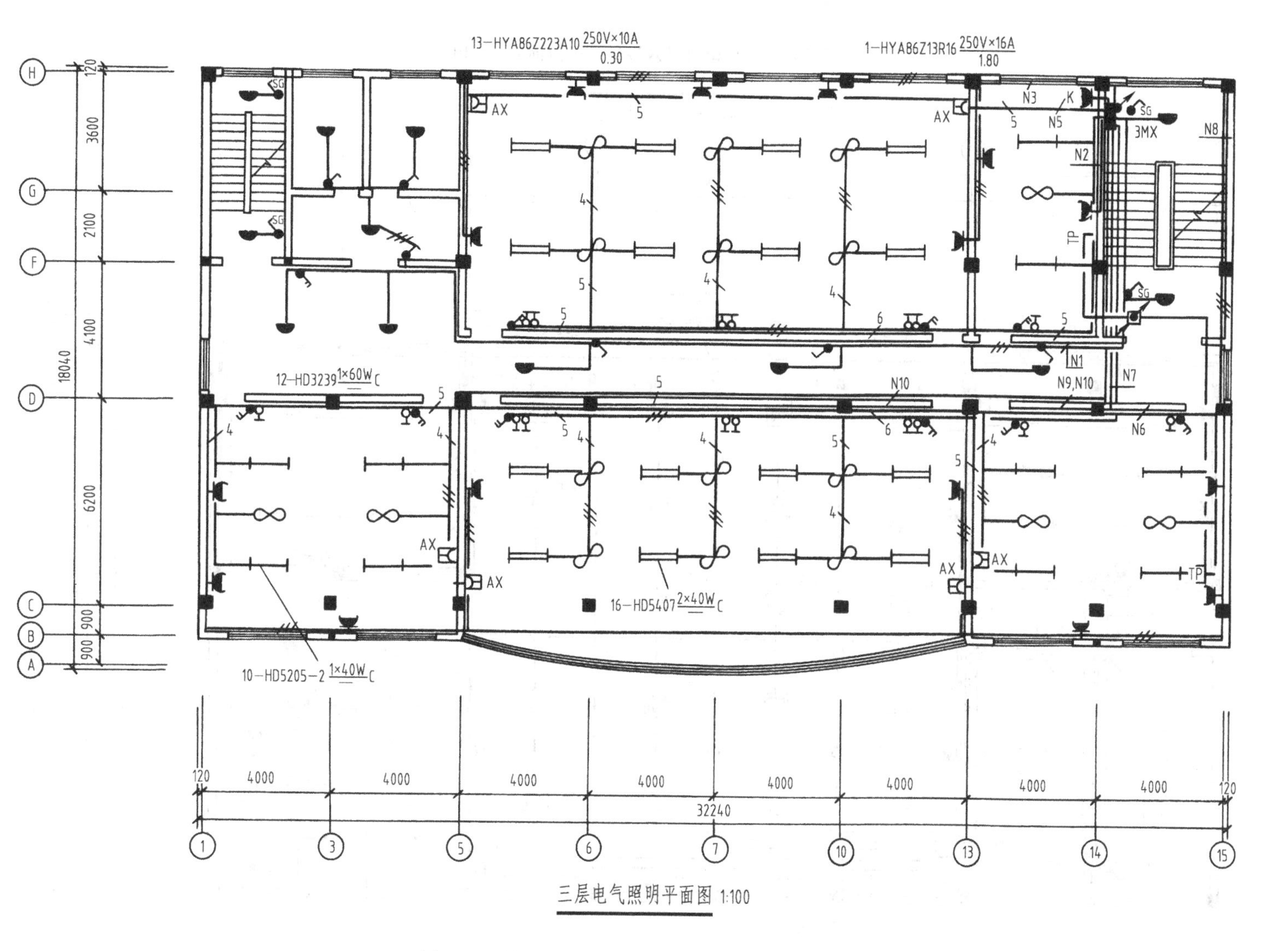

图 14-4 某四层综合办公楼三层电气照明平面图

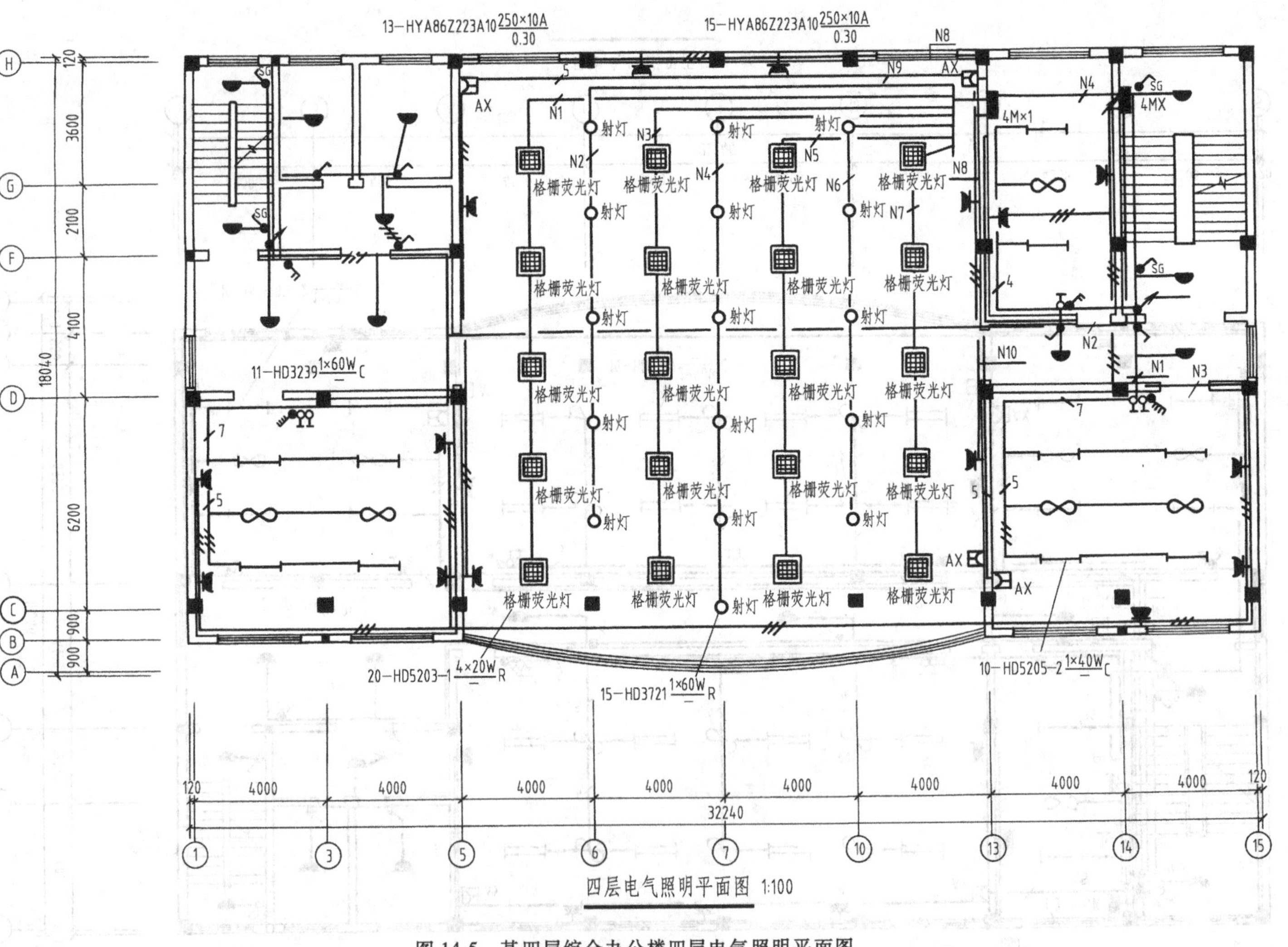

图 14-5 某四层综合办公楼四层电气照明平面图

第三节　室内弱电施工图

一、电话通信系统图

电话已成为人们生活与工作中的重要工具，电话通信的目的是实现某一地区任意两个用户之间的信息交换。这里只介绍电话通信系统图的表示方法，与其他工程图一样，电话通信系统图也是由电话系统图和电话系统平面图组成。

1. 电话系统图

由市话局引入的电缆称为主干线，它不直接与用户联系，而是通过交接箱或用户配线架连接配线电缆，配线电缆根据用户分布情况，将其线芯分配到每个分线箱内；再由分线箱引出用户线通过出线盒连接到用户终端如电话机、传真机等设备上。图14-6所示为用户线路示意图。

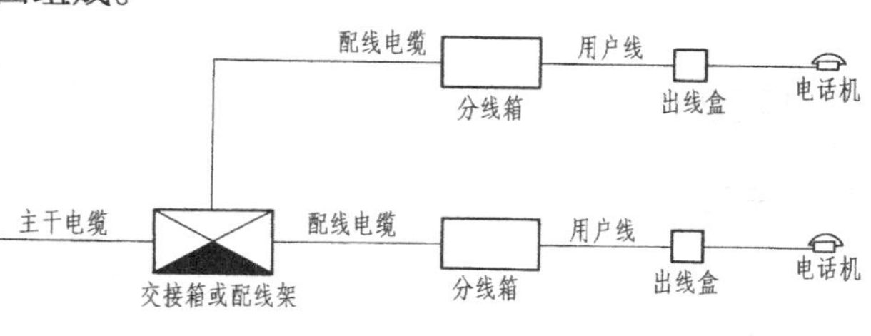

图14-6　用户线路示意图

识读电话系统图时，首先应熟悉图中用到的图例及文字符号。

弱电图样的常用图形符号宜符合《建筑电气制图标准》（GB/T 50786—2012）有关规定，表14-5所示为部分常用图形符号。

现以某四层综合办公楼电话系统为例（图14-7）说明电话系统图的表示方法。

从图14-8和图14-9中可读出，第四层办公楼（图14-9c）有一个大会议室、两个小会议室都没有安装电话，一至三层各办公室内安装了电话。电话系统图中画出了一层室外主干线、电话交接箱、分线箱、出线盒、电话出线口的布置与走线情况。

表14-5　常用图形符号

图形符号	名称及说明	图形符号	名称及说明
	天线		两路分配器
	抛物面天线		三路分配器
	一条输入和一条输出通路		一个信号分支
	解调器		两个信号分支
	调制解调器		两路混合器
	放大器	TV　TV	电视插座（左平面右系统）
	双向分配器	TP　TP	电话插座

（续）

图形符号	名称及说明	图形符号	名称及说明
M	传声器插座		扬声器
OH	有室外防护罩的摄像机	M	电磁阀
H	半球形摄像机	T	温度传感器
	读卡器	P	压力传感器
	紧急按钮开关	HM	热能表
	门磁开关	GM	燃气表
IR/M	被动红外/微波双技术探测器		火警电话
	可视对讲机		火灾光警报器
	投影机		感温火灾探测器
	均衡器		感温火灾探测器
MDF	总配线架（柜）		感烟火灾探测器
BD	建筑物配线架（柜）		感光火灾探测器
FD	楼层配线架（柜）		红外感光火灾探测器
SW	交换机		可燃气体探测器
TD TO	信息插座（左平面右系统）		手动火灾报警按钮
	火警电话插孔（对讲电话插孔）		

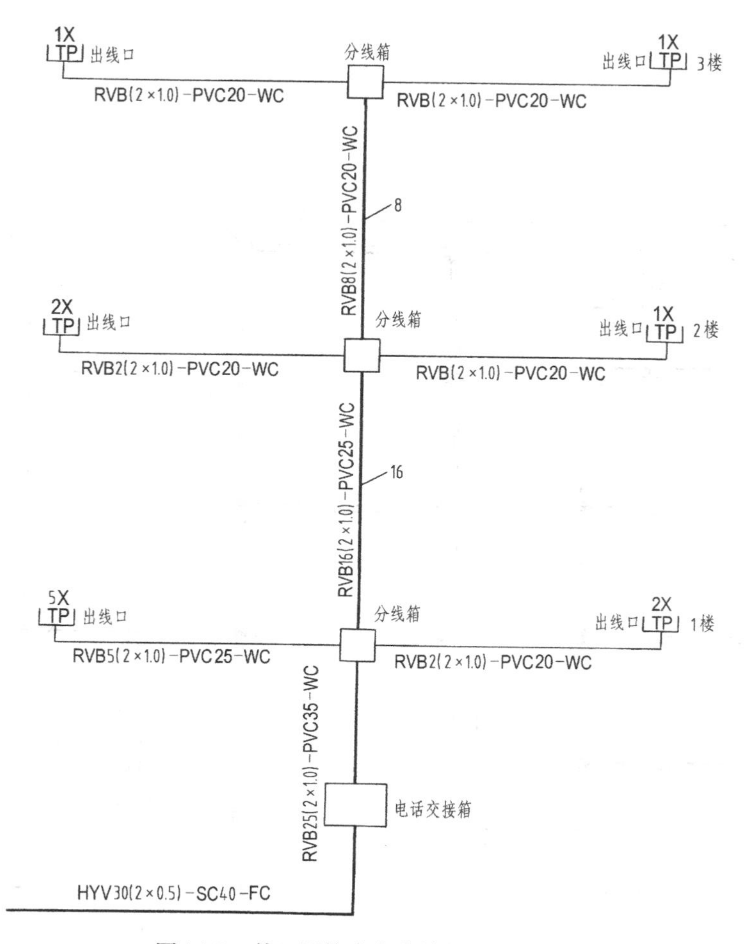

图 14-7　某四层综合办公楼电话系统图

市话进线采用 HYV30（2×0.5）—SC40—FC，表示铜芯聚氯乙烯绝缘、聚氯乙烯护套穿直径为 40mm 钢管暗敷设；市话进线直接进入电话交接箱，再分别引到 1～3 层分线箱，从分线箱接出电话线到各出线口，第一层北侧安装了 5 部电话，系统图中只画出一个出线口图形符号，符号中间注写了 TP 二字表示电话出线口，5×表示有 5 个出线口，同理 2×表示有 2 个出线口。

分线箱均设在楼梯间墙体上，并在一层设 PVC20 穿电话线水平管道进户至出线口。沿墙用 PVC25 的穿线管引至二层楼，经分线箱引出电话线分二路，一路向北进入董事长、总经理办公室，一路朝南进入经理办公室。三楼共安装了二部电话机，电话出线口布置在同一水平位置。用户线逐层递增减。

2. 电话系统平面图

从图 14-8、图 14-9 所示的某综合办公楼电话系统平面图中可以看到，市话进线从北向东进入楼梯间的分线箱，电话线穿水平管道沿墙暗敷设到分线箱，以及进线的平面安装位置，系统设备与器件的安装位置、走线路径、敷设方式及穿管管径等。综合办公楼分别在一至三楼各办公室内安装了电话出线口，并在电话出线口旁注写了 TP 符号。电话线在平面图上用粗实线表示。

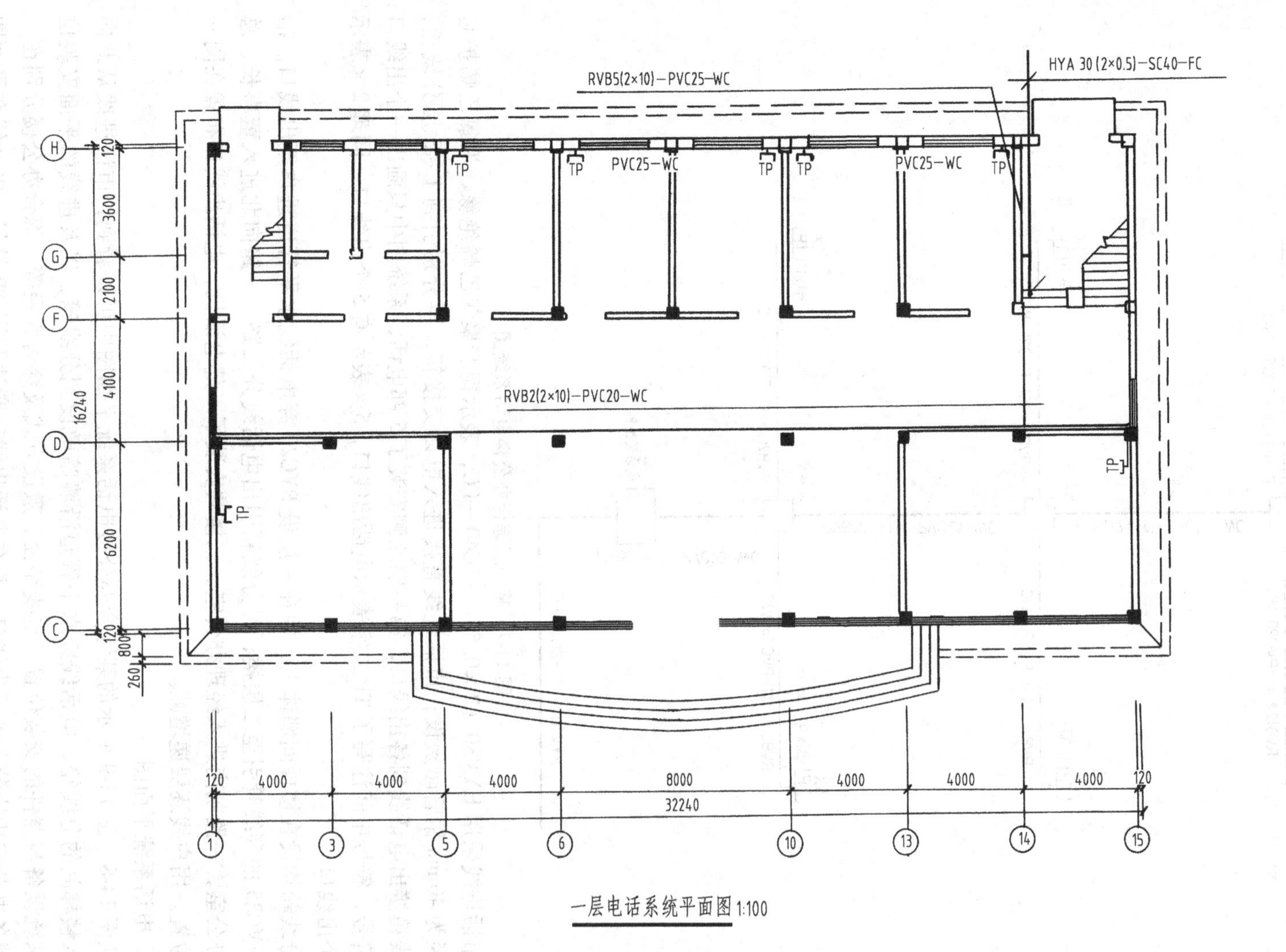

图 14-8 某综合办公楼一层电话系统平面图

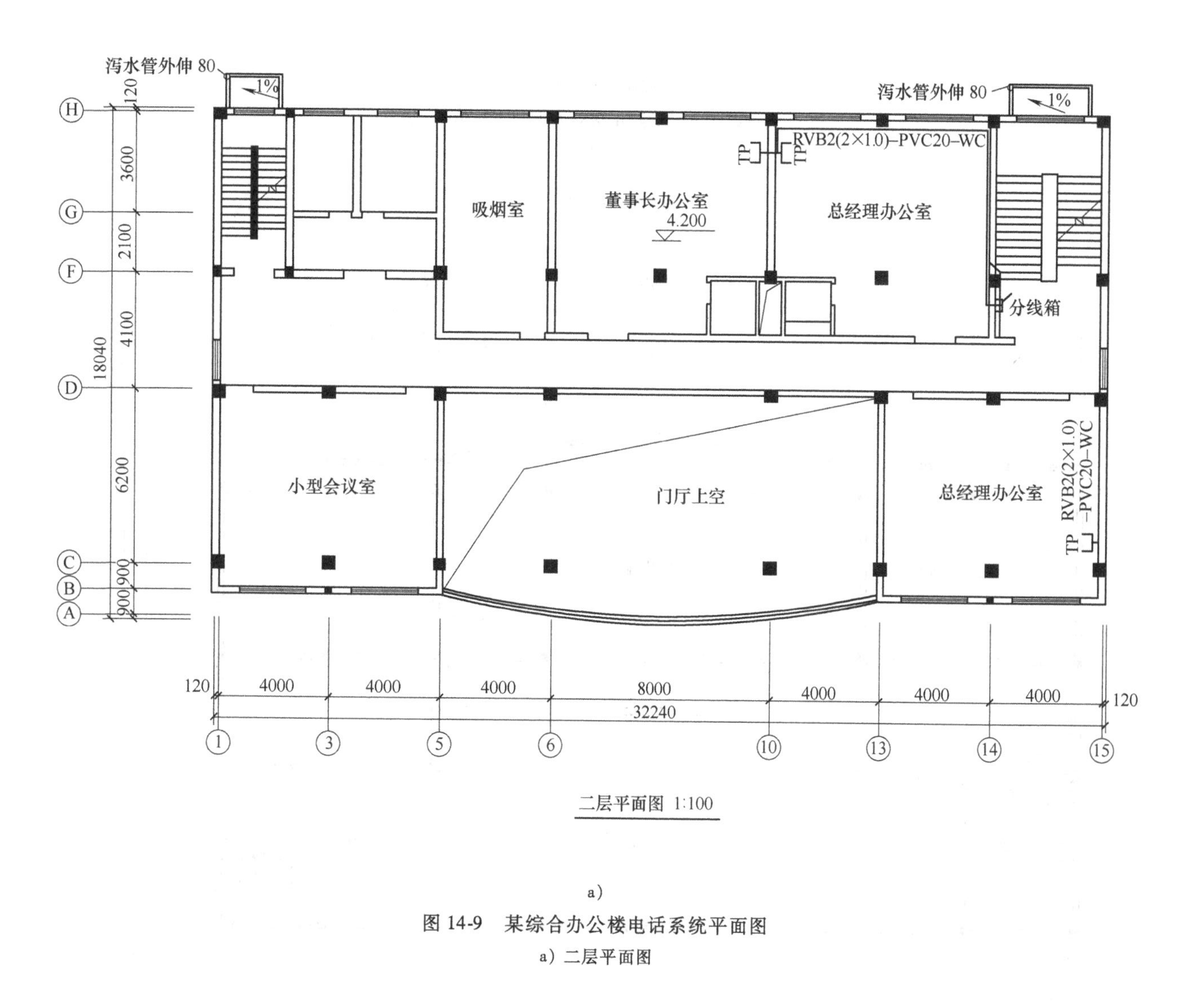

a）

图 14-9 某综合办公楼电话系统平面图

a）二层平面图

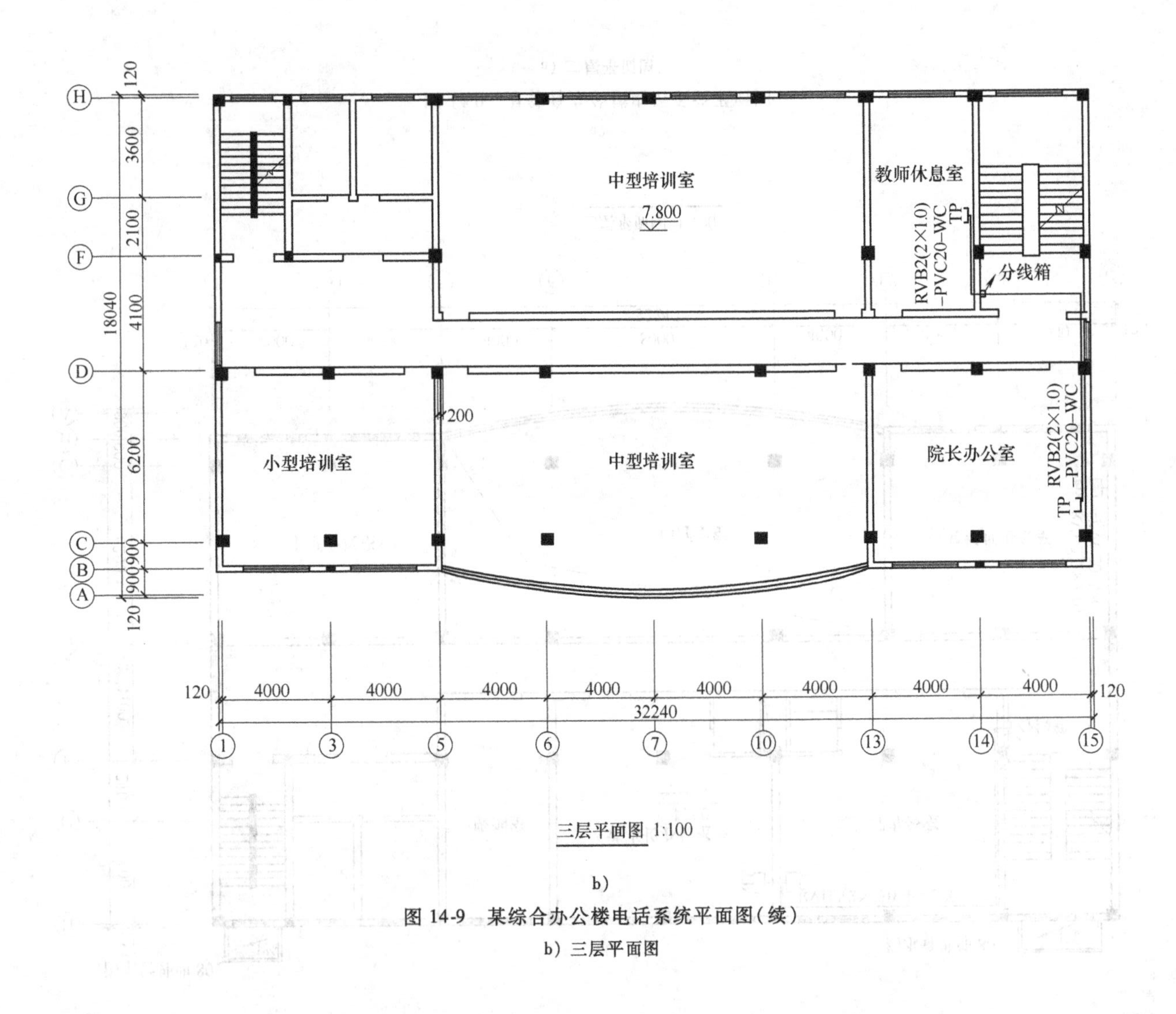

图 14-9 某综合办公楼电话系统平面图(续)

b) 三层平面图

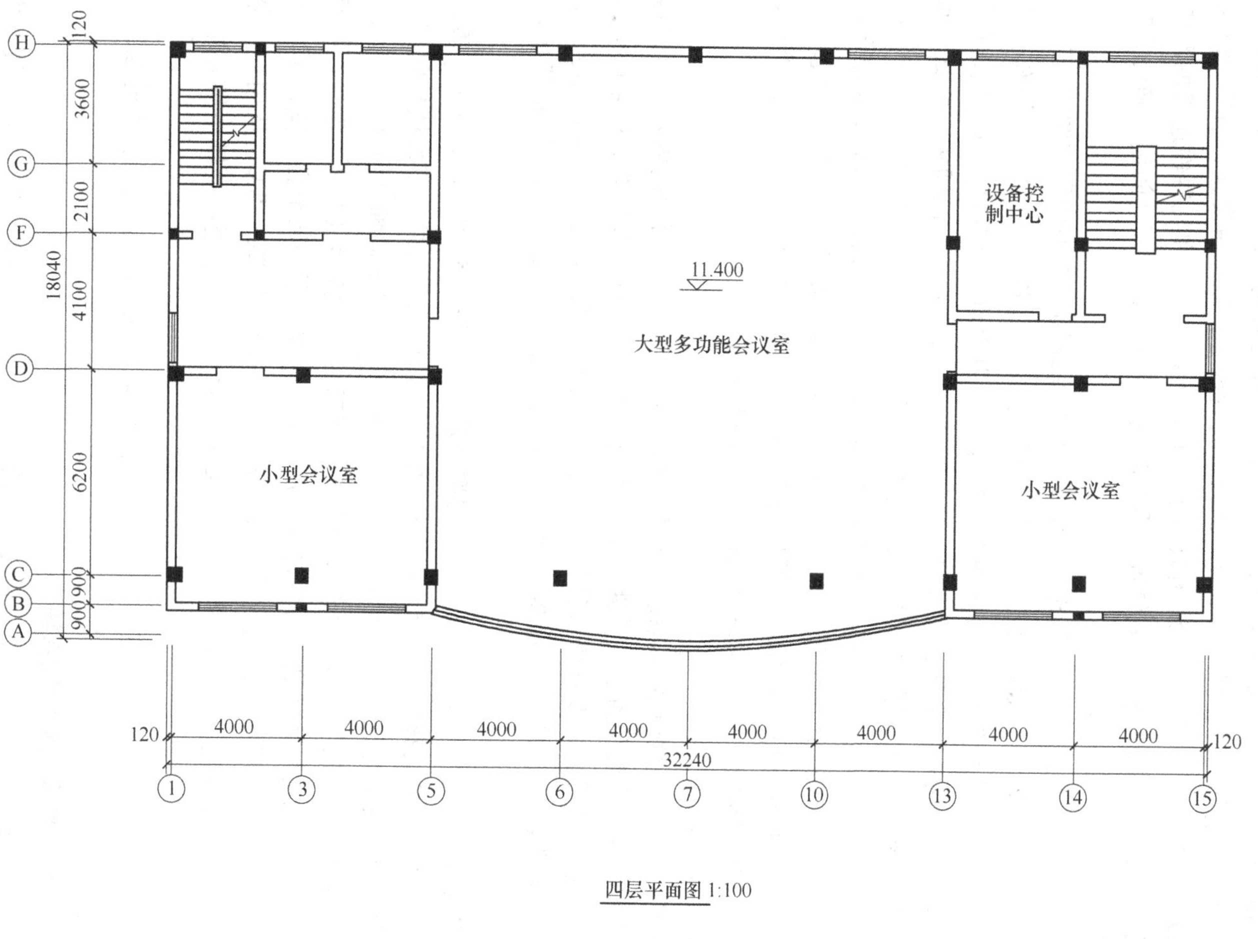

c)

图 14-9　某综合办公楼电话系统平面图(续)

c) 四层平面图

二、有线电视系统（CATV 系统）图

1. CATV 系统图

CATV 系统是将共用天线接收来的电视信号先经过处理，然后由专用部件再将信号合理地分配给多台电视机。CATV 系统图的主要内容包括网络系统的连接，系统设备与器件的型号、规格等，通用电缆的型号、规格、敷设方式及穿管管径等，系统箱设置、编号、箱内元器件等（虚线框为系统箱）。CATV 系统图只表示各 CATV 系统设备和元器件连接的网络关系，而不表示线路的走向和设备的安装位置，看图时应与系统平面图配合阅读，确切了解图中各种图形符号的含义和连接关系。

图 14-10 所示为一栋五层楼二单元的住宅建筑 CATV 系统图。图中所示的图形符号，如（SYKV—75—9）G25—FC，它表示聚乙烯纵孔半空气绝缘（藕芯）、聚氯乙烯护套、特性阻抗为 75Ω、线芯绝缘外径为 9mm 的同轴电缆并穿直径为 25mm 的镀锌钢管，埋地敷设。一单元的前端系统箱内装有线路延长放大器、二分配器、二分支器、电源插座；二单元的系统箱内装有二分支器、一分支器；它们之间的连接采用（SYKV—75—9）G25—WS，即线芯绝缘外径为 9mm 的同轴电缆，穿直径为 25mm 的镀锌钢管，沿墙敷设。CATV 系统各层间立管均采用屏蔽型 PVC 线管，支管采用普通 PVC 线管；楼间层立管中的传输线均采用（SYKV—75—7）PVC20—WC；同轴电缆型号规格除标注外均为（SYKV—75—5）PVC16—WC。每户有 3 个电视接口，每个单元终端有 75Ω 的匹配阻抗。

2. CATV 系统平面图

图 14-11 所示的住宅建筑 CATV 系统平面图为标准层平面图。平面图的内容主要包括前端箱与系统箱的编号、安装位置、安装距离等，系统设备与器件的安装位置、同轴电缆的型号规格、走线路径、敷设方式及穿管管径等。平面布置图中的房屋只是一个辅助内容，重点突出系统设备及线路敷设的平面布置，故建筑平面图的墙、墙身、门窗等都用细实线画出。

电视进户线引自小区 CATV 系统线，进线的型号是（SYKV—75—9）G25—FC，表示同轴电缆穿直径为 25mm 的镀锌钢管，暗敷设在地面内，直接进入东头第一单元楼梯间前端箱内。再经放大器把电视信号放大后，用（SYKV—75—9）G25—WS 同轴电缆穿直径为 25mm 的镀锌钢管沿墙敷设，直接与一单元系统箱（TV1）和二单元系统箱（TV2）连接，再经各层用户二分配器将电视信号输送到左右各自的住户，每一户在客厅和两个卧室安装了电视输出口即电视插座，至各楼层间的传输线采用（SYKV—75—7）PVC20—WC，从用户二分支器到电视插座的传输线采用（SYKV—75—5）PVC16—WC。本例采用的同轴电缆在平面图中用粗实线表示。

另外，在楼梯间还安装了声光控开关，用来控制楼梯间的电灯，它是根据声光强弱来自动开启与关闭电灯的。

三、火灾自动报警及联动控制系统

火灾自动报警及联动控制系统图主要由系统图和系统平面图组成，图中采用的设备均用图形符号表示。读图时应先熟悉图中列出的图形符号及其含义，才能更顺利地读懂图样。

1. 火灾自动报警及联动控制系统图

图 14-12 所示为 JB—1501A 火灾自动报警及联动控制系统，它主要由以下几部分组成：

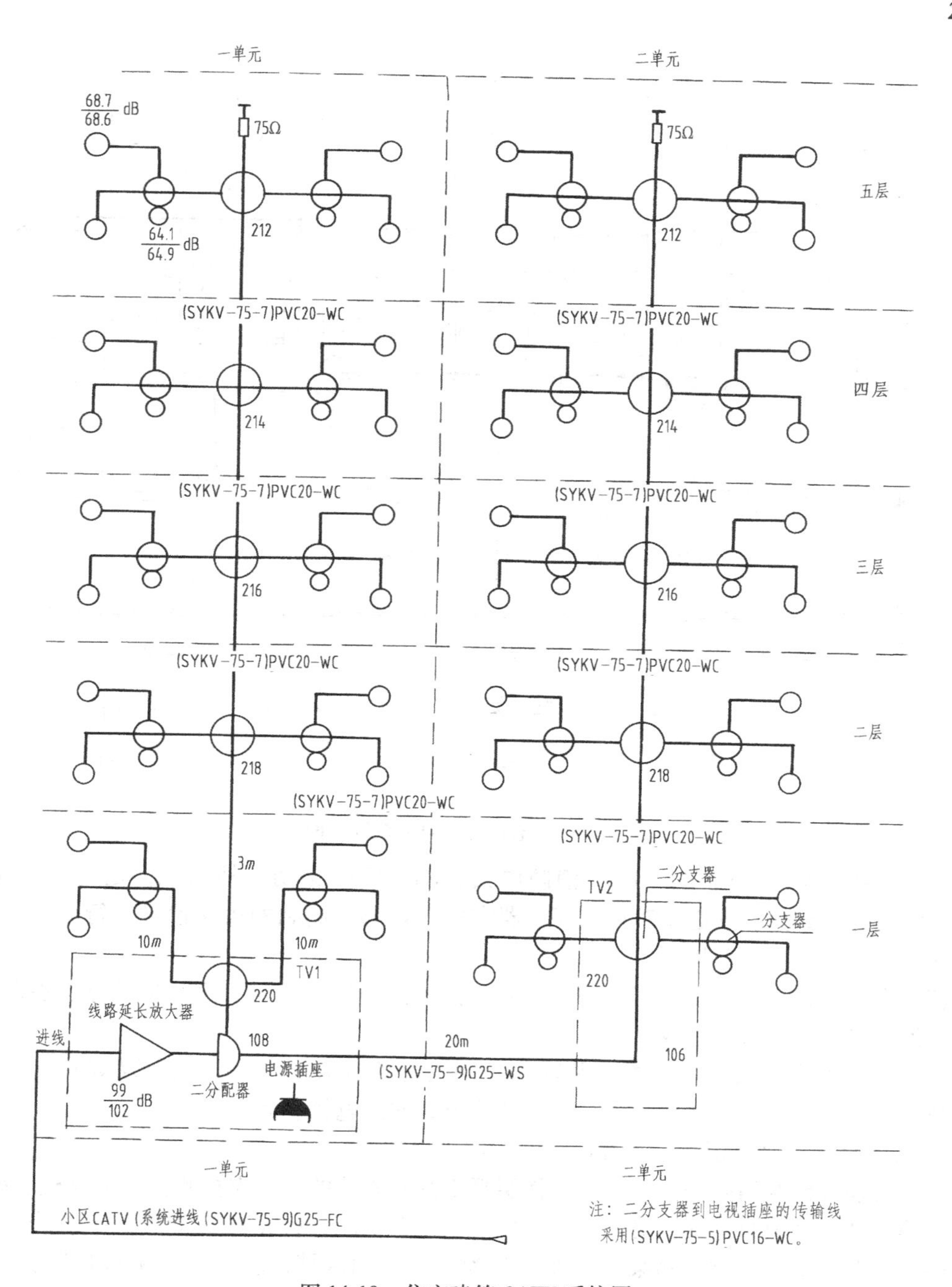

图 14-10　住宅建筑 CATV 系统图

（1）火灾探测器　在火灾初起阶段，一般会产生烟雾、高温、火光及可燃气体，利用各种不同敏感元件将探测到的各种火灾参数转换成电信号的传感器称为探测器。从图 14-12 中可以读到感烟探测器、感温探测器、声光报警器的图形符号，其工作原理见有关资料。

（2）火灾报警控制器　火灾报警控制器主要由 JB—1501A 火灾报警控制器、联动外控

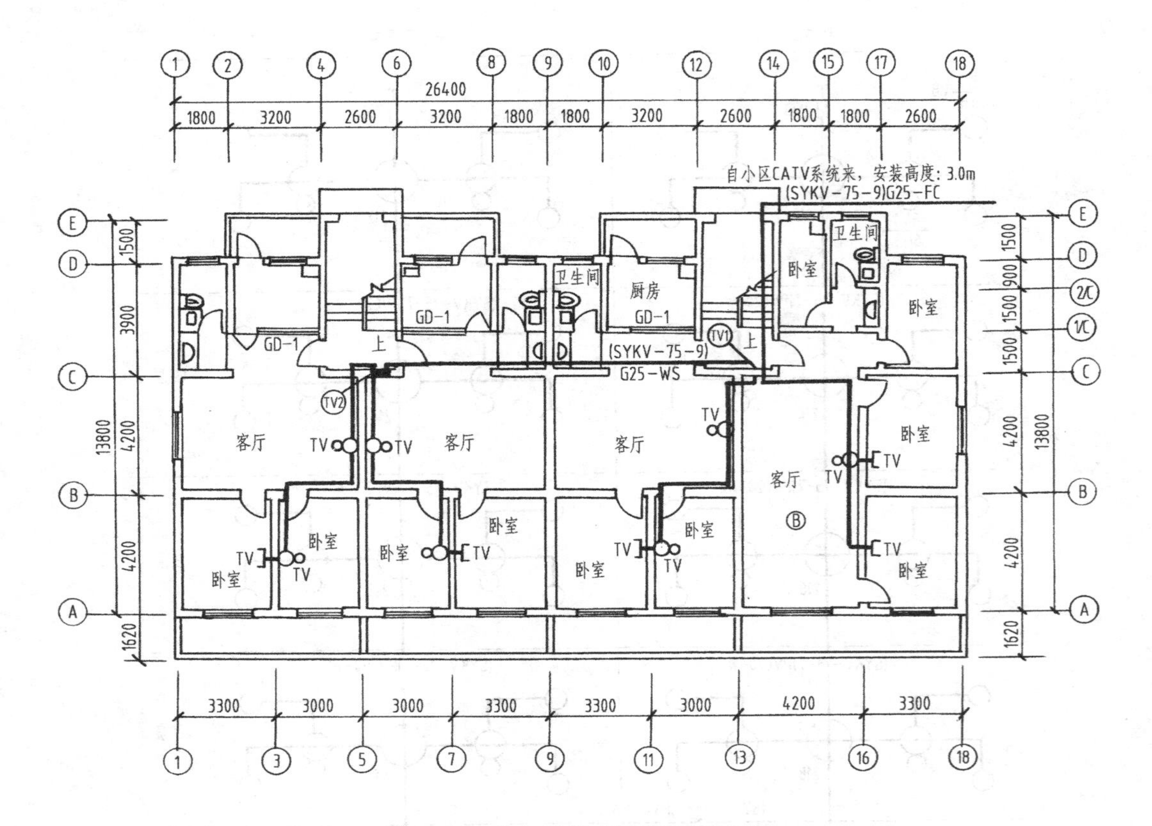

图 14-11　住宅建筑 CATV 系统平面图

电源（DC24V/4A，8A）、HJ—1756 消防电话、HJ—1757 消防广播组成，是建筑火灾报警联动系统的核心部分。它起到对火灾探测器在监控现场检测到的火灾信号进行分析、判断、确认并发布控制命令的作用。

（3）火灾通报与消火系统　主要由消防广播、消防电话通信、声光报警器、手动报警、警铃、消防泵、喷淋泵等组成。

（4）联动系统　火灾自动报警及联动控制的对象有灭火设施（消防泵等）、防排烟设施、防火卷帘、防火门、水幕、电梯、非消防电源的断电控制等。

2. 火灾自动报警及消防联动控制系统楼层平面图

火灾自动报警及消防联动控制系统楼层平面图所表达的是火灾探测器、消火栓、火灾控制系统等器件的平面布置图，类似于电气照明平面布置图。火灾自动报警及消防联动控制系统楼层平面图通常是将建筑物某一平面划分为若干探测区域，所谓“探测区域”是指热气流或烟雾能充满的区域，该区域一般是指建筑物内被墙壁隔开的房间，或在同一房间内被突出安装面（如横梁）隔开的区域。

图 14-13 所示的火灾自动报警及消防联动控制系统楼层平面图，是某大楼火灾报警及消防联动控制系统楼层平面布线图。火灾报警线路中安装了感烟探测器、感温探测器、手动火灾报警按钮、警铃等元器件。

在平面图中，除了用图形符号表示火灾报警控制器所采用的各种设备外，还可以用文字符号说明不同设备的名称、安装位置、布线方式等。

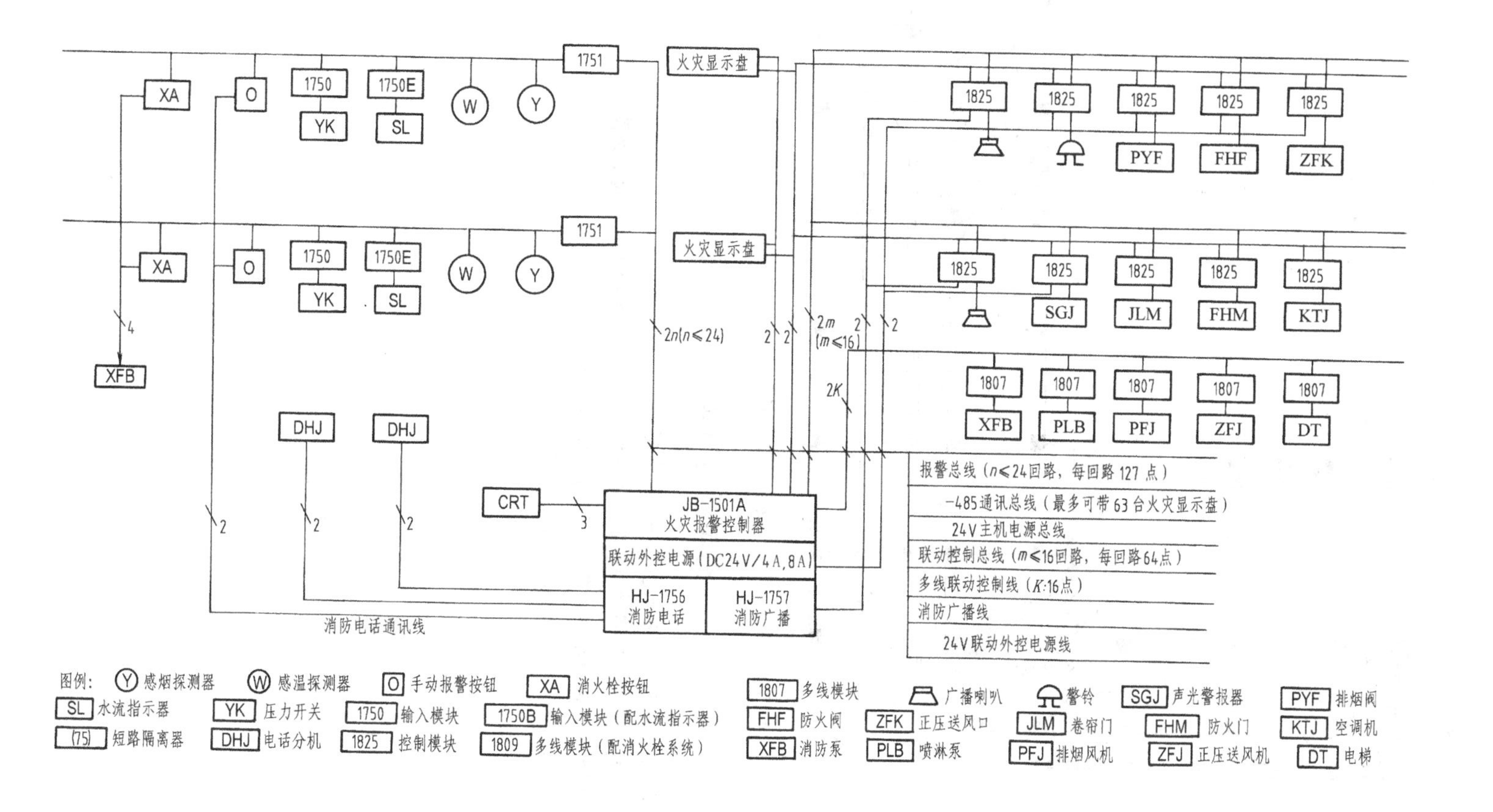

图 14-12 JB—1501A 火灾自动报警及联动控制系统图

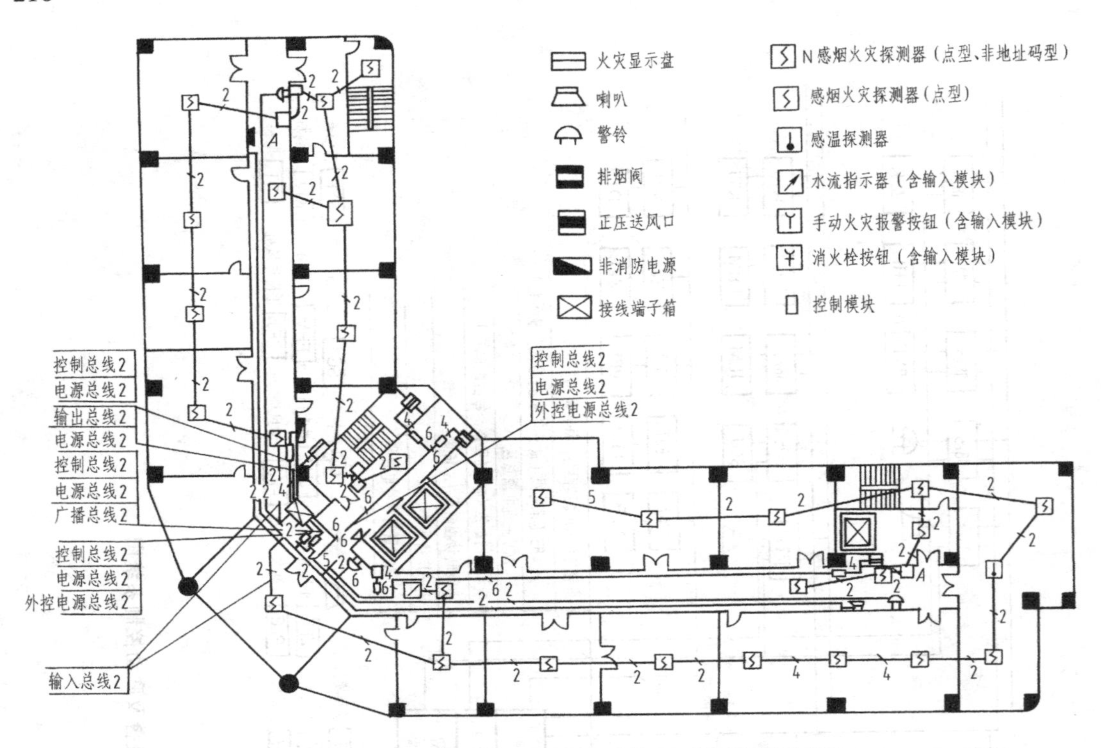

图 14-13　火灾自动报警及消防联动控制系统楼层平面图

思考题与习题

14-1　识读电气照明施工图时首先要熟悉哪些基本内容？

14-2　为什么在识读电气照明施工图时一般要将电气照明平面图与系统图结合起来阅读？

14-3　有线电视系统由哪几部分组成？各组成部分的作用是什么？

14-4　火灾自动报警及联动控制系统由哪几部分组成？

参 考 文 献

[1] 朱福熙，何斌．建筑制图［M］．北京：高等教育出版社，1997.
[2] 何铭新，陈文耀，陈启梁．建筑制图［M］．北京：高等教育出版社，1994.
[3] 乐荷卿．土木建筑制图［M］．武汉：武汉理工大学出版社，1995.
[4] 宋兆全．画法几何及工程制图［M］．北京：中国铁道出版社，2000.
[5] 大连工学院工程画教研室．画法几何学［M］．北京：高等教育出版社，1985.
[6] 胡国文，胡乃定．民用建筑电气技术与设计［M］．2版．北京：清华大学出版社，2001.